信息技术人才培养系列规划教材

全栈软件测试实战系列

全栈软件测试实战

基础 + 方法 + 应用

慕课版

学IT有疑问
就找千问千知！

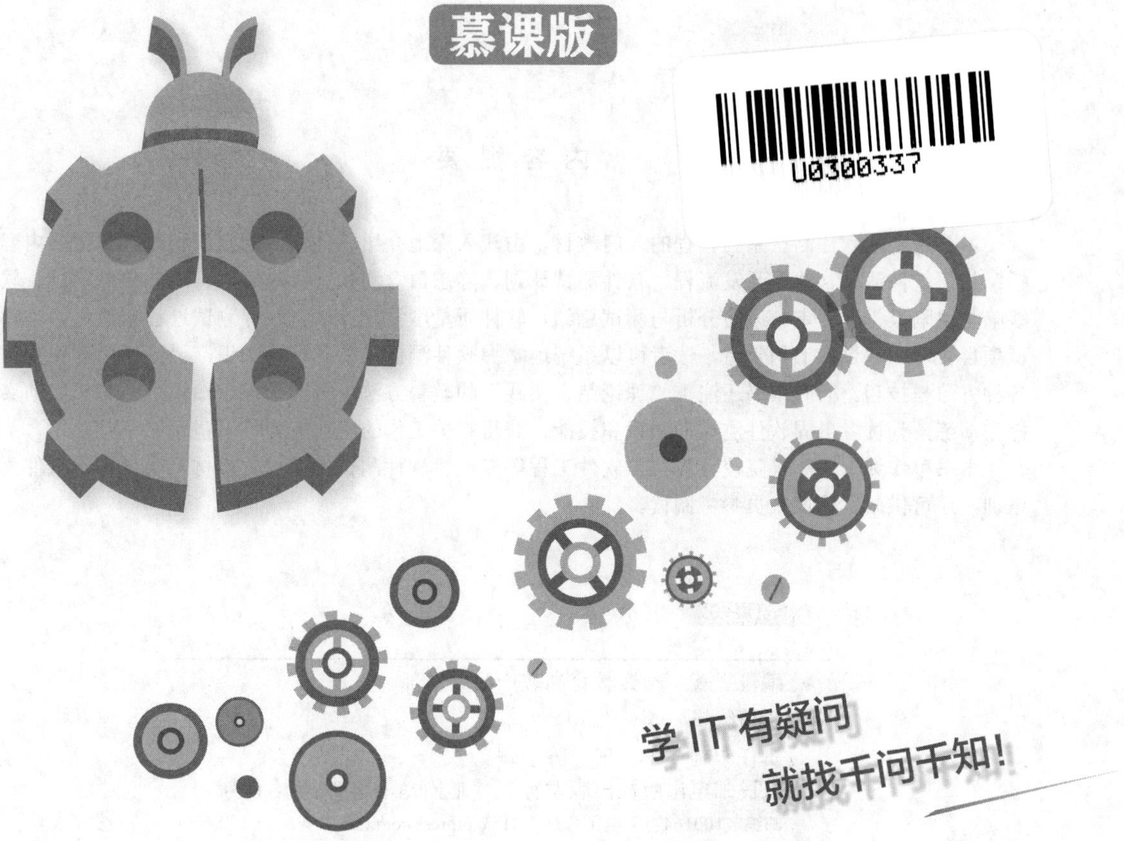

◎ 千锋教育高教产品研发部 编著

人民邮电出版社

北京

图书在版编目（CIP）数据

全栈软件测试实战 ： 基础+方法+应用 ： 慕课版 / 千锋教育高教产品研发部编著. -- 北京 ： 人民邮电出版社, 2020.4（2021.4 重印）
信息技术人才培养系列规划教材
ISBN 978-7-115-51657-2

Ⅰ. ①全… Ⅱ. ①千… Ⅲ. ①软件－测试－教材
Ⅳ. ①TP311.55

中国版本图书馆CIP数据核字(2019)第143114号

内 容 提 要

本书是全栈软件测试系列教程的入门教材，由浅入深地介绍软件测试的知识和技能。主要内容包括：初识软件测试、软件开发流程、软件测试计划、静态白盒测试、黑盒测试、动态白盒测试、软件缺陷与缺陷报告、评审、风险分析与测试总结、软件质量度量与评估、软件测试过程与改进、软件测试项目管理。通过本书的学习，读者可以系统地掌握软件测试的基础理论知识，灵活运用软件测试的各种方法与技巧。同时本书还注重“理论结合实践”的教育方法，每一个理论知识点都有相应的实际操作演练，为读者巩固软件测试的知识和技能，获得相关工作的就业能力打下坚实的基础。

本书可作为普通高等院校计算机、软件工程等专业“软件测试”课程的教材，也可用于软件测试培训，还可供软件测试人员参考阅读。

◆ 编　　著　千锋教育高教产品研发部
　责任编辑　李　召
　责任印制　王　郁　陈　犇
◆ 人民邮电出版社出版发行　　北京市丰台区成寿寺路 11 号
　邮编　100164　　电子邮件　315@ptpress.com.cn
　网址　https://www.ptpress.com.cn
　北京京师印务有限公司印刷
◆ 开本：787×1092　1/16
　印张：14　　　　2020 年 4 月第 1 版
　字数：319 千字　　2021 年 4 月北京第 3 次印刷

定价：49.80 元

读者服务热线：(010)81055256　印装质量热线：(010)81055316
反盗版热线：(010)81055315
广告经营许可证：京东市监广登字 20170147 号

编　委　会

主　编：王晓军

副主编：艾　迪　何　涛　彭　健　马　林　杨凯凯

编　委：张伟洋　秦　超　张庆明　韩昌佩

前言 PREFACE

当今世界是知识爆炸的世界，科学技术与信息技术快速发展，新型技术层出不穷，教科书也要紧随时代的发展，纳入新知识、新内容。目前很多教科书注重算法讲解，但是如果在初学者还不会编写一行代码的情况下，教科书就开始讲解算法，会打击初学者学习的积极性，让其难以入门。

IT 行业需要的不是只有理论知识的人才，而是技术过硬、综合能力强的实用型人才。高校毕业生求职面临的第一道门槛就是技能与经验。学校往往注重学生理论知识的学习，忽略了对学生实践能力的培养，导致学生无法将理论知识应用到实际工作中。

为了杜绝这一现象，本书倡导快乐学习、实战就业，在语言描述上力求准确、通俗易懂，在章节编排上循序渐进，在文字阐述中尽量避免术语和公式，从项目开发的实际需求入手，将理论知识与实际应用相结合，目标就是让初学者能够快速成长为初级程序员，积累一定的项目开发经验，从而在职场中拥有一个高起点。

千锋教育

针对高校教师的服务

千锋教育基于多年的教育培训经验，精心设计了“教材+授课资源+考试系统+测试题+辅助案例”教学资源包。教师使用教学资源包可节约备课时间，缓解教学压力，显著提高教学质量。

本书配有千锋教育优秀讲师录制的教学视频，按知识结构体系已部署到教学辅助平台“扣丁学堂”，可以作为教学资源使用，也可以作为备课参考资料。本书配套教学视频可登录“扣丁学堂”官方网站下载。

高校教师如需配套教学资源包，也可扫描下方二维码，关注“扣丁学堂”师资服务微信公众号获取。

扣丁学堂

针对高校学生的服务

学 IT 有疑问，就找“千问千知”，这是一个有问必答的 IT 社区，平台上的专业答疑辅导老师承诺在工作时间 3 小时内答复您在学习 IT 时遇到的专业问题。读者也可以通过扫描下方的二维码，关注“千问千知”微信公众号，浏览其他学习者在学习中分享的问题和收获。

学习太枯燥，想了解其他学校的伙伴都是怎样学习的？你可以加入“扣丁俱乐部”。“扣丁俱乐部”是千锋教育联合各大校园发起的公益计划，专门面向对 IT 有兴趣的大学生，提供免费的学习资源和问答服务，已有超过 30 万名学习者获益。

千问千知

资源获取方式

本书配套源代码、习题答案的获取方法：读者可添加小千 QQ 号 2133320438 索取，也可登录人邮教育社区 www.ryjiaoyu. com 进行下载。

致谢

本书由千锋教育软件测试教学团队整合多年积累的教学实战案例，通过反复修改撰写完成。多名院校老师参与了教材的部分编写与指导工作。除此之外，千锋教育的 500 多名学员参与了教材的试读工作，他们站在初学者的角度对教材提出了许多宝贵的修改意见，在此一并表示衷心的感谢。

意见反馈

虽然我们在本书的编写过程中力求完美，但书中难免有不足之处，欢迎读者给予宝贵意见，联系方式：huyaowen@1000phone.com。

千锋教育高教产品研发部

2020 年 4 月于北京

目录 CONTENTS

01

第1章　初识软件测试

本章学习目标

- 了解计算机软件的发展历史
- 了解软件测试的历史
- 理解软件测试的概念与目的
- 熟悉软件测试的对象
- 了解软件测试的分类
- 掌握软件测试的基本原则

随着计算机科技的飞速发展，软件无处不在，大到计算机操作系统，小到公交卡计费系统。然而，软件是由开发人员编写的，错误在所难免，软件测试技术就应运而生。软件测试的目的是尽早找出软件缺陷，从而使软件趋于完美。

1.1　计算机软件的发展及分类

计算机软件是在计算机中与硬件相互依存的部分，是包含程序和文档的完整集合。计算机软件分为系统软件和应用软件两大类，其中，系统软件是各类操作系统（如 Windows、Linux、UNIX 等），应用软件是为了某种特定的用途而被开发的软件（如工具软件、游戏软件、管理软件等）。

系统软件

1.1.1　系统软件

系统软件的发展经历了几个重要阶段。

1955 年—1965 年，典型的操作系统是 FMS（FORTRAN Monitor System，FORTRAN 监控系统）和 IBSYS（IBM 为 7094 机配备的操作系统）。

1969 年，UNIX 由贝尔实验室的肯·汤普森（Ken Thompson）、丹尼斯·里奇（Dennis Ritchie）和道格拉斯·麦基尔罗伊（Douglas McIlroy）研发推出，1975 年的第 6 版 UNIX 才开始走出贝尔实验室。

1981 年，MS-DOS 1.0 发布。

1984 年，苹果公司发布了世界上第一个黑白图形界面操作系统 System 1。

1985 年，Windows 1.0 正式推出。

1994 年，Linux 1.0 正式发布。

1.1.2 应用软件

应用软件可以在不同的领域发挥作用。

1. 移动通信

移动通信终端嵌入了小型操作系统（iOS 或 Android），也集成了各种应用服务，如移动端 App、移动即时通信、移动支付等。

2. 金融行业

目前银行、证券、期货、外汇等相关领域对各种业务的处理都依赖于应用软件，因此相关软件的需求量急剧增大。

3. 国家机关和事业单位

国家机关和事业单位在电子政务、电子通关、社区管理、户籍管理、城市与交通管理等各个方面都使用了大量的 C/S 或 B/S 架构的软件产品。

4. 医院

在大型医院使用的大病医疗保障系统、医院管理系统、药品查询管理系统、远程手术协作平台、电子诊断系统、医疗康复系统等专业软件都属于应用软件。

5. 学校

在校园中，E-Learning、校园监控、学生与教职员工管理系统、多媒体教学平台等应用软件使用得非常广泛。

6. 家庭

家庭办公、家庭影视、家庭娱乐、网络安全与防毒、家庭即时通信等应用软件方便了人们的家庭生活。

1.2 软件测试简介

软件测试的起源

1.2.1 软件测试的起源

软件测试起源于 20 世纪 70 年代中期，是伴随着软件的产生而产生的。在早期，测试只是整个软件开发过程的一个阶段。测试与调试含义相似，目的都是排除软件故障，常常由开发人员自己来完成。直到 1957 年，软件测试才开始与调试区别开来，成为一种发现软件缺陷的活动。在很多人的观念中，开发是一种创造价值的劳动，而软件测试只是整个开发过程结束后的一种活动。

1972 年，北卡罗来纳大学举行了首届软件测试正式会议。

1975 年，约翰·古德·因纳夫（John Good Enough）和苏珊·格哈特（Susan Gerhart）在 IEEE 发表了文章《测试数据选择的原理》，软件测试才被确定为一种研究方向。

1979 年，格伦福特·迈尔斯（Glenford Myers）的《软件测试的艺术》（*The Art of Software Testing*）成为软件测试领域的第一本重要专著，迈尔斯给出了软件测试的定义："软件测试是为发现错误而执行一个程序或者系统的过程"。尽管在这位大师眼里，软件测试还是艺术，但是，书中除了介绍众多的测试经典方法之外，还向人们揭示了测试的目的是证伪，而不是证真。

1981 年，比尔·赫策尔（Bill Hetzel）博士开设了一门公共课"结构化软件测试"，后来他出版了《软件测试完全指南》（*The Complete Guide to Software Testing*）一书。

1988 年，戴维·吉尔佩林（David Gelperin）博士和比尔·赫策尔（Bill Hetzel）博士在《美国计算机协会通讯》（*Communication of the ACM*）上发表了《软件测试的发展》（*The Growth of Software Testing*），文中介绍了系统化的测试和评估流程。

直到 20 世纪 80 年代早期，软件行业才开始逐渐关注软件产品质量，并在公司内建立软件质量保证部门。随着软件开发的发展，软件质量保证部门的职能转变为流程监控（包括监控测试流程），这时，软件测试从质量保证中分离出来，具有了独立的组织职能。

随着软件行业的不断发展，软件质量保证越来越重要，而软件测试也逐渐转变成一种行业，帮助开发人员逐步提高软件产品质量，力争让客户满意。

1.2.2 软件测试的现状

软件测试的现状

1. 国外软件测试现状

在软件比较发达的国家，特别是美国、印度、日本、爱尔兰等国家，软件测试已经发展成为一个独立的产业，主要体现在以下几个方面。

（1）软件测试在软件公司中占有重要的地位。

微软公司总裁比尔·盖茨曾在马萨诸塞州技术学院的一次演讲中说："在微软，一个典型的开发项目组中测试工程师要比编码工程师多得多，比例大约是 2∶1，花费在测试上的时间要比花费在编码上的时间多得多。"

目前，很多国外大公司都有独立的测试团队，测试人员与开发人员大致比例为 1∶1。

（2）软件测试理论研究蓬勃发展。

国外每年都会举办测试技术年会，技术专家会分享大量的软件测试研究论文，从而引领软件测试理论研究的最新潮流。

（3）软件测试市场空前繁荣。

HP、Compuware、Macabe、IBM、Borland 等都是著名的软件测试工具提供商，它们出品的软件测试工具占据了大部分国际市场，已经形成较大的软件测试产业。

2. 国内软件测试现状

20 世纪 90 年代初期，中国各地相继成立了软件测试机构，提供相应的测试服务。在 2001 年以后，随着中国软件外包行业的发展，国内兴起了一大批从事软件测试、软件外包的服务公司，国内大型国有或民营企业以及军工航天企业也逐步开始重视软件测试，国内软件测试人才的需求量不断扩大，出现了供不应求的现象。各大公司都相继成立了质量部门和软件测试部门。目前我国软件测试人员与软件开发人员的比例是 1：8，远远低于发达国家的水平。

目前中国软件测试行业正处于蓬勃发展的大好时机，软件公司日益重视软件产品的质量，软件测试必不可少。随着国家各种优惠政策的出台，目前在北京、上海、广州等超大规模城市，对软件测试人才的需求不断增长。另外，大连、深圳、南京、苏州、无锡、重庆等城市都被国务院定为中国服务外包示范城市，因此，软件测试外包服务人才缺口很大。

1.2.3 软件测试的概念

软件测试的概念

《牛津英语大辞典》注释，“测试（Test）”一词来源于拉丁语 testum，原意是罗马人使用的一种陶罐，当时它被用来评估稀有金属矿石材料的质量。在工业制造和生产中，测试被当作一个检验产品质量的常规生产活动，以检验产品是否满足需求为目标。

关于软件测试有不同的定义，具体如下所述。

1. 软件测试正向思维

软件测试正向思维的出发点是使自己确信产品是能够正常工作的，主要代表人物是 Bill Hetzel 博士。他于 1972 年在美国的北卡罗来纳大学组织了历史上第一次关于软件测试的正式会议，并于 1973 年首先给出软件测试的定义：“测试就是建立一种信心，确信程序能够按既定的设想运行”。1983 年，Bill Hetzel 博士又将软件测试的定义修改为：“评价一个程序或系统的特性或能力，并确定它是否达到期望的结果，软件测试就是以此为目的的任何行为”。在定义中，“设想”和“期望的结果”就是现在提及的用户需求或者功能设计，其核心思想为：测试就是验证软件是工作的，即软件的功能是按照预先的设计执行的；测试针对系统的所有功能，以正向思维逐个验证其正确性。

测试的目的是确保产品能够工作。测试可以简单抽象地描述为以下过程：在设计规定的环境下运行软件的功能，将其结果与用户需求或功能设计相比较，如果相符则测试通过，如果不相符则视为存在缺陷。这一过程的终极目标是将软件的所有功能在设计规定的所有环境内全部运行通过。这类测试方法以需求和设计为本，因此有利于界定测试工作的范畴，更利于部署测试的侧重点，加强针对性。这一点对于大型软件的测试，尤其是在时间和人力资源有限的情况下显得格外重要。但是，软件测试正向思维会导致以下想法：为了看到产品运行，可以将测试工作推迟。测试始终晚于开发，被看作软件生命周期中编码之后的一项活动，这与贯穿于整个软件开发生命周期的测试理念不合。因此，可以认为 Hetzel 的说法是一种狭义的软件测试定义。

2. 软件测试逆向思维

逆向思维的代表人物是 Glenford Myers，他认为测试不应该着眼于验证软件能正常工作，相反应该首先认定软件是有错误的，然后用逆向思维去发现尽可能多的缺陷。他同时认为，将验证软件是否可以正常工作作为测试目的，非常不利于测试人员发现软件中的缺陷。

1979 年，Glenford Myers 给出对软件测试的定义："软件测试是为发现错误而执行一个程序或者系统的过程"。同时，Myers 还提出了三个重要观点，具体如下所述。

（1）测试是为了证明程序有错误，而不是证明程序无错误。

（2）一个好的测试用例能发现以前未发现的错误。

（3）一个成功的测试是发现了以前未发现的错误的测试。

Myers 认为，测试必须发现缺陷，否则就没有价值。Myers 提出"测试的目的是证伪"，推翻了过去"为表明软件正确而进行测试"的思想，为软件测试的发展提出了新的方向，软件测试的理论方法在其后也得到了长足的发展。这个软件测试的定义强调了测试人员要不断思考开发人员的理解误区、不良习惯等。在这种思维下，软件测试的目标是发现系统中各种各样的问题，而与系统需求和设计没有必然的关联，这样往往能够更多地发现系统中存在的缺陷。

3. IEEE 定义的软件测试

随着软件和 IT 行业的发展，软件趋向大型化、高复杂度，软件的质量越来越重要。人们的认识也在改变，从软件测试的目的是证明软件产品可以工作和尽量发现产品中的缺陷，慢慢转向测试是软件质量保证的重要手段之一，也是进行软件质量评估的基础。

这时，人们还将质量的概念融入其中，软件测试定义发生了改变：测试不单纯是一个发现缺陷的过程，它以软件质量保证为主要职能，包含软件质量评价。Bill Hetzel 在《软件测试完全指南》一书中指出："测试是以评价一个程序或者系统的属性为目标的任何一种活动。测试是对软件质量的度量。"

1990 年，ANSI/IEEE 对软件测试进行了定义：软件测试是在规定条件下运行系统或构件，观察和记录结果，并对其某些方面给出评价的过程。

4. 广义软件测试定义

在前面几种软件测试定义中，测试活动都只包含了运行软件系统进行测试，即执行软件的过程。但软件开发产品不仅是程序代码，还包括和软件相关的文档和数据。因此，软件测试的对象也不仅是程序代码，还应该包括软件设计开发各个阶段的工作产品，如需求文档、设计文档、用户手册等。从这个意义上讲，传统的软件测试定义（主要关注软件运行过程中对软件进行的检查和发现不一致的行为）是一个狭义的概念，实际上这只是测试的一部分，而不是测试的所有活动。

随着人们对软件工程化的重视以及软件规模的日益扩大，软件分析、设计的作用越来越突出。有资料表明，60%以上的软件缺陷不是程序错误，而是分析和设计缺陷。若把软件分析、设计上的缺陷遗留到后期，可能造成设计、编程的部分甚至全部返工，从而增加软件开发成本、延长开发周期等。同时，需求和设计阶段所产生的缺陷具有放大效应，严重影响软件质量。因此，为了更早地发现并解决问题，降低修改缺陷的代价，有必要将测试延伸到需求分析和设计阶段中，使软件测试贯穿于整个软件生命周期。目前得到提倡的是软件全生命周期测试的理念，也可称为广义软件测试，即软件测试是对软件形成过程中的所有工作产品（包括程序以及相关文档）进行的测试，而不仅是对程序运行进行的测试。

测试活动包含了测试执行之前和之后的所有的阶段活动，包括测试计划和控制、测试分析和设计、测试实现和执行、测试评估和报告、测试结束活动等。整个测试活动中除了进行动态测试外，还将进行静态测试，如静态分析、文档或代码的评审等。

广义的测试引入两个概念来覆盖测试的范畴：验证（Verification）和确认（Validation）。

验证：通过检查和提供客观证据来证实指定的需求是否满足，即输入与输出之间的比较，或者检验软件是否已正确地实现了产品规格书所定义的系统功能和特性。验证过程提供证据表明软件相关产品与所有生命周期活动的要求（如正确性、完整性、一致性、准确性等）相一致。

确认：通过检查和提供客观证据来证实特定目的的功能或应用是否已经实现。在确认时，测试人员应考虑使用的条件范围要远远大于输入时确定的范围。确认一般是由客户或代表客户的人执行，即确认所开发的软件是否满足用户真正的需求，相当于保持对软件需求定义、设计的怀疑，一切从客户出发，理解客户的需求，发现需求定义和产品设计中的问题。这主要通过各种软件评审活动来实现。对于每个测试级别，测试人员都要检查输出是否满足具体的需求，或和这些特定级别相关的需求。这种根据原始需求检查开发结果的过程称为确认。在确认过程中，测试人员判断一个产品（或者是产品的一部分）能否完成它的任务，据此判断这个产品是否满足期望的使用要求。

和确认不同，验证只针对开发过程的某个阶段。验证需要确保特定开发阶段的输出已经按照它的规格说明（相应开发级别的输入文档）正确而完整地实现了。这意味着验证是检查是否正确地实现了规格说明，产品是否满足规格要求，而不是检查最终的产品是否满足期望的使用需求。

1.2.4 软件测试的对象与目的

软件测试的对象与目的

根据软件的定义，软件包括程序、数据和文档，因此软件测试并不仅仅是程序测试。软件测试贯穿整个软件生命周期。在整个软件生命周期中，各个阶段有不同的测试对象，形成了不同开发阶段的不同类型的测试。需求分析、概要设计、详细设计以及程序编码等各个阶段所得到的文档，包括需求规格说明、概要设计规格说明、详细设计规格说明以及源代码，都应成为软件测试的“对象”。

测试的目的：以最少的人力、物力和时间找出软件中潜在的各种缺陷，通过修正各种缺陷提高软件质量，避免软件发布后潜在的软件缺陷造成商业风险。同时，利用测试过程中得到的测试结果和测试信息，作为后续项目开发和测试过程改进的重要依据，避免在将来的项目开发和测试中重复错误。

软件测试的误解

1.2.5 软件测试的误解

相对于软件开发而言，软件测试还不为众人所了解。很多软件开发人员，包括多数软件企业的高层管理人员，由于缺乏软件测试的知识和实践经验，对软件测试还有很多误解，这对软件测试工作极为不利，必须加以澄清。

误解一：如果发布的软件有质量问题，那是软件测试人员的原因。

软件测试是一种有效提高软件质量的手段，但即使在投入上有所保证，测试也不能百分之百地发现所有质量问题。况且，软件的质量也不是靠测试测出来的，软件开发过程中每一个环节都要有质量意识，做好检查、审查等各项工作，才能保证质量。

误解二：软件测试技术要求不高，至少比编程容易很多。

很多人认为，软件测试就是运行程序，用键盘或鼠标操作一下，然后看结果是否正确。实际上，软件测试不仅是运行或操作软件，还涉及测试环境的搭建、测试用例的设计等技术问题。当采用白盒测试技术时，需要有良好的编程能力；在编写自动化测试脚本时，也需要有良好的编程经验。一个测试人员不仅需要掌握测试技术，还需要掌握开发技术、数据库技术，以及丰富的网络知识，只有这样，在测试工作中才能得心应手。

误解三：有时间就多测一些，来不及就少测一些。

软件测试不是可有可无的，测多少、如何测也不能随心所欲。规范化的软件测试流程需要对软件项目的计划设计、时间分配、人员组成、风险分析等做到跟踪、控制与协调。

误解四：软件测试是测试人员的事，与开发人员无关。

为了减小相互的影响，一般要求开发与测试相对独立，但这只是分工的不同。开发和测试是软件项目相辅相成的两个过程，人员的交流、协作和配合是提高整体开发效率的重要因素。另外，在编码过程中也会进行单元测试、集成测试，因此整个项目的开发与测试需要整个项目组所有人员的通力配合。

误解五：软件测试是开发后期的一个阶段。

在很多软件开发生命周期的模型中，往往把测试作为整个开发过程的某一个阶段，实际上这是一个错误的认识。软件测试是保证软件质量的一种手段，缺陷的引入可能出现在开发初期，因此在可行性研究阶段就需要软件测试人员的介入，从而更加严格地对开发过程中的文档进行评审，提高软件开发过程中的产品质量。

1.3 软件测试的分类

软件测试可以按照不同的标准进行分类，如按照开发阶段分类、按照测试环境分类、按照测试技术分类、按照软件质量特性分类等。

按照开发阶段分类

1.3.1 按照开发阶段分类

软件测试按照开发阶段可分为单元测试、集成测试、确认测试、系统测试和验收测试。

1. 单元测试

单元测试又称模块测试，是针对软件设计的最小单位——程序模块进行正确性检验的测试工作。其目的在于检查每个程序单元能否满足详细设计说明中的模块功能、性能、接口和设计约束等要求，发现各模块内部可能存在的各种错误。单元测试需要从程序的内部结构出发设计测试用例。多个模块可以平行地独立进行单元测试。

2. 集成测试

集成测试也叫作组装测试，通常是在单元测试的基础上，对所有的程序模块进行有序的、递增的测试。集成测试检验程序单元或部件的接口关系，使它们逐步集成为符合概要设计要求的程序部件或整个系统。

软件集成是一个持续的过程，会形成很多个临时版本。在此过程中，保证功能集成的稳定性是真正的挑战。每个版本在提交时，都需要进行冒烟测试，即对程序主要功能进行验证。冒烟测试也叫版本验证测试、提交测试。

3. 确认测试

确认测试是通过检查和提供客观证据，证实软件是否满足特定预期用途的需求。确认测试检测与证实软件是否满足软件需求说明书中提出的要求。

4. 系统测试

系统测试是为验证和确认系统是否达到其原始目标，而对集成的硬件和软件系统进行的测试。系统测试在真实或模拟系统运行的环境下，检查完整的程序系统能否与硬件、外设、网络和系统软件、支持平台等正确匹配、连接，并满足用户需求。

5. 验收测试

验收测试是按照项目任务书或合同、供需双方约定的验收依据文档对整个系统进行的测试与评审，决定产品被接收或拒收。

1.3.2 按照测试环境分类

按照测试环境分类

当软件是为特定用户开发时，需要进行一系列的验收，让用户验证所有的需求是否已经得到满足。当软件是为多个用户开发时，让每个用户逐个执行正式的验收测试是不切实际的，因此很多软件产品生产者采用 α 测试和 β 测试以发现可能只有最终用户才能发现的错误。

α 测试是由一个用户在开发环境下进行的测试，也可以是开发机构内部的用户在模拟实际操作环境下进行的测试。软件在一个自然设置状态下使用，开发者坐在用户旁边，随时记下错误情况和使用中的问题。这是在受控制的环境下进行的测试，α 测试的目的是测试软件产品的FLURPS（即功能、局域化、可使用性、可靠性、性能和支持），尤其注重产品的界面和特色。

β 测试是在软件的一个或多个用户的实际使用环境下进行的测试。这些用户是与公司签订了支持产品预发行合同的外部客户，他们要使用该产品，并返回相关错误信息给开发者。

1.3.3 按照测试技术分类

按照测试技术分类

软件测试按照测试技术分为白盒测试、黑盒测试、灰盒测试，也可分为静态测试和动态测试。静态测试是指不运行程序，通过人工方式对程序和文档进行分析与检查；动态测试是指通过运行被测程序来检查运行结果与预期结果的差异，并分析运行效率和健壮性等指标。此处讨论的白盒测试、黑盒测试、灰盒测试在实现测试的方法上既包括动态测试，又包括静态测试。

1. 白盒测试

白盒测试通过对程序内部结构的分析、检测来寻找问题。它将测试对象看成一个透明盒子，即清楚了解程序结构和处理过程，以此检查软件内部动作是否按照设计说明的规定正常进行。

2. 黑盒测试

黑盒测试通过软件的外部表现来发现其缺陷和错误。它把测试对象看成一个黑盒子，完全不考虑程序内部结构和处理过程。黑盒测试在程序界面处进行测试，它只检查程序是否按照规格说明书的规定正常运行。

3. 灰盒测试

灰盒测试是介于白盒测试与黑盒测试之间的测试。灰盒测试关注输出对于输入的正确性，同时也关注内部表现，但这种内部关注不像白盒测试那样详细、完整，只是通过一些表征性的现象、事件、标志来判断内部的运行状态。

软件测试方法和技术的分类与软件开发过程相关联，它贯穿了整个软件生命周期。单元测试、集成测试、系统测试应用于整个开发过程中的不同阶段。单元测试应用白盒测试方法，集成测试应用近似灰盒测试方法，系统测试和确认测试应用黑盒测试方法。

1.3.4 按照软件质量特性分类

按照软件质量特性分类

软件测试按照软件质量特性可分为功能测试与性能测试。

功能测试是一种黑盒测试，它检查软件的实际功能是否符合用户的需求，一般分为逻辑功能测试、界面测试、易用性测试、安装测试、兼容性测试等。

性能测试针对软件的各方面性能，主要是时间性能和空间性能。

时间性能主要是指软件的一个具体事务的响应时间。比如登录 163 邮箱，输入用户名和密码，单击“登录”按钮，如果从单击按钮的那一刻起，到最终登录后的页面反馈，时间间隔为 3 秒，则称 163 邮箱在这一次登录事务中的响应时间为 3 秒。通常通过多次登录来记录不同的响应时间，最后取平均值，这样的数据才有参考价值。

空间性能主要指软件运行时所消耗的系统资源，比如安装软件之前，软件提示用户的安装最低要求。

性能测试一般分为如下几种。

（1）一般性能测试：指让被测系统在正常的软硬件环境下运行，不向其施加任何压力的性能测试。

（2）稳妥定性测试：也称可靠性测试，指连续运行被测系统，检查系统运行的稳定程度。

（3）负载测试：通常是指让被测系统在其能忍受的压力的极限范围之内连续运行来测试系

统的稳定性。

（4）压力测试：通常是指持续不断地给被测系统增加压力，直到将被测系统压垮为止，用来测试系统所能承受的最大压力。

1.3.5 其他分类

回归测试是指在软件的新版本测试时，重复执行该软件的某一个旧版本的所有测试用例。目的是验证旧版本所有缺陷已全部被修复，以及确认修复这些缺陷没有引发新的缺陷。

冒烟测试是指在对一个新版本进行大规模的系统测试之前，先验证一下软件的基本功能是否实现，是否具备可测性。

随机测试也称为随意性测试，是测试人员基于经验和直觉的探索性测试，其目的是模拟用户的真实操作，并发现一些边缘性的错误。

1.4 软件测试的原则

本节所列举的原则可以视为软件测试的基本常识，每一条原则对于软件测试人员来说都弥足珍贵，具体如下所示。

（1）所有测试的标准都建立在用户需求之上。

（2）软件测试必须基于“质量第一”的思想去开展各项工作，当时间和质量冲突时，时间要服从质量。

（3）事先定义产品的质量标准，只有有了质量标准，才能根据测试的结果，对产品的质量进行分析和评估。

（4）软件项目一启动，软件测试就开始，而不是等程序写完，才开始进行测试。

（5）穷举测试是不可能的。即使是一个大小适度的程序，其路径排列的数量也非常大，因此，在测试中不可能运行路径的每一种组合。

（6）第三方进行测试会更客观、更有效。

（7）软件测试计划是做好软件测试工作的前提。

（8）测试用例是设计出来的，不是写出来的，因此需要根据测试的目的，采用相应的方法去设计测试用例，从而提高测试的效率，更多地发现错误，提高程序的可靠性。

（9）对发现错误较多的程序段，应进行更深入的测试。一般来说，一段程序中已发现的错误数越多，软件存在其他错误的概率也就越大。

（10）重视文档，妥善保存一切测试过程文档（测试计划、测试用例、测试报告等）。

（11）回归测试的关联性一定要引起充分的注意，修改一个错误而引起更多错误的现象并不少见。

（12）测试应从“小规模”开始，逐步转向“大规模”。

（13）不可将测试用例置之度外，排除随意性。

（14）必须彻底检查每一个测试结果。

（15）一定要注意测试中的错误集中发生的现象，这和程序员的编程水平和习惯有很大的关系。

（16）对测试错误结果一定要有一个确认的过程。

1.5 本章小结

本章主要讲解了计算机软件的发展及分类、软件测试简介、软件测试的分类、软件测试的原则四部分内容。通过本章的学习，大家能够了解软件测试的发展历程和分类，看到一个行业日益重视软件质量的过程。

1.6 习题

1. 填空题

（1）1969年，________由贝尔实验室的Ken Thompson、Dennis Ritchie和Douglas McIlroy研发推出。

（2）计算机软件分为系统软件和________两大类。

（3）________一词来源于拉丁语testum，原意是罗马人使用的一种陶罐。

（4）软件包括________、数据和文档。

（5）软件测试按照开发阶段划分为单元测试、________、确认测试、________、验收测试。

2. 选择题

（1）下列软件测试分类选项中，不属于按照测试技术划分的是（　　）。

A. 白盒测试　B. 黑盒测试　C. 灰盒测试　D. 单元测试

（2）下列软件测试分类选项中，属于按照软件质量特性划分的是（　　）。

A. 性能测试　B. 回归测试　C. 冒烟测试　D. 随机测试

（3）（　　）是通过对程序内部结构的分析、检测来寻找问题。

A. α测试　B. 黑盒测试　C. 白盒测试　D. 压力测试

（4）下列选项中，不属于性能测试的是（　　）。

A. 压力测试　B. 负载测试　C. 稳妥定性测试　D. 逻辑功能测试

（5）下列选项中，不属于功能测试的是（　　）。

A. 逻辑功能测试　B. 界面测试　C. 稳妥定性测试　D. 安装测试

3. 思考题

（1）请简述国内软件测试现状与发展趋势。

（2）请简述软件测试的对象有哪些。

习题答案

02 第2章　软件开发流程

本章学习目标

- 熟悉软件开发流程
- 熟悉软件需求
- 掌握概要设计方法
- 掌握详细设计方法
- 熟悉软件测试生命周期

作为保证软件质量的忠诚卫士，软件测试工程师必须要了解软件开发流程。本章将从软件需求、概要设计、详细设计和软件测试生命周期四个方面讲解软件的生产过程。

软件开发流程可分为 12 个步骤，软件产品的质量就在这 12 个步骤中体现出来。软件开发流程如图 2.1 所示。

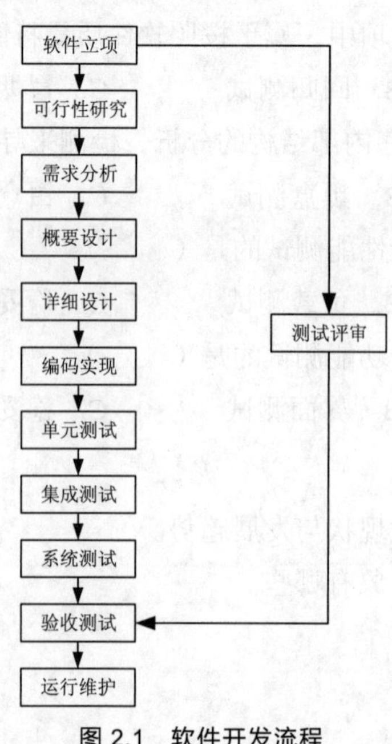

图 2.1　软件开发流程

测试人员经过长期的观察发现，需求阶段引入的软件缺陷占 54%左右，设计阶段引入的软件缺陷占 25%左右，编码实现阶段引入的软件缺陷占 15%左右，其他缺陷占 6%左右。

2.1　软件需求

早期调查结果表明，需求分析阶段引入的软件缺陷是最多的，主要原因是客户需求不断变化，导致软件出现缺陷。在需求分析阶段，需求工程师需要广泛地与客户进行沟通，全面获取客户需求，并编写需求规格说明书。软件测试人员需要审核需求规格说明书，检查是否有遗漏内容、是否有与客户需求不相符的功能，从而找出偏差，并与需求工程师沟通，修改需求规格说明书。需求分析阶段是整个开发过程中最重要的阶段，也是衡量一个软件产品质量好坏的关键。

2.1.1　软件需求的定义

软件需求的定义

软件产业存在的一个问题是缺乏统一定义的名词术语来描述开发人员的工作。客户所定义的“需求”对开发人员来说似乎是一个较高层次的产品概念，而开发人员所定义的“需求”对用户来说似乎是详细设计。实际上，软件需求包含多个层次，不同层次的需求从不同角度以不同程度反映细节问题。

IEEE 软件工程标准词汇表（1997 年）中定义需求为以下内容。

（1）用户解决问题或达到目标所需的条件或权能。

（2）系统或系统部件需要满足合同、标准、规范或其他正式文档所规定的条件或权能。

（3）反映上面（1）或（2）所描述的条件或权能的文档说明。

IEEE 公布的定义包括从用户角度（系统的外部行为），以及从开发者角度（一些内部特性）来阐述需求，其中关键的一点是必须编写需求文档。另外一种定义认为需求是“用户所需要的并能触发一个程序或系统开发工作的说明”。需求分析专家艾伦 • 戴维斯（Alan Davis）拓展了这个概念，他认为需求是“从系统外部能发现的系统内部所具有的满足于用户的特点、功能及属性等”。还有一种定义则从用户需要进一步转移到了系统特性：“需求是指明必须实现何种功能的规格说明。它描述了系统的行为、特性或属性，是在开发过程中对系统的约束。”

从上面不同形式的定义中不难发现，一个清晰、毫无二义性的“需求”术语并不存在。真正的“需求”实际上在人们的脑海中，任何文档形式的需求仅是一个模型、一种叙述，因此必须确保所有项目风险承担者在描述需求的那些名词的理解上达成共识。

2.1.2　软件需求的层次

软件需求的层次

软件需求包含三个不同的层次，即业务需求、用户需求和功能需求。

（1）业务需求（Business Requirement）反映组织机构或客户对系统、产品高层次的目标要求，该目标要求在项目视图与范围文档中予以说明。

（2）用户需求（User Requirement）描述用户使用产品必须要完成的任务，任务内容在使用实例（Use Case）文档或方案脚本（Scenario）中予以说明。

（3）功能需求（Functional Requirement）定义开发人员必须实现的软件功能，使用户能完成任务，从而满足业务需求。

此外，软件需求还包括系统需求和其他需求，其他需求分为质量属性、其他非功能需求和设计约束条件等。软件需求各组成部分之间的关系如图 2.2 所示。

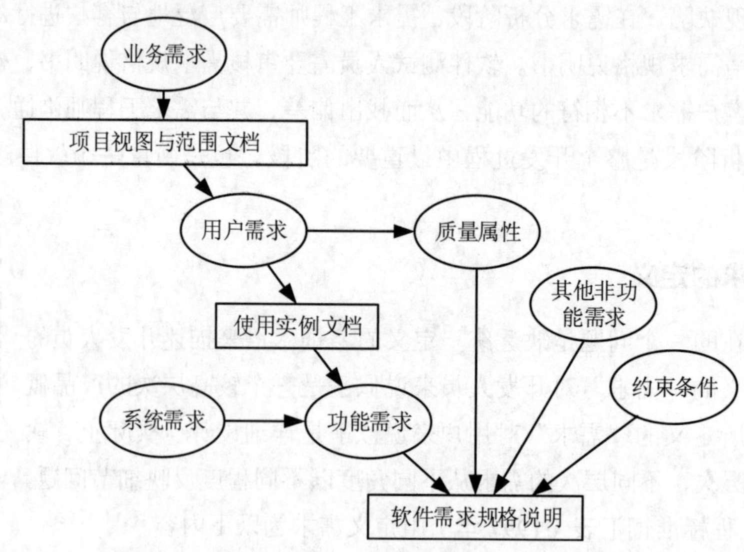

图 2.2 软件需求层次

软件需求规格说明（Software Requirements Specification，SRS）在开发、测试、质量保证、项目管理中都有重要的作用。在软件需求规格说明中列出的功能需求充分描述了软件系统所具有的外部行为。对一个复杂产品来说，软件功能需求也许只是系统需求的一个子集，另外一些可能属于软件部件需求。作为功能需求的补充，软件需求规格说明还应包括非功能需求，它描述了系统展现给用户的行为和执行的操作等。约束条件是指对开发人员在软件产品设计和构造上的限制。质量属性通过多种角度对产品的特点进行描述，从而反映产品功能。

2.1.3 不合格需求分析的风险

不合格需求分析的风险

不重视需求分析的项目团队将自食其果，需求分析的缺陷将给项目带来极大的隐患，下面将讨论不合格的需求分析引起的一些风险。

1. 需求不明确导致产品无法被接受

在某些情况下，开发人员与实际使用产品的用户直接接触很困难，因此开发人员只能根据自己的理解来开发产品；另外，有些客户也不太明白自己的真正需求。为防止此种情况带来的风险，具有代表性的用户应在项目早期直接参与到开发队伍中，并一同经历整个开发过程。

2. 用户需求增加造成过度耗费导致产品质量降低

在开发中若不断地补充需求，项目就会越变越大，最终超出其计划及预算范围。一旦原计划中的项目需求规模、复杂性、风险、开发生产率及其他需求发生明显变更，问题将更难解决。实际上，问题根源在于用户需求的改变和开发者对新需求所做的修改。

如果想要将需求变更范围控制到最小，开始阶段必须对项目视图、范围、目标、约束限制和成功标准给予明确说明，并将此说明作为评价需求变更和新特性的参照框架。说明中包括了对每种变更进行变更影响因素分析的变更控制过程，有助于所有风险承担者理解业务决策的合理性，即为何进行某些变更，相应消耗的时间、资源或特性上的折中。

产品开发中不断变更需求会使其整体结构日渐紊乱，补丁代码也使整个程序难以理解和维护。插入补丁代码使模块违背高内聚、低耦合的设计原则，特别是如果项目配置管理工作不完善，收回变更和删除特性会带来问题。如果尽早地区别这些可能带来变更的特性，就能开发一个更为健壮、适应性更强的结构。这样，设计阶段的需求变更就不会直接导致补丁代码，同时也有利于减少因变更导致的质量下降。

3. 模棱两可的需求说明可能导致时间的浪费和直接返工

模棱两可是需求规格说明中最麻烦的问题，既可能指诸多读者对需求说明产生不同的理解，又可能指单个读者用不止一个方式来解释某条需求说明。

模棱两可的需求带来不可避免的后患，70%～85%的返工、重做是需求方面的错误所导致的。

仅仅简单浏览需求文档难以发现模棱两可的问题，一种有效方法是组织从不同角度审查需求的队伍。不同的评审者从不同的角度对需求说明给予解释，使每个评审人员都真正了解需求文档，这样二义性就不会直到项目后期才被发现。

4. 用户要求一些不必要的功能或开发人员画蛇添足

“画蛇添足”是指开发人员力图增加一些功能，但需求规格说明中并未涉及这些功能。开发人员需要在客户所需和允许时限内的技术可行性之间求得平衡，努力使功能简单易用，而不要未经客户同意，擅自脱离客户要求，自作主张。同样，客户有时也可能要求一些看上去很“酷”，但缺乏实用价值的功能，而实现这些功能会徒耗时间和成本。

5. 过分简略的需求说明导致遗漏某些关键需求

有时客户并不明白需求分析的重要性，于是只做一份简略的规格说明，然后让开发人员在项目进展中去完善，结果很可能是开发人员先建立产品的结构再完成需求说明。这种方法可能适合于尖端研究性的产品或需求本身就十分灵活的情况。在大多数情况下，这会给开发人员带来不确定性问题，也会给客户带来不必要的麻烦（无法获得所设想的产品）。

6. 忽略用户分类导致客户的不满

不同的人会使用同一产品不同的功能，使用这些功能的频繁程度有差异，使用者受教育程度和经验水平也不尽相同。如果不能在项目早期针对这些主要用户进行分类，必然导致有些用户对产品感到失望。例如，菜单驱动操作对高级用户来说太低效，但含义不清的命令和快捷键又会使不熟练的用户感到困惑。

7. 不完善的需求说明使得项目计划和跟踪无法准确进行

客户简略地说明需求之后便会询问开发人员的开发时间，最终双方预估出一个不准确的时间。许多开发人员都会遇到需求不完善的难题，对需求分析缺乏理解会导致过分乐观的估计，最终，不可避免的超支会带来颇多麻烦。

对客户所提问题的正确响应是待双方明确需求之后再予以答复。基于不充分信息和不成熟需求的估计很容易被一些因素左右。当需要做出估计时，最好给出一个范围（如最好情况下、很可能、最坏情况下）或一个可信赖的程度（如 90%的把握、能在 8 周内完成）。

2.1.4 高质量需求分析的特征

高质量需求分析的特征

1. 完整性

不能遗漏任何必要的需求信息。注重用户的任务而不是系统的功能将有助于避免不完整性。如果发现缺少某项信息，使用“TBD”（“待确定”）作为标准标识来标明这项缺漏。在开始开发之前，必须解决需求中所有的 TBD 项。

2. 一致性

一致性是指与其他软件需求或高层（系统、业务）需求不相矛盾。在开发前必须解决所有需求间的不一致部分。

3. 可修改性

为了使需求规格说明可修改，必须把相关问题组合在一起，不相关的问题必须分离。这个特征表现为需求文档的逻辑结构。当一个需求被更改时，必须能够准确定位需求的变更历史。为需求建立准确的标识、良好的组织结构以及相关的需求分组都是辅助需求修改的有利手段。

4. 可跟踪性

可跟踪的需求要具备独立标识，并通过有效的手段与各层级需求建立关联映射关系。这种可跟踪性要求每项需求以一种结构化的、粒度好的方式编写并单独标明，而不是采用大段叙述。

2.2 概要设计

概要设计是软件分析师或架构师通过分析需求规格说明书，对软件产品的结构、逻辑进行规划，并给出设计说明书的过程。

概要设计的任务

2.2.1 概要设计的任务

（1）系统分析员审查软件计划、软件需求分析提供的文档，提出候选的最佳推荐方案，提交系统流程图、系统物理元素清单、成本效益分析、系统的进度计划，供专家审定，审定后进入设计。

（2）确定模块结构，划分功能模块，将软件功能需求分配给所划分的最小单元模块。确定模块间的联系，确定数据结构、文件结构、数据库模式，确定测试方法与策略。

（3）编写概要设计说明书、用户手册、测试计划，选用相关的软件工具来描述软件结构。结构图是经常使用的软件描述工具。

2.2.2　概要设计的过程

在概要设计过程中要先进行系统设计，复审系统计划与需求分析，确定系统具体的实施方案；然后进行结构设计，确定软件结构。一般步骤如下所示：

概要设计的过程

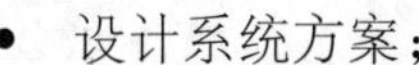

- 设计系统方案；
- 选取一组合理的方案；
- 推荐最佳实施方案；
- 功能分解；
- 软件结构设计；
- 数据库设计、文件结构的设计；
- 制订测试计划；
- 编写概要设计文档；
- 审查与复审概要设计文档。

2.2.3　模块化与模块独立性

模块化与模块独立性

1. 模块化

模块是数据说明、可执行语句等程序对象的集合。模块可以单独被命名，而且可通过名字来访问，例如，过程、函数、子程序、宏等都可作为模块。

2. 抽象与逐步求精

软件工程的每一步都是对软件解法的抽象层次的一次精化。抽象与逐步求精是紧密相关的。

3. 信息隐蔽和局部化

信息隐蔽是指一个模块将自身的内部信息向其他模块隐藏，以避免其他模块不恰当的访问和修改。只有那些为了完成系统功能不可或缺的数据交换才被允许在模块间进行。

4. 模块独立性

模块独立性是指软件系统中每个模块只涉及软件要求的具体子功能。它具有如下优点。

具有独立模块的软件比较容易开发。这是由于能够分割功能而且接口可以简化。当许多人分工合作开发同一个软件时，这个优点尤其重要。

独立的模块比较容易测试和维护。这是因为修改设计和程序的工作量相对较小，错误传播范围小，需要扩充功能时只需调用模块。

模块的独立程度可以由耦合和内聚两个定性标准度量，具体如下所示。

（1）耦合

耦合是对一个软件结构内各个模块之间互连程度的度量。耦合强弱取决于模块间接口的复杂程度、调用模块的方式，以及通过接口的信息。

根据耦合程度由弱到强，可以将耦合分为以下几种：

- 非直接耦合；
- 数据耦合；
- 控制耦合；
- 公共环境耦合；
- 内容耦合；
- 标记耦合；
- 外部耦合。

总之，耦合是影响软件复杂程度的一个重要因素。通常采用的原则是：尽量使用数据耦合，少用控制耦合，限制公共环境耦合的范围，完全不用内容耦合。

（2）内聚

内聚标志一个模块内各个元素彼此结合的紧密程度，它是信息隐蔽和局部化概念的自然扩展。理想内聚的模块只做一件事情。

根据内聚程度由低到高，可以将内聚分为以下几种：

- 偶然内聚；
- 逻辑内聚；
- 时间内聚；
- 过程内聚；
- 通信内聚；
- 信息内聚；
- 功能内聚。

2.2.4 概要设计的原则

概要设计的原则

软件概要设计包括规划模块构成的程序结构和输入输出数据结构。其目标是产生一个模块化的程序结构，并明确模块间的控制关系，以及定义界面、说明程序的数据，进一步调整程序结构和数据结构。

改进概要设计、提高软件质量的原则如下：

- 显著改进软件结构，提高模块独立性；
- 模块规模应该适中；
- 适当选择深度、宽度、扇出和扇入；
- 模块的作用域应该在控制域之内；
- 力争降低模块接口的复杂程度；

- 设计单入口单出口的模块；
- 模块功能应该可以预测。

2.2.5　概要设计文档

概要设计文档

在概要设计阶段，设计人员完成的主要文档是概要设计说明书，它主要规定软件的结构。

概要设计说明书的主要内容及结构如下：

- 引言；
- 任务概述；
- 总体设计；
- 接口设计；
- 数据结构设计；
- 运行设计；
- 出错处理设计；
- 安全保密设计；
- 维护设计。

2.3　详细设计

详细设计是由软件工程师通过概要设计说明书对具体模块的接口、功能、内部实现逻辑、算法、某一具体编程语言等进行分析，然后编码实现模块或子系统的功能。

2.3.1　详细设计的任务

详细设计的目的是为软件结构图中的每一个模块确定使用的算法和块内数据结构，并用某种选定的表达工具给出清晰的描述。这一阶段的主要任务如下所示。

详细设计的任务

（1）为每个模块确定采用的算法，选择某种适当的工具表达算法的过程，写出模块的详细过程性描述。

（2）确定每一模块使用的数据结构。

（3）确定模块接口的细节，包括对系统外部的接口和用户界面，对系统内部其他模块的接口，以及模块输入数据、输出数据及局部数据的全部细节。

（4）在详细设计结束时，应该把上述结果写入详细设计说明书，并且通过复审形成正式文档，交付下一阶段（编码阶段）作为工作依据。

（5）为每一个模块设计出一组测试用例，以便在编码阶段对模块代码（即程序）进行预定的测试。模块的测试用例是软件测试计划的重要组成部分，通常应包括输入数据、期望输出等内容。

2.3.2 详细设计的原则

详细设计的原则

（1）由于详细设计的蓝图是给人浏览的，因此，模块的逻辑描述要清晰易读、正确可靠。

（2）采用结构化设计方法，改善控制结构，降低程序的复杂程度，从而提高程序的可读性、可测试性、可维护性。其基本内容归纳为以下几点。

① 程序语言中应尽量少用 goto 语句，以确保程序结构的独立性。

② 使用单入口单出口的控制结构，确保程序的静态结构与动态执行情况相一致。保证程序易理解。

③ 程序的控制结构一般采用顺序、选择、循环三种结构来构成，确保结构简单。

④ 用自顶向下逐步求精方法完成程序设计。结构化程序设计的缺点是存储容量和运行时间增加 7%～20%，优点是易读、易维护。

⑤ 经典的控制结构为顺序，if…then…else 分支，do...while 循环。扩展的还有 case 多分支，do...until 循环，do...while 固定次数循环。

（3）选择恰当描述工具来描述各模块算法。

2.3.3 详细设计的工具

详细设计的工具

（1）图形工具。利用图形工具可以把过程的细节描述出来。

（2）表格工具。采用一张表来描述过程的细节，在这张表中列出各种可能的操作和相应的条件。

（3）语言工具。用某种高级语言（称之为伪码）来描述过程的细节。

2.3.4 程序流程图

程序流程图

程序流程图又称为程序框图，它是软件开发者最熟悉的一种算法表达工具。它独立于任何一种程序设计语言，比较直观和清晰地描述程序的控制流程，易于学习掌握。因此，程序流程图至今仍是软件开发者最普遍采用的一种工具。

程序流程图包括五种基本控制结构，具体如下所示。

（1）顺序型。顺序型由几个连续的处理步骤依次排列构成。

（2）选择型。选择型是指由某个逻辑判断式的取值决定选择两个处理中的一个。

（3）while 循环型。while 循环型是先判定型循环，在循环控制条件成立时，重复执行特定的处理。

（4）until 循环型。until 循环型是后判定型循环，重复执行某些特定的处理，直到控制条件成立为止。

（5）多情况选择型。多情况选择型列举多种处理情况，根据控制变量的取值，选择执行其一。

五种基本控制结构的流程图如图 2.3 所示。

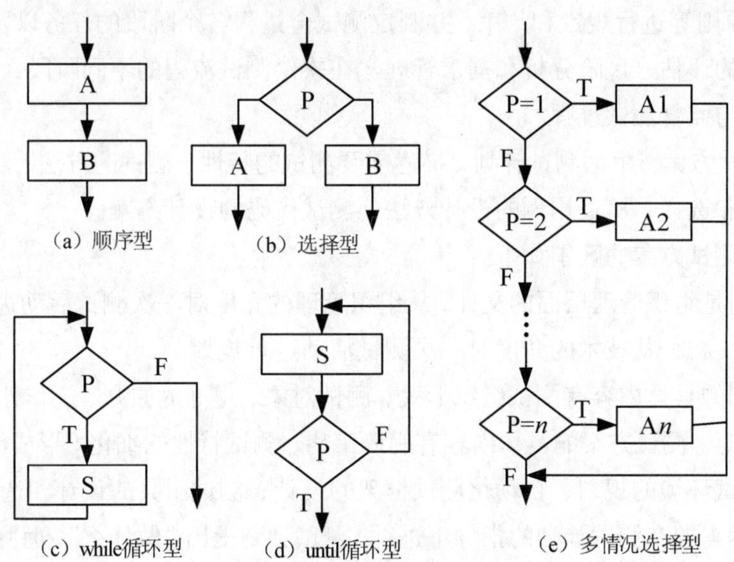

图 2.3　基本控制结构流程图

2.4　软件测试生命周期

软件测试生命周期是规范整个软件测试过程的指导性纲要，它给出一个测试项目开始到结束的工作流程，如图 2.4 所示。

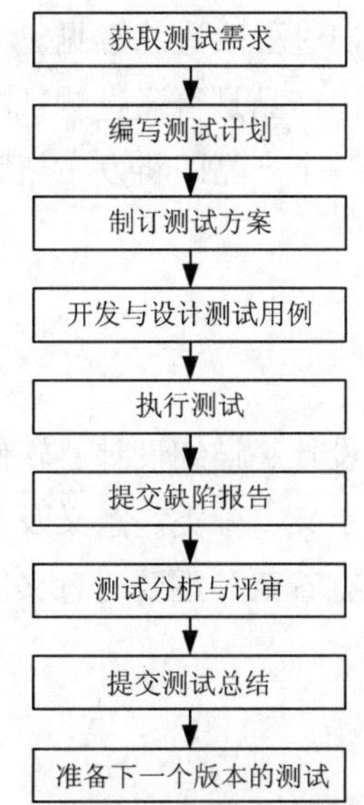

图 2.4　软件测试生命周期模型

（1）获取测试需求。从软件开发需求规格说明书中获取软件测试需求，明确测试对象与范围，了解用户具体需求，编制测试需求文档。

（2）编写测试计划。根据需求规格说明书、测试需求文档来编写测试计划。对测试全过程的组织、资源、原则等进行规定和约束，并制定测试全过程各个阶段的任务以及时间进度安排，提出对各项任务的评估、风险分析和需求管理。在软件测试流程的不同阶段，都需要编写测试计划，用来指导与监督测试过程。

（3）制订测试方案。根据测试计划，描述需要测试的特性、测试的方法、测试环境的规划、测试工具的设计和选择、测试用例的设计方法、测试代码的设计方案。

测试计划与测试方案的区别如下。

① 测试计划是组织管理层面的文件，从组织管理的角度对一次测试活动进行规划。测试方案是技术层面的文档，从技术的角度对一次测试活动进行规划。

② 测试计划的具体内容有测试组织形式、测试对象、遵守的原则、工作任务分配、任务的时间和进度安排等。测试方案的具体内容有明确策略、测试特性的细化（形成测试子项）、测试用例的规划、测试环境的规划、自动化测试框架的设计、测试工具的设计和选择等。

③ 测试方案需要在测试计划的指导下进行，测试计划提出“做什么”，而测试方案明确“怎么做”。

（4）开发与设计测试用例。测试工程师进行测试脚本的开发，或者测试用例的设计。通过测试数据的准备，进行测试用例的开发与设计，便于组织与控制测试流程。

（5）执行测试。测试工程师使用开发完成的测试脚本和设计完成的测试用例进行测试。

（6）提交缺陷报告。在执行测试脚本或测试用例后，找出与预期结果不相符合的问题，填写缺陷报告，提交给测试管理人员与相关开发人员。

（7）测试分析与评审。当整个测试过程结束后，要对产品的全部缺陷加以统计、分析、评审、总结，找出缺陷发生的原因，提出过程改进的意见。

（8）提交测试总结。测试总结给出产品是否通过测试的结论、产品性能优化的措施。

（9）准备下一个版本的测试。当一个产品即将发布新版本时，准备新的测试过程。

2.5 本章小结

本章主要讲解了软件需求、概要设计、详细设计、软件测试生命周期四部分内容。通过本章的学习，大家可以了解软件需求的定义、分类、意义及其特点，掌握软件需求的分析方法和测试要点，这对未来的软件测试结果有着至关重要的意义。

2.6 习题

1. 填空题

（1）软件缺陷在需求阶段引入了________左右，在设计阶段引入了________左右，在编码实现阶段引入了________左右。

（2）模块独立的概念是________、________、________和局部化概念的直接结果。

（3）软件需求包含三个不同的层次，即________、________和功能需求。

（4）________是需求规格说明中最为可怕的问题。

（5）________是软件分析师或架构师通过分析需求规格说明书，对软件产品的结构、逻辑进行规划，并给出设计说明书的过程。

2. 选择题

（1）下列选项中，不属于流程图的基本结构的是（　　）。

A. until 循环型　B. 选择型　C. 曲线型　D. 顺序型

（2）下列耦合中，耦合程度最弱的是（　　）。

A. 外部耦合　B. 非直接耦合　C. 数据耦合　D. 控制耦合

（3）下列内聚，聚合程度最高的是（　　）。

A. 逻辑内聚　B. 偶然内聚　C. 时间内聚　D. 功能内聚

（4）下列选项中，不属于详细设计所需的工具的是（　　）。

A. 语言工具　B. 测试工具　C. 图形工具　D. 表格工具

（5）下列选项中，不属于需求规格说明的特点的是（　　）。

A. 一致性　B. 可修改性　C. 完整性　D. 必要性

3. 思考题

（1）请简述概要设计的任务。

（2）请简述软件测试的生命周期。

（3）软件开发分为多少个步骤？分别是什么？

习题答案

03 第3章　软件测试计划

本章学习目标

- 了解软件测试计划的目标
- 理解软件测试计划的主题
- 掌握软件测试计划的模板
- 熟悉编写软件测试计划的注意事项

软件测试人员的目标就是尽可能早地找出软件缺陷，并保证其得以修复。而只有利用好通过缜密思考设计出的软件测试计划和测试用例，并对测试工作进行详细记录和充分交流，才能顺利达到目标。

3.1　测试计划目标

测试计划目标

软件测试计划是软件测试人员与产品开发小组交流意见的主要途径。如果程序员只编写代码而不说明代码的功能以及如何执行，执行测试任务就很困难。另外，如果测试人员之间不交流准备测试的对象、需要的资源、进度的安排，整个项目就很难成功。

IEEE 826-1998 将软件测试计划描述为“一个叙述了预定的测试活动的范围、途径、资源及进度安排的文档。它确认了测试项、被测特征、测试任务、人员安排，以及任何偶发事件的风险。”

根据该定义和 IEEE 的其他标准，测试计划所采用的形式是书面文档。测试计划只是创建详细计划过程中的一个子产品，重要的是计划过程，而不是它所产生的结果文档。

此外，需格外注意软件测试计划工作和撰写测试计划两者的区别。撰写的测试计划在一般情况下会成为被束之高阁的文档，即一个空架子。如果将计划工作的目标从建立文档转到建立过程，从撰写测试计划转到计划测试任务，空架子的问题就迎刃而解了。描述计划结果的最终测试计划文档不可缺少，我们需要有一个测试计划作为参考和归档，但文档只是个子产品，并不是计划过程的根本目的。

交流意图、期望，以及对将要执行的测试任务的理解，才是测试计划过程的最终目标。项目小组如果花费一些时间共同研究测试主题，确保所有人都了解测试小组的计划，最终就可以达到上述目标。建立全面测试计划一般不会安排测试新手来完成，而是由测试负责人或者经理来做，而测试人员一般要协助建立测试计划，因此需要了解测试计划所包含的内容，以及测试计划需要的信息。通过这种方式，测试人员就可以利用掌握的信息组织自己的测试任务。

3.2　测试计划主题

许多软件测试的书籍提供了测试计划模板或测试计划样本，可随意修改，从而建立针对具体项目的测试计划。该方法的问题是没有把注意力放到计划过程上，反而将文档看作重点。大型软件项目的项目经理和测试负责人在现成的测试计划模板上剪切、复制、查找或替换，最终得到当前项目“专用”的测试计划。如此创建出的测试计划没有抓住重点，可能导致其他人不清楚测试人员的意图，使测试项目出现弊端。

如果没有测试计划模板，就需要遵循一系列重要主题的清单，该清单应该在整个项目小组中深入讨论并达成一致。此清单也许并不适用于所有项目，但是它列出了一系列常见的并且与重要测试相关的问题，所以比测试计划模板更实用。计划本质上是一个动态过程，因此若发现列出的问题不适应具体情况，可以自行调整。

测试计划过程的结果是一种文档。软件测试文档标准 IEEE 829-1998 推荐了一种常用格式。若行业或者公司需要有自己的标准，格式可以预先定义。不论采用何种格式，文档都应该达到能够非常有效地交流工作的目的。

3.2.1　定义

定义

让项目小组中的全部成员在高级期望和可靠性目标这两者上达成一致是一件很困难的事情，而这只是在软件项目中定义用词和术语的开始。

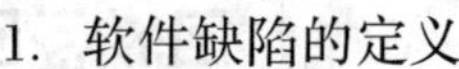

1. 软件缺陷的定义

（1）软件未实现产品说明书要求的功能。

（2）软件出现了产品说明书指明不应该出现的错误。

（3）软件实现了产品说明书未提到的功能。

（4）软件未实现产品说明书虽未明确提及但应该实现的目标。

项目小组中最大的问题之一是忽视产品开发中常用术语的含义。程序员、测试员和管理部门对术语都有自己的理解。如果程序员和测试员对软件缺陷定义的基本理解未能达到一致，争论在所难免。测试计划需要对小组成员的用词和使用的术语进行定义，消除理解差异，使全体成员的说法一致。

2. 常用术语的定义

以下是一些常用术语和简单的定义，不要将其看作完整或定义明确的清单。术语定义取决于具体项目、开发小组遵循的开发模式，以及所有小组成员的经验。此清单所列术语只是举例说明，帮助学习者理解术语定义的重要性。

（1）构造：程序员将需要测试的代码和内容放在一起。测试计划应该定义构造的频率（每天、每周等）以及期望的质量等级。

（2）测试发布文档：程序员发布的文档。对每一个构造都声明新特性、不同特性、修复问题和准备测试的内容。

（3）α（Alpha）版：适用于对少数主要客户和市场进行数量有限的分发，用于演示目的的早期构造，不适用于实际环境。使用Alpha版的全体人员必须了解其确切内容和质量等级。

（4）β（Beta）版：适用于向潜在客户广泛分发的正式构造。

（5）说明书完成：说明书预计完成并且不再更改的日期。在实际项目中，说明书通常在该日期后还会做修改，但是它确实需要设定，其后只能进行控制范围内的小改动。

（6）特性完成：程序员不再向代码增加新特性，并集中安排修复缺陷的日期。

（7）软件缺陷会议：由测试经理、项目经理、开发经理和产品支持经理组成的团队，每周召开会议，审查软件缺陷，并确定需要修复的缺陷以及修复方法。软件缺陷会议是在测试计划中建立质量和可靠性目标的主要方式之一。

3.2.2 高级期望

高级期望

高级期望是指测试小组成员一致通过的最高测试要求的目标值。测试过程中的第一个论题是定义测试小组的高级期望。这虽然是项目小组全部成员必须达成一致的基本论题，但却常常被忽视。人们认为它显而易见，并且想当然地假定每个人都了解。但是，优秀的测试人员永远不应该假定任何事。

为了最终测试工作的成功，项目组成员需要明确测试计划的过程、测试计划的目的、进行测试计划的理由，并且了解所测试的产品的来源、实现过程和组成。

3.2.3 人、事和地点

人、事和地点

测试计划需要明确项目需要的人员、人员的分工以及所有成员的联系方式。整个项目从想法雏形到最终成型都需要各小组成员之间的紧密联系，合理的交流可以提高整个项目的实现效率，因此测试计划应该包括项目中所有主要人员的姓名、职务、地址、电话号码、电子邮件地址和职责范围。

测试计划需明确文档存放的位置、所需软件的下载地址、测试工具的下载地址等。如果在执行测试时硬件不可缺少，则硬件的获取方式和放置地点都需要明确。如果有进行配置测试的外部测试实验室，那么它们的位置和进度的安排也需要明确。

3.2.4　团队之间的责任

团队之间的责任

团队之间的责任是指出可能影响测试工作的任务和交付内容。测试小组的工作由许多其他功能团队驱动，这些团队的成员包括程序员、项目经理、技术文档作者等。如果责任未明确，测试过程中就会发生混乱，从而导致重要的任务被忘记。

一些任务不像测试员、程序员的工作那样边界清晰，复杂的任务可能会涉及多个责任者，某些任务没有责任者，或者由多人共同负责。交流计划和计划这些任务最简单的方法就是使用表 3.1 所示的表格。

表 3.1　　测试简表

任务	项目经理	程序员	测试员	技术文档作者	营销人员	产品支持
编写产品版本声明	—				×	
创建产品组成部分清单	×					
创建合同	×				—	
产品设计/功能划分	×					
项目总体进度	×	—		—	—	
制作与维护产品说明书	×					
审查产品说明书	—	—	—	—	—	—
内部产品的体系架构	—	×				
设计和编写代码		×				
编写测试计划			×			
审查测试计划		—	×	—	—	
单元测试		×				
总体测试			×			
创建配置清单		—	×		—	—
配置测试			×			
定义性能基准	×		—			
运行基准测试			×			
内容测试			—	×		
来自其他团队的测试代码			—			
自动化维护构建过程		×				
磁盘构建/复制		×				
磁盘质量保障			×			
创建 Beta 测试清单					×	—
管理 Beta 程序	—		—		×	—
审查印刷的资料	—	—	—	×	—	—
定义演示版本	—				×	

续表

任务	项目经理	程序员	测试员	技术文档作者	营销人员	产品支持
生成演示版本	—				×	
测试演示版本			×			
缺陷会议	×	—	—		—	—

在表 3.1 中，“×”表示任务的责任者，“—”表示任务的参加者，空白表示不负责该任务。确定表格第一列中的任务要靠经验，在一般情况下，小组中经验丰富的成员可以先大致浏览一遍清单，然后根据具体项目以及团队之间的关系，补充被忽略的任务。

3.2.5 测试的侧重点

测试的侧重点

有时软件产品中的某些内容没有必要进行测试，这些内容可能是先前发布过或测试过的软件部分。其他软件公司测试过的内容可以直接接受，外包公司也会提供预先测试过的产品部分。

计划过程就是检查软件的每一部分，确定它是否需要测试。如果不必测试，则需说明理由。如果由于理解上的错误而使部分代码在整个开发周期中都未做过任何测试，就可能导致十分严重的后果。

3.2.6 资源的需求

资源的需求

计划资源需求是确定实现测试策略必备条件的过程。在项目期间需要考虑可能用到的任何资源，列举如下。

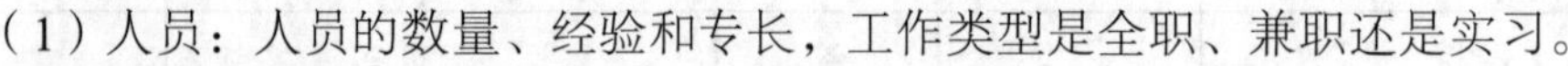

（1）人员：人员的数量、经验和专长，工作类型是全职、兼职还是实习。

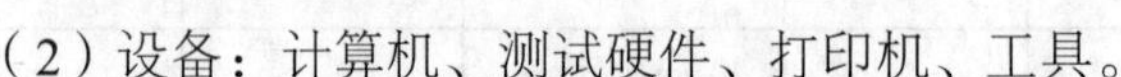

（2）设备：计算机、测试硬件、打印机、工具。

（3）办公室及实验室空间：位置、面积、格局。

（4）软件：文字处理程序、数据库程序和自定义工具，需要购买的资源和编写的材料。

（5）外包测试公司：是否用到外包测试公司，选择原则和费用。

（6）其他配备：参考书、电话、培训资料以及项目中需要用到的设备。

一些特定的资源需求取决于项目、小组和公司，因此测试计划工作要仔细估算测试软件的要求。在测试开始之前就做好项目预算，可以避免到项目后期获取资源困难，甚至无法获取资源，因此创建完整的清单是非常必要的。

3.2.7 测试的阶段

测试的阶段

在计划测试的阶段时，测试小组分析预定的开发模式，从而决定在项目期间是采用一个测试阶段还是多阶段测试。在边写边改的模式中，可能只有一个测试阶段，不断测试直到某个成员宣布测试停止。在瀑布和螺旋模式当中，从检查产品说明书到验收测试可能会有很多阶段，测试计划也属于其中一个阶段。

测试小组在测试的计划过程中应该明确每一个预定的测试阶段，并通知整个项目小组。该过程一般有助于所有小组成员了解全部的开发模式。

进入和退出规则是与测试阶段相关联的两个重要概念。测试小组不能只依照日期来决定是否进入下一阶段。测试的每一个阶段都必须有客观定义的规则，用来明确地声明本阶段结束，下一阶段开始。例如，真正意义上的 Beta 测试阶段可能从测试员完成验收测试后，从预定的 Beta 测试结构中没有发现新的软件缺陷时开始。因为有意义的 Beta 测试是更加偏重于用户的测试，一切设计好的测试往往带有局限性，无法体现真实的问题。如果没有明确的进入和退出规则，测试工作就会变得单一，且毫无头绪。

3.2.8 测试的策略

测试的策略

与定义测试阶段相关联的是定义测试策略。测试策略描述测试小组用于测试整体和每个阶段的方法。面对需要测试的产品，需要决定使用黑盒测试，还是白盒测试。如果决定二者综合使用，需要清楚在软件的何时何处运用它们。

某些代码采用手工测试，而有些代码用工具自动化测试效果更好。如果要使用工具，就要看是否需要开发，或者是否能够买到已有的商用解决方案，也许还可以采用更有效的方法，就是把整个测试工作外包到专业的测试公司，只需安排一名测试员监督工作即可。

做决策是一项十分复杂的工作，需要由经验特别丰富的测试员来完成，同时必须使项目小组的全体成员都了解并同意预定计划，因为这关系到测试工作的成败。

3.2.9 测试员的任务分配

测试员的任务分配

只要定义了资源需求、测试阶段和测试策略，创建了产品说明书，就可以为每位测试员分配任务。前面讨论的团队之间的责任，实际上是指每一个功能性团队（管理团队、测试团队和开发团队等）必须负责与其对应的高级任务。计划测试员的任务分配是指明确各测试员负责软件的哪些部分、哪些可测试特性。简化的文档处理程序的测试员任务分配表如表 3.2 所示。

表 3.2　　文档处理程序的测试员任务分配表

测试员	测试任务分配
刘一	字符格式：字体、大小、颜色、样式
陈二	布局：项目符号、段落、制表符、换行
张三	配置和兼容性
李四	用户界面：易用性、外观、辅助特性
王五	文档：在线帮助、滚动帮助
赵六	压力和负载

真实的责任表会更加详细，确保软件的每一部分都有测试员进行测试。每一个测试员都会清楚地了解自己所负责的内容，而且有足够的信息用于设计测试用例。

3.2.10 测试进度

计划测试进度需要将以上所述的全部信息映射到整个项目进度中。通常，预估测试进度在测试计划工作中至关重要，因为原以为很容易设计和编码的一些必要特性可能后来测试需要花费大量时间。例如，某程序在不明显的有限区域之外将不执行打印，没有人注意到打印对测试所产生的影响，从而使该特性保留在软件产品中，结果致使打印机配置测试要花几周时间才能完成。测试进度安排是测试计划的一部分，它可以为产品小组和项目经理提供信息，让他们更好地安排工作。他们甚至可能根据测试进度安排来决定将产品的某些特性去掉，或将其移至下一个版本。

测试工作通常不能平均分布在整个产品的开发周期中，这是关于测试计划的另一个重要问题。有些测试工作以说明书、代码审查以及工具开发等形式在前期进行，但测试任务、参加测试的人员的数量和测试所花费的时间会随着项目的进展而不断增长，在该产品发布之前形成一个短期的高峰。图 3.1 所示为典型的测试资源图表。

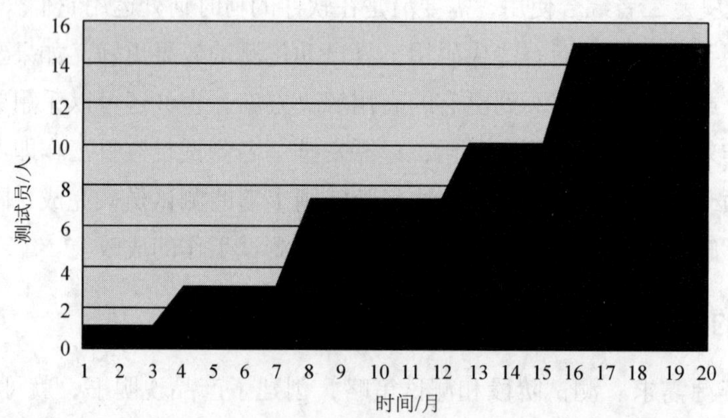

图 3.1 测试资源图表

由图 3.1 可以明显看出，项目中的测试资源随着开发的进度而增长，而持续增长的结果是测试进度受项目中先前事件的影响越来越大。如果项目中某一部分交给测试小组的时间推迟了 2 周，而按照进度只有 3 周测试时间，就只能把 3 周的测试在 1 周内进行，或者把测试进度推迟 2 周，这被称为进度破坏（Schedule Crunch）。

可采取避免将任务的启动和停止日期定死的方式来解决进度破坏问题。表 3.3 所示的测试进度通常会使小组陷入进度破坏。

表 3.3 固定日期的测试进度

测试任务	日期
测试计划完成	4/5/2019
测试用例完成	7/5/2019
第 1 轮测试完成	6/15/2019—9/1/2019
第 2 轮测试完成	9/15/2019—11/1/2019
第 3 轮测试完成	11/15/2019—12/15/2019

相反，如果测试进度依照测试阶段所定义的进入和退出规则采用相对日期，既指明了测试任务依赖于其他先完成的可交付内容，单个任务所需时间也很明显，如表 3.4 所示。

表 3.4 相对日期的测试进度

测试任务	开始日期	使用时间
测试计划完成	说明书完成后 7 天	4 周
测试用例完成	测试计划完成	12 周
第 1 轮测试完成	代码完成构建	6 周
第 2 轮测试完成	Beta 版构建	6 周
第 3 轮测试完成	发行版构建	4 周

许多进度安排软件会使这项工作更加轻松，项目经理和测试经理在安排进度时可能会使用此类软件，但同时要求测试员参与安排自己的具体任务。

测试用例
软件缺陷报告
风险和问题

3.2.11 测试用例

测试用例的设计方法将在本书第 5 章详细介绍。测试计划将决定采用何种方法去编写测试用例。

3.2.12 软件缺陷报告

软件缺陷报告的内容将在本书第 7 章详细介绍。当执行测试时，需要提交缺陷报告以记录和跟踪缺陷。

3.2.13 风险和问题

明确指出项目的潜在问题或者风险区域，这是测试计划中非常实用的部分。

如果有十几个毫无实战经验的测试新手，让他们去测试新建医院的软件，这就是风险。如果某个新软件要用市面上销量前 100 位的手机进行测试，项目时间却只够用其中 70 种手机进行测试，这又是一个风险。

软件测试人员需明确指出测试过程中的风险，并与测试经理和项目经理进行讨论，交换意见。这些风险应该在测试计划中列出，在进度中给予一定说明。其中有些是真正的风险，而有些最终被证实无关紧要。为避免在项目晚期造成损失，这些风险必须尽早指出。

3.3 编写软件测试计划的注意事项

编写软件测试计划的注意事项

软件测试是一项有计划、有组织和有系统的软件质量保证活动，而不是随意、松散、杂乱的实施过程。为规范软件测试的内容、方法以及过程，在对软件进行测试前，必须创建规范的测试计划。

IEEE 826-1998 将测试计划定义为："一个叙述了预定的测试活动的范围、途径、资源及进度安排的文档。它确认了测试项、被测特征、测试任务、人员安排，以及任何偶发事件的风险。"

软件测试计划是指导测试过程的大纲性文件，其包含产品概述、测试策略、测试方法、测试区域、测试配置、测试周期、测试资源、测试交流、风险分析等内容。借助软件测试计划，参与测试的项目成员可对测试任务和测试方法有明确的了解，保持顺畅的测试实施过程，跟踪和控制测试进度，应对测试过程中的各种变更。

做好软件的测试计划并非易事，需要综合考虑各种影响测试工作的因素。为了做好软件测试计划，需要注意以下几个方面。

1. 明确测试的目标，增强测试计划的实用性

现今各种商业软件都拥有丰富的功能，因此，软件测试的内容千头万绪。如何在众多测试内容之中提炼出准确的测试目标，是制订软件测试计划时首先要明确的问题。首先，测试目标必须是明确的，并且可以量化和度量，而不是模棱两可的概述；其次，测试目标应该相对集中，避免罗列出一系列目标，轻重不分。应通过深入分析用户需求文档和设计规格文档，确定被测软件的质量要求以及测试最终所要达到的目标。

在测试过程中更多地发现软件的缺陷是编写软件测试计划的重要目的。因此软件测试计划的价值取决于它是否能够有效地帮助管理测试项目、找出软件潜在的缺陷。另外，软件的功能需求必须被软件测试计划中的测试范围高度覆盖，测试方法必须切实可行，测试工具必须具备较高的实用性，且生成的测试结果直观、准确。

2. 坚持"5W1H"规则，明确内容与过程

"5W1H"规则指的是"What（做什么）""Why（为什么做）""Who（何人做）""When（何时做）""Where（何处做）""How（如何做）"。利用"5W1H"规则创建软件测试计划，可以帮助测试团队（Who）理解测试的目的（Why），明确测试的范围和具体内容（What），确定测试工作的开始和结束日期（When），指出测试工作中所用到的方法和工具（How），给出测试文档和软件的存放位置（Where）。

为了使"5W1H"规则具体化，需要准确无误地理解被测软件的功能特征、所应用行业的相关知识以及软件测试技术，在需要测试的内容里突出关键部分，针对测试过程中的阶段划分、文档管理、缺陷管理、进度管理给出切实可行的方法。

3. 采用评审和更新机制，保证测试计划满足实际需求

如果没有经过评审，测试计划的内容有可能会不准确或遗漏某些测试内容。如果软件需求变更引起测试范围增减，而测试计划的内容没有得到及时更新，就会误导测试执行人员。

测试计划的内容包含很多方面，编写人员可能受自身测试经验和对软件需求的理解所限，且软件的开发是一个渐进的过程，最初编写的测试计划可能存在不完善、需要更新的问题，因此，需要采取相应的评审机制对测试计划的完整性、正确性、可行性进行详细评审。例如，在编写完测试计划后，将其提交至由项目经理、开发经理、测试经理、市场经理等组成的评审委员会审阅，根据评审意见和建议进行修改和更新。

4. 分别编写测试计划与测试详细规格说明书、测试用例

编写软件测试计划一定要避免“大而全”，篇幅长而没有突出重点，这样的测试计划既浪费编写时间，也浪费测试人员的阅读时间。将详细的测试技术标准、测试用例等内容统统编写入测试计划，就是“大而全”的常见表现。

实际上最好的方法是把详细的测试技术标准编写到独立创建的测试详细规格说明书中，将用于指引测试小组执行测试的测试用例编写到独立创建的测试用例文档或测试用例管理数据库中。测试计划和测试技术标准、测试用例之间是战略和战术的关系，测试计划主要从宏观上规划测试活动的范围、方法和资源配置，而测试技术标准、测试用例都是完成测试任务的具体战术。

3.4　本章小结

通过本章的学习，大家能够掌握测试计划目标、测试计划主题、编写软件测试计划的注意事项等三部分内容。所谓凡事预则立，不预则废，良好的计划是保证软件测试工作顺利进行的基础，也是每个测试人员必须掌握的重要内容。

3.5　习题

1. 填空题

（1）______是软件测试员与产品开发小组交流意见的主要方式。

（2）______描述测试小组用于测试整体和每个阶段的方法。

（3）一旦定义了________、________和________，创建了产品说明书，就可以分配每个测试员的任务。

（4）团队之间的责任是指出可能影响测试工作的________和________。

（5）软件测试人员要负责明确指出计划过程中的________，并与测试经理和项目经理交换意见。

2. 选择题

（1）下列选项中，不属于测试计划主题的是（　　）。

A. 高级期望　　B. 计划目标

C. 团队之间的责任　　D. 测试的侧重点

（2）与定义测试阶段相关联的是定义（　　）。

A. 资源需求　　B. 测试侧重点　　C. 测试进度　　D. 测试策略

（3）下列选项中，“5W1H”原则不包括（　　）。

A. What　　B. How　　C. Where　　D. Which

（4）下列选项中，不属于软件缺陷的定义的是（　　）。

A. 未实现产品说明书要求的功能　　B. 实现了产品说明书未提到的功能

C. 忽视在开发产品中常用术语的含义　　D. 出现产品说明书指明不应该出的错误

（5）测试计划中常用而且非常实用的部分是明确指出项目的（　　）。

A. 潜在问题或者风险区域　　B. 目的与内容

C. 测试计划　　D. 开发周期

3. 思考题

（1）请简述编写测试计划的“5W1H”原则。

（2）请简述什么是测试计划，编写测试计划的目的有哪些。

04 第4章　静态白盒测试

本章学习目标

- 了解代码检查与走查
- 掌握代码检查与走查的人员组成
- 掌握用于代码检查的错误列表
- 了解桌面检查

大多数人认为，程序代码是为了供机器执行而编写的，因此也应由机器来对程序进行测试，这种想法是有问题的。程序代码是软件实现的关键内容，一旦出错直接导致软件质量不过关，所以人工测试也是软件测试工作的一部分，静态白盒测试（代码的检查与走查）就属于人工测试。本章例题采用 Python 语言和 Java 语言编写代码。

4.1 代码检查与走查概述

代码检查与走查是人工测试的两种主要方式，本节主要讲解两种方式的相似点，不同点将在后面详细讲解。两种方式的相似点如下。

代码检查与走查概述

（1）二者均需要建立小组来研读特定程序。

使用这两种方式的参与者都需要完成准备工作。准备工作是参加“头脑风暴”会议，会议的主旨是找出特定程序中的错误。只是找出错误，不需要提出修改方案，即测试，而非调试。

（2）二者都比过去的桌面检查过程（测试提交前由程序员阅读自身程序的过程）更有效。

与桌面检查相比，代码的检查与走查能更有效地审查出程序代码中的错误，因为后两种方法都有软件编写者之外的其他人参与，可以跳出程序员编写程序的固定思维来考虑代码的对错。

对于典型的程序，这两种方法查找出的逻辑设计和编码错误占整个测试过程的 30%～70%，但它们不能有效地查找出高层级的设计错误，如需求分析阶段的错误。

4.2 代码检查

代码检查

代码检查是一系列规程和错误检查技术的集合，是以组为单位来阅读代码的人工测试方式。

代码检查小组通常由 4 个人组成：协调人、待测试程序的编码人员、待测试程序的设计人员、测试专家。下面详细介绍小组各成员的主要职责。

（1）协调人。协调人如同质量控制工程师，在整个代码检查过程中的主要职责如下。

① 对整个代码检查工作安排进程，分发相关资料。

② 在整个过程中起主导作用。

③ 对小组成员发现的所有错误进行记录。

④ 确保查找出来的错误最终均得到改正。

（2）待测试程序的编码人员。待测试程序的编码人员，顾名思义，待测试程序由其参与编写。因此该组员的主要职责是逐条语句讲述该程序编写的逻辑结构，并且在讲述过程中随时回答其他组员提出的有关该程序的任何问题。在此过程中，编码人员很可能通过自身讲述发现程序中更多的问题，因此在编码之后通过讲述的方式进行自查是代码检查的一个有效方法。

（3）待测试程序的设计人员。待测试程序的设计人员一般是架构师或小组领导者。该组员的主要职责是将整个程序的实际设计逻辑、最终需得到何种结果等讲解给所有组员，任何组员认为逻辑不严密或者存在错误时都可进行提问。

（4）测试专家。测试专家即公司的测试人员，职责是对待测试程序进行测试，是小组中测试工作的主要执行者。测试专家除了在会议前半部分对待测试程序的设计逻辑及编写逻辑提出问题和建议以外，还需要根据已知的代码检查常见错误（下节详细讲解）对整个程序进行分析。

在整个会议结束之后，程序的编码人员会得到一份错误清单，若错误涉及根本的改动，在编码人员完成修改以后，协调人可能会再次安排程序检查，对所获取的错误清单也须进行分析、归纳，提炼错误列表，以提高后续代码检查的效率。

注意

会议的理想时间为 90～120 分钟，时间越长效率越低。检查过程中各组员必须对测试树立正确的观念，即测试是为程序更完善所做的工作，并非针对某些成员。整个过程是发现错误并非修改错误。

4.3　代码检查常见错误

4.3.1　数据引用错误

1. 变量在使用前未赋值或初始化

此错误是较为常见的，在不同环境下都有可能发生。Java、C/C++等语言都要求变量在使用前必须初始化，否则会报错，具体如例 4-1 所示。

例 4-1　Java 中未初始化变量错误。

```
1   package test;
2   public class Demo {
3       public static void main(String[] args){
4           int sum;
5           for(int i = 1;i <= 10; i++){
6                   sum += i;
7           }
8           System.out.println(sum);
9       }
10  }
```

例 4-1 使用 Java 语言实现 1～10 相加，但第 4 行的变量 sum 没有进行初始化，因此程序不能得到正确结果 55，而是直接报错。运行结果如图 4.1 所示。

```
Console ⊠
<terminated> Demo (1) [Java Application] C:\Program Files\Java\jre1.8.0_161\bin\javaw.exe (2018年5月28日 上午10:47:33)
Exception in thread "main" java.lang.Error: Unresolved compilation problems:
	The local variable sum may not have been initialized
	The local variable sum may not have been initialized

	at test.Demo.main(Demo.java:6)
```

图 4.1　例 4-1 运行结果

2. 数组使用时越界

在数组的使用中，经常会出现数组越界问题，越界问题即超出数组界限。具体如例 4-2 所示。

例 4-2　Java 中数组越界错误。

```
package test;

public class Demo_1 {
    public static void main(String[] args){
        // 数组大小
        int size = 5;
        // 定义数组
        double[] array = new double[size];
        array[0] = 1.0;
```

```
10            array[1] = 1.1;
11            array[2] = 2.2;
12            array[3] = 3.3;
13            array[4] = 4.4;
14            array[5] = 5.5;
15            System.out.println(array[0]);
16        }
17    }
```

例 4-2 实现给数组每个元素赋值，最后输出数组的第一个元素。数组大小是 5，因此包含下标为 0～4 的五个元素，但第 14 行对下标为 5 的数组元素进行赋值，属于数组越界。运行结果如图 4.2 所示。

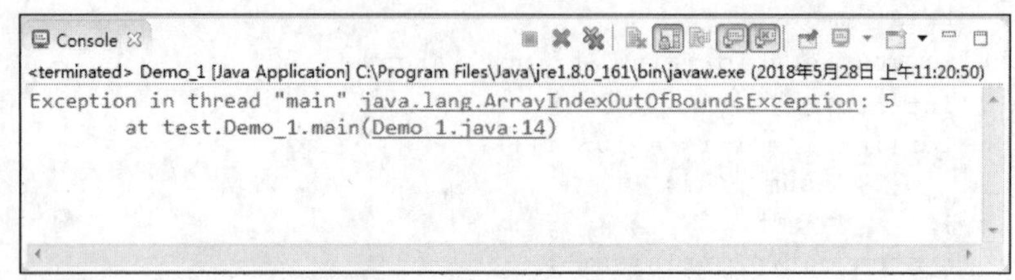

图 4.2　例 4-2 运行结果

3. **在数组的引用中，下标不为整数**

不同的语言对数组下标是否为整数有不一样的规定，在有些语言中，数组下标不为整数将导致错误，如 C/C++语言。

4. **通过指针引用的内存单元不存在（即虚调用错误）**

当指针的生命周期大于所引用的内存单元生命周期时，错误就会出现。例如，在函数返回局部变量的指针或引用时会产生虚调用错误。

5. **被引用变量或内存的属性与编译器预期不一致**

当 C/C++程序将某记录读入内存中并使用一个结构来引用它时，如果记录的物理表示与结构定义有差异，错误就有可能产生。例如，A 类型的指针或引用指向非 A 类型对象。

6. **当通过别名引用内存区域时，内存区域的数据值不具有正确的属性**

EQUIVALENCE 语句的使用（在 FORTRAN 语言中）或 REDEFINES 语句的使用（在 COBOL 语言中）都有可能出现此类错误。例如，在 FORTRAN 程序中包含实型变量 A 和整型变量 B，二者均通过 EQUIVALENCE 语句而成为同一内存区域的别名。若程序先对变量 A 进行赋值，而后又引用变量 B，由于计算机可能将内存中用浮点位表示的实数当作整数，因此可能导致错误产生。

7. **计算位串地址和传递位串参数引发的错误**

在计算机的使用上，当内存分配单元比内存可寻址的范围小时，可能出现直接或间接寻址错误。例如，在一些条件下，定长位串不必以字节边界为起点，但地址总是指向字节边界，若程序计算一个位串地址，之后又通过此地址引用此位串，可能出现指向错误的内存位置。将一个位串参数传递给一个子程序时，也可能出现这种错误。

8. 基础的存储属性不正确

当使用指针或引用变量时，被引用的内存属性与编译器预期可能存在差异，例如，一个指向某数据结构的 C++指针被赋值为其他数据结构的地址。

9. 跨过程的结构定义不匹配

例如，一个数据结构在多个过程或子程序中被引用，每个过程或子程序对该结构的定义可能出现不匹配情况。

10. 索引或下标操作的“仅差一个（off-by-one）”错误

“仅差一个”错误，又称“大小差一”错误，是一类常见的程序设计错误，具体示例如下：

```
int a[5],i;
for(i = 1;i < = 5;i++)
    a[i]=0;
```

上述示例定义了一个大小为 5 的数组，并将数组中各元素赋值为 0，但循环是从下标为 1 开始，正确的数组下标是从 0 开始，因此上述示例会出现“仅差一个”错误。

11. 继承需求未得到满足

在面向对象语言中，容易出现实现类没有完全满足父类的继承需求，即继承需求未得到满足的错误。

4.3.2 数据声明错误

数据声明错误

1. 变量未声明

不是所有语言都需要变量在使用前进行声明，没有明确声明变量不一定是错误，但这可能会导致一些其他问题，因此变量在使用前最好先声明（明确指出变量在使用前不须声明的语言除外）。例如，一个函数的参数需要一个数组传入，但是未将该参数声明为数组类型，这种情况下就可能出现错误。

2. 默认属性不正确

变量的属性没有明确说明时，即为默认属性，这种情况下程序可能不能正确理解变量的默认属性，这是非常常见的导致意外发生的情况。

3. 变量初始化不正确或与其存储空间的类型不一致

变量应该按照需求来初始化，不然可能导致错误，如例 4-3 所示。

例 4-3　Python 中的变量初始化错误。

```
1   lst = "suftware test welcome you!"
2   lst[1] = o
3   print(lst)
```

例 4-3 中需要将变量 lst 初始化为一个列表类型，但实际初始化为一个字符串类型，第 2 行将 lst 中第二个字符“u”修改为“o”时程序出现错误，因为字符串类型是不可变的。运行结果如图 4.3 所示。

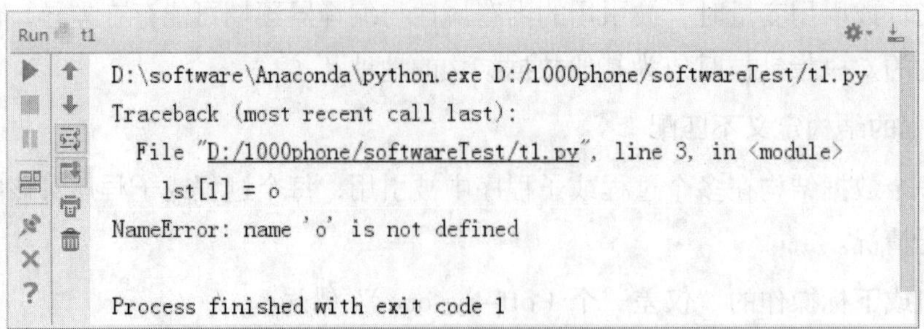

图 4.3　例 4-3 运行结果

4. **变量长度和数据类型不正确**

变量的长度问题，通常在数组、列表等含有长度的变量中出现，例如，数组定义的长度比实际所需长度短时，会出现数据无法全部存储的错误。

5. **存在相似名称的变量**

变量名称相似可能会导致混淆，例如，同一字母的大小写、有多重含义的单词等都有可能引发潜在的问题。

4.3.3　运算错误

运算错误

1. **存在非算术变量之间的运算**

非算术变量之间的运算如例 4-4 所示。

例 4-4　非算术变量之间的运算。

```
1    a = "a"
2    b = 2
3    sum1 = a + b
4    print(sum1)
```

例 4-4 中第 1 行的变量 a 是字符串类型，变量 b 是数字类型，因此相加时出现错误。运行结果如图 4.4 所示。

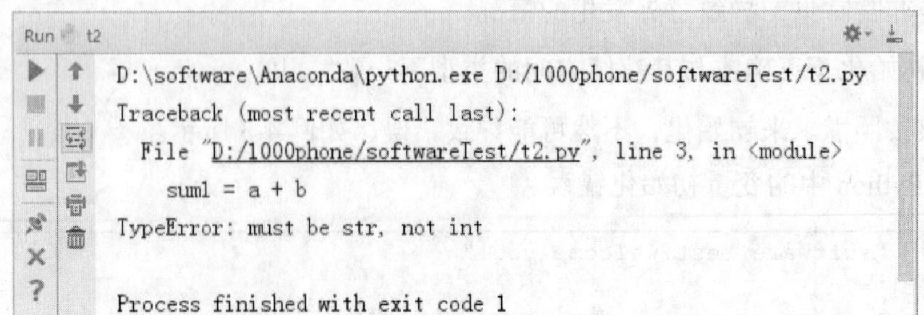

图 4.4　例 4-4 运行结果

2. 存在混合模式的运算

混合模式运算，如整型与浮点型运算，具体如例 4-5 所示。

例 4-5 混合模式运算。

```
package test;

public class Demo_2 {
    public static void main(String[] args){
            int a = 2;
            Double b= 1.4;
            int sum = a + b;
            System.out.print(sum);
    }
}
```

例 4-5 是将整型变量 a 与浮点型变量 b 相加得到的结果赋值给整型变量 sum，运行结果如图 4.5 所示。

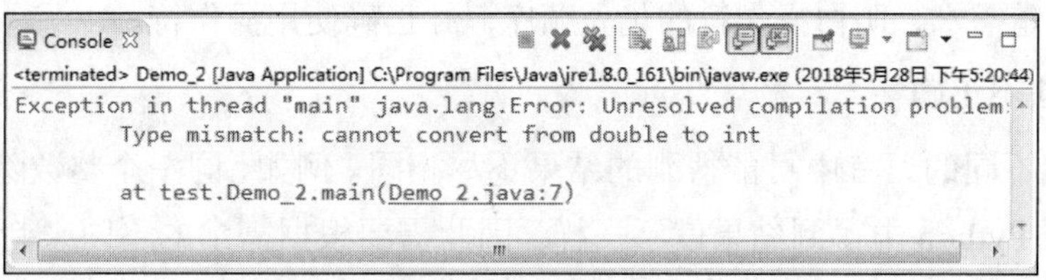

图 4.5 例 4-5 运行结果

3. 存在不同字长变量之间的运算

相同类型、不同字长的变量进行运算也可能出现错误，如 int 型和 long 型。

4. 目标变量字长小于所赋值的数据或结果

例如，目标变量为 int 型，但赋值给目标变量一个 long 型的数据，这种情况下程序可能报错。

5. 中间结果上溢或下溢

所谓中间结果上溢或下溢是指在运算过程中出现数据的过大或过小，虽然最终结果可能是有效的，但在运算过程中出现了上溢或下溢情况，可能会导致某些数据的精度变化。

6. 存在除以 0 的情况

在数学运算中，除数不能为 0，这一准则在计算机编程中也同样是铁则。出现除数为 0 的情况程序直接报错。

7. 操作符的优先顺序不正确

操作符要根据需求来使用，否则会导致最终结果失败。具体如例 4-6 所示。

例 4-6 操作符顺序编写错误。

```
#计算 2 与 3 的和的 6 倍是多少？
a = 2
```

```
3    b = 3
4    sum1 = a + b * 6
5    print(sum1)
```

例 4-6 计算 2 与 3 的和的 6 倍是多少。数学中正确的计算方法应该是（2+3）×6，最终结果为 30，但第 4 行代码是先计算了 3×6，然后再加上 2，操作符运算顺序错误，导致最终结果错误。运行结果如图 4.6 所示。

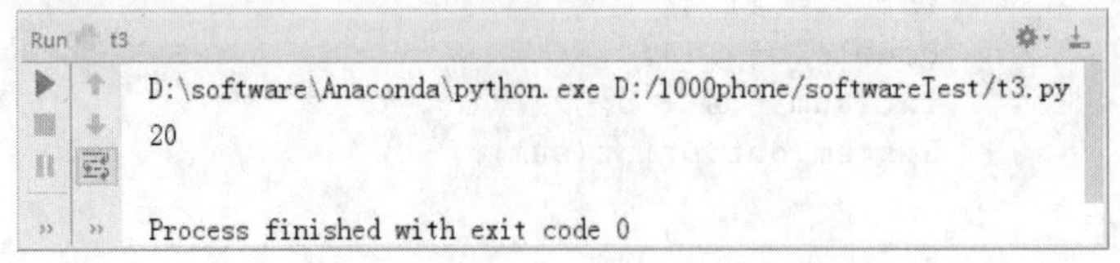

图 4.6　例 4-6 运行结果

从图 4.6 中可以看出，所得结果为 20，与实际结果 30 不同。因此，涉及多种操作符运算时，一定要弄清楚需求，明白操作符的优先顺序，并正确使用操作符。

8. 整数除法不正确

整数除法在不同的语言中可能得到的结果不尽相同。例如，同一个整数除法，可能 C/C++ 中得到的结果与 Python 中得到结果就不一样。因此需要根据需求的不同来判断整数除法是否正确。

4.3.4　比较错误

1. 有不同类型数据进行比较

在计算机比较运算中，不同类型数据之间一般不能进行比较，如日期与数字、字符串与地址等。

2. 有混合模式或不同长度数据的比较运算

若程序中含有混合模式或不同长度数据之间的比较运算，需要判断编写程序的语言是否能正确理解其中的转换规则。因为有些语言可以直接转换，有些则需要编码人员手动强制转换类型之后再进行比较。

3. 比较运算符不正确

程序员对需求的理解可能会出现偏差。在中文里，对比较关系的描述有多种，如“至少”“大于”“至多”“不大于”“不小于”“不超过”“小于”“等于”等，其对应的程序中的比较运算符分别是“>=”“>”“<=”“<=”“>=”“<=”“<”“==”。把中文对比较关系的描述转化为程序语言时一定要准确，否则可能缺失有效数据甚至直接报错。

4. 布尔表达式不正确

程序员在编写关于“与”“或”“非”的表达式时，可能会出现理解失误。而一般这些内容都出现在判断中，因此，布尔表达式的编写错误可能导致整个程序的执行与预期背道而驰。

5. **比较运算符与布尔表达式相混合**

程序中的比较与生活中数学的比较有很大不同。例如，x 大于 3 并且 x 小于 20，在数学中使用比较运算符表示的形式是 3<x<20；但是在程序中编写形式是（x>3）&&（x<20）。编码人员可能会误将比较运算符与布尔表达式混合使用，尤其是初级程序员。

6. **存在浮点数的比较**

计算机是以二进制来存储数据的，数据存储过程中可能存在四舍五入，或使用二进制数来表示十进制数的近似值，因此在大部分编程语言中浮点数是不能进行比较的。

7. **优先顺序不正确**

与操作符一样，布尔运算符也有执行的先后顺序。程序中存在多个布尔运算符时，不仅检查人员可能判断不清各运算符的执行先后顺序，编码人员也有可能将顺序搞混。因此，遇到布尔运算符，需要结合编码语言以及需求说明书来判断整体执行顺序是否正确。

8. **布尔表达式的计算方式不正确**

不同编译器对布尔表达式的计算方式存在差异。例如，有些编译器在做“与”运算时，只要左侧条件为“False”，整个条件判断结果就为“False”；在执行“或”运算时，只要左侧条件为“True”，整个条件判断结果就为“True”。但部分编译器需要两侧均进行运算才能结束判断，因此可能出现错误。例如，if（i == 0 ||　(j/i) > 5）左侧为“True”时，部分编译器直接判断为“True”，但是需两侧均进行运算的编译器则报“除数不能为 0”错误。

4.3.5 控制流程错误

控制流程错误

1. **循环最终未能终止**

一般程序中的循环在程序执行完成后都要求能终止（服务器监听循环除外），否则会造成资源耗损甚至计算机崩溃。例如，程序中出现 while（True）的循环时，循环体进入死循环，最终导致计算机资源消耗殆尽直至崩溃。

2. **存在由于入口条件不满足而从未执行过循环体的情况**

当循环的入口条件不满足时，整个循环体可能一次也不会执行，进而导致整个循环结构没有发挥实质性的作用，实现不了预期结果。具体如例 4-7 所示。

例 4-7　入口条件不满足导致循环体未执行。

```
1   #输出列表 lst = [2,5,6,8,3,10,4]中所有偶数
2   lst = [2,5,6,8,3,10,4]
3   i = 0
4   while(i > len(lst)):
5       if lst[i] % 2 == 0:
6           print(lst[i])
7       i += 1
```

例 4-7 是实现输出列表 lst 中所有偶数，需要对整个列表进行遍历，查找出所有偶数并输出。其中第 4 行的循环入口条件应该是“i < len（lst)”，即当 i 小于列表 lst 的长度时进入循环，但

例 4-7 中写成了“i > len（lst）”，而 i 的初始值是 0，因此循环不会执行，预期结果也不可能实现。例 4-7 运行结果如图 4.7 所示。

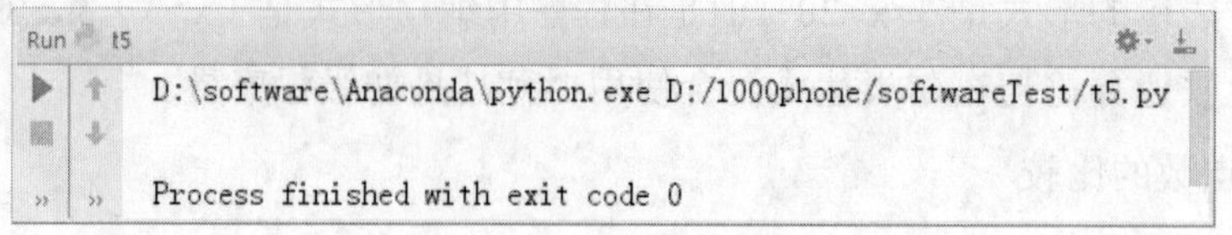

图 4.7 例 4-7 运行结果

从图 4.7 中可看出程序成功执行，但最终结果并不是期望的结果。

3. 存在“仅差一个”的循环错误

此类错误一般出现在迭代数量判断中，最终结果输出了，但结果可能并不是所预期的结果，正好迭代少一次或多一次，具体如例 4-8 所示。

例 4-8 “仅差一个”错误。

```
#输出列表 lst = [2,5,6,8,3,10,4]中所有偶数
lst = [2,5,6,8,3,10,4]
i = 1
while(i < len(lst)):
    if lst[i] % 2 == 0:
        print(lst[i])
    i += 1
```

例 4-8 与例 4-7 目的相同，都是输出 lst 中所有偶数。整个程序运行并不报错，但可以发现循环是从下标为 1 开始的，而列表的下标是从 0 开始的，因此会导致少执行一次，执行结果如图 4.8 所示。

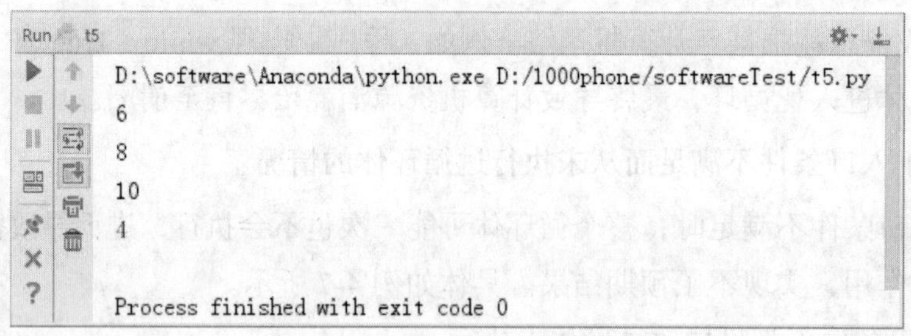

图 4.8 例 4-8 运行结果

从图 4.8 中可以发现，上述程序输出结果为 6、8、10、4，原列表中第一个元素 2 也是偶数，但是最终结果并没有输出，原因在于循环少了第一次，即“仅差一个”错误。

4. 程序结构中的括号以及固定搭配不匹配

程序结构中的括号（( )、[ ]、{ }）都是成对出现的，缺少任何一半程序都会报错；程序中很多结构需要搭配合理才能实现预期效果，例如，需检查 if...else...每一层搭配是否合理，do...while...有没有缺少某部分等。

5. 多分支路径中，索引变量大于可能的分支数

当循环采用多分支时，需要考虑实际出现的情况数量是否会大于总分支数量，一旦大于，未被捕捉到的情况对整体的程序会不会有影响等。因此，尽量保证采用的分支包含所有程序执行可能遇到的情况。

6. 程序、模块或子程序最后未终止

进行代码检查时需要确认整个程序中的每一个模块或子程序在执行完成后都能终止。

7. 存在不能穷尽的判断

选择结构中的判断情况一定是可穷尽的。例如，程序期望输入值为 1、2、3，当输入值不为 1、2 时一定要是 3，即输入情况只能是 1、2、3 这三种情况，否则程序的执行结果不一定是预期结果。

4.3.6 接口错误

接口错误

1. 形参与实参数量不相等

例如，函数定义的形参数量是 3 个（无默认参数），但函数调用时只传递了两个实参，导致整个函数无法执行，最终也得不到预期的返回值。因此要确保函数（无默认参数）定义与调用时，函数的形参和实参数量相等。

2. 形参顺序与实参顺序不匹配

对于接口，调用时传递的实参顺序就是定义接口时的形参顺序，因此编码人员在调用接口时一定要确保传递的参数顺序与接口定义的形参一致，否则即使程序能正确执行，接口所返回的结果也是错误的。

3. 形参属性与实参属性不匹配

在调用接口时须注意传递的参数属性要与接口定义时定义的形参属性一致。例如，当接口需要传递一个整数，而传递的参数是一个字符串，执行时就会发生错误。因此形参与实参的属性要相匹配。

4. 形参的单位和实参不匹配

例如，接口是计算某长方体的体积，需要传入长方体的长、宽、高（单位：cm），最终进行计算，返回的体积单位是 cm^3。编码人员在调用接口时传递的是长、宽、高（单位：m）三个参数，虽然属性、顺序都匹配，但是最终得出的体积单位应是 m^3，因此达不到预期结果。

5. 改变了某个仅为输入值的形参

有些数据是不能在子程序中进行修改的，例如，C++中 const 关键字声明的常量是不能被子程序修改的，修改则报错。

6. 全局变量的定义和属性不一致

同一全局变量在程序的任何地方使用都需要定义和属性一致，否则程序报错。

7. 某模块或类含有多个入口点，却引用了与当前入口点无关的形参

不同的入口点有不同的形参，因此需要传递不同的实参，在入口点引用其他入口点的形参会导致错误。

8. 常数以实参形式传递过

在一些编程语言中，常数以实参形式传递是致命错误，如 FORTRAN 语言。

4.3.7 输入/输出错误

输入/输出错误

1. 文件属性不正确

若文件已声明，则需要确保文件属性均正确。

2. 打开文件的语句不正确

判断所编写的打开文件语句是否正确，并且检查语句中其他属性的设置是否正确。例如，需求应以只读形式打开，代码中不能出现只读形式以外的其他设置。

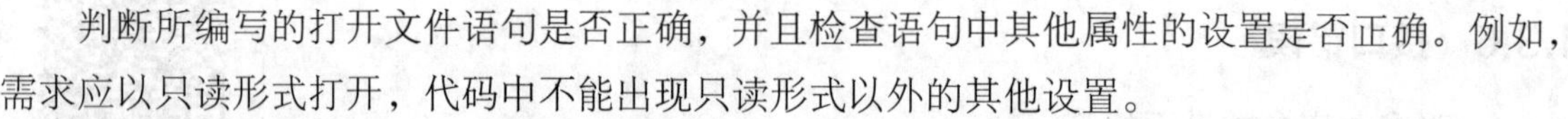

3. 格式规范与 I/O 语句中的信息不吻合

例如，FORTRAN 语言中，每个 FORMAT 语句都需要与相应的 READ 或 WRITE 语句信息吻合，否则可能导致错误。

4. 缓冲区、内存大小不够保留程序将要读取的文件

需要读取文件时，要确保缓冲区、内存能够保留读取出来的文件数据。若缓冲区或内存空间明显不足，则直接报错。

5. 文件在使用前未打开

文件在使用前都须确保已经打开，否则程序报错。

6. 文件在使用后未关闭

文件使用完后必须对文件进行关闭，否则文件后续可能会遭到影响或破坏。

7. 文件结束条件未正确处理

在文件使用完时需要再次判断文件的结束条件，并且正确处理。

8. 未处理 I/O 错误

在输入输出出现错误时，确认处理方式是否正确可取。

9. 打印或输出的文本信息中存在拼写或语法错误

对最终输出的内容进行检查，确保输出的内容没有拼写或者语法方面的错误。

其他检查

4.3.8 其他检查

1. 存在未引用过的变量

在程序中存在未引用过的变量需要进行处理。因为变量在声明时系统会为其开辟内存，占

用资源。

2. 变量的属性和赋予的默认值不一致

检查整个程序中的变量属性以及所赋予的默认值是否满足需求，并且是否前后一致，防止出现错误。

3. 编译通过的程序存在“警告”或“提示”信息

对于编译通过的程序，需要检查是否还存在“警告”或“提示”信息。它们虽然目前在程序运行过程中不会产生影响，但不能确保在以后的开发中不会引发错误，因此应尽量避免类似信息的出现。

4. 程序或模块未对输入的合法性进行检查

用户的输入永远是不可靠的，因此需要程序来对用户输入内容的合法性进行检测，禁止非法内容进入程序。这也有利于保证软件的安全性。

5. 程序遗漏了某个功能

在整个程序完成之后，需要小组成员将需求报告与已完成的程序进行对照，确保每个功能都得到实现。尤其是在实现功能比较多的项目中，更容易出现功能遗漏的情况。

4.4 代码走查

代码走查

代码走查（Code Walkthrough）是开发人员与架构师集中讨论代码的过程。代码走查与代码检查相似，均是以组为单位进行代码阅读，是对代码标准的集体阐述。但代码走查与代码检查规程稍有不同，采用的错误检查技术也不相同。

代码走查也是采用 90～120 分钟不间断会议的形式，一般由 3～5 人组成小组并全部参与会议讨论。小组成员一般包括：协调人、记录人员（秘书）、测试人员、程序员。

其他建议参会的人员有：经验丰富的程序员（把握整体代码的正确性、合理性）、程序设计语言专家（对代码的设计语言相关问题进行把控）、新手程序员（对程序提出不带任何偏见的、较为新颖的观点）、程序的最终维护人员（了解整个程序并尽可能从后期维护角度看待此程序）、来自其他项目的人员（一般一位）、参与此软件编写的另一位程序员（补充描述程序代码设计与实现）。

代码走查人员不仅阅读代码，还会使用计算机来对程序代码进行测试。其中测试人员会编写一些书面测试用例（一般量少、简单），用于会议中对代码的推算演练。测试用例的作用是提供启动代码走查和质疑程序员逻辑思路的手段。由于此时的测试用例比较简单，因此绝大多数的问题不是通过测试用例发现的，而是通过对程序员的质疑发现的。

注意

代码走查人员要对程序员及其编写的程序持质疑态度。代码走查人员需要明白代码走查不是对程序员的审判，而是为了把更好的程序提供给用户，应始终保持一种对事不对人的态度来参与代码走查工作。

代码走查需要占用人力、物力及宝贵的项目开发时间，对于一个项目来说，代码走查无疑会增加项目的开发成本。那项目经理为何还要坚持做代码走查呢？因为代码走查有以下优点。

（1）代码走查可提高软件质量及其可维护性，这样能大大减少查找错误的时间，提高解决缺陷的效率，在提高总体项目开发效率的同时降低后期维护成本。

（2）经过走查的代码可迅速被项目组其他成员理解，利于项目组其他成员更全面地了解业务，减少了后期成员之间就代码理解花费的交流时间，提高了成员之间的交流欲望及效率。

（3）代码走查的过程可有效提高开发人员的技术水平及业务素养，增强公司竞争力。通过总结交流，开发人员甚至可以从不同项目中提取共性，开发相关产品，从而形成公司自己的核心竞争力。

4.5 桌面检查

桌面检查

桌面检查是一种比较古老的人工查找错误的方法，可以理解为代码编写人员对照错误列表来对程序进行推演，测试数据的过程。此过程一般由单人完成。

桌面检查是常见的程序员的自我“Code Review（代码评审）”。桌面检查的效率一般比较低，主要原因是桌面检查在检查过程中完全依赖程序员的自控约束，没有其他约束条件。基于软件测试相关原则，桌面检查一般由其他编程人员而非该程序的编写人员来完成。例如，不同的程序员之间交换各自的程序，确保自己不检查自己的程序。但即使如此，桌面检查的效率以及效果也远不及代码检查与走查，主要原因有以下几点。

（1）代码检查与走查涉及人员比桌面检查广。

（2）代码检查与走查过程促进了项目中各成员的交流，达到互相促进的效果。

（3）代码检查与走查过程中成员处于良性竞争并且相互约束，能更高效地查找出程序中存在的问题。

4.6 本章小结

本章主要包括了代码检查与走查概述、代码检查、代码检查错误列表、代码走查、桌面检查五部分内容。通过本章的学习，大家可掌握代码检查与走查的人员组成以及各成员的职责，了解代码检查错误列表中的常见错误，快速判断，提高测试效率。

4.7 习题

1. 填空题

（1）参与代码走查的人员一般是________个人。

（2）代码检查小组通常由协调人、________、________、测试专家 4 个人组成。

（3）代码检查会议的理想时间是________分钟。

（4）________是开发人员与架构师集中讨论代码的过程。

（5）代码走查会议中建议与会的其他人员包括经验丰富的程序员、程序设计语言专家、________、程序的最终维护人员、来自其他项目的人员、________。

2. 选择题

（1）下列选项中，属于比较错误的是（　　）。

A. 数组使用时是否越界　　B. 基础的存储属性是否正确

C. 比较运算符是否正确　　D. 虚调用错误

（2）下列选项中，属于运算错误的是（　　）。

A. 是否存在未引用过的变量　　B. 是否存在混合模式的运算

C. 打开文件的语句是否正确　　D. 默认属性是否正确

（3）下列选项中，不属于接口错误的是（　　）。

A. 程序是否遗漏了某个功能　　B. 常数是否以实参形式传递过

C. 形参与实参数量是否相等　　D. 形参的单位是否和实参匹配

（4）下列选项中，不属于代码走查会议的建议与会人员的是（　　）。

A. 新手程序员　　B. 经验丰富的程序员

C. 运营人员　　D. 程序设计语言专家

（5）下列选项中，属于代码检查中协调人的职责的是（　　）。

A. 讲述程序编写的逻辑结构　　B. 对待测试程序进行测试

C. 补充描述程序代码设计与实现　　D. 检查工作、安排进程、分发相关资料

3. 思考题

（1）概述代码检查、代码走查和桌面检查。

（2）请简述代码检查错误列表中常见的错误。

习题答案

05

第5章　黑盒测试

本章学习目标

- 掌握等价类划分法
- 掌握边界值分析法和因果图法
- 掌握判定表驱动法和正交试验法
- 掌握场景法和状态迁徙图法
- 掌握错误推测法
- 了解测试方法选择的综合策略

黑盒测试用例设计方法包括等价类划分法、边界值分析法、因果图法、判定表驱动法、正交试验法、场景法、状态迁徙图法、错误推测法等。本章主要介绍测试用例的编写以及上述黑盒测试用例设计方法的原理与实现。上述方法都比较实用，但需要针对开发项目的特点对方法加以适当的选择，并有针对性地编写测试用例。

5.1　测试用例简介

测试用例是对软件测试的行为活动所做的科学化的组织归纳，其目的是将软件测试的行为活动转化为可管理模式，即将软件测试行为具体量化。

测试用例概述

5.1.1　测试用例概述

测试用例的本质是设计出的一种情境，期待被测试程序在此情境下可正常运行并达到预期效果。若被测试程序在此种情境下无法正常运行，且此类情况频繁发生，则证明被测试程序存在缺陷，即测试人员测出软件缺陷。测出缺陷后，测试人员必须对此类缺陷（问题）进行标记，并将其记录到问题跟踪系统内。测试工程师获取到新测试程序时，必须使用同一个测试用例对标记问题进行测试，确保问题已修复且未引发新缺陷，即“复测”或“返测”。

使用测试用例的优点如下所示。

（1）在实施测试之前将测试用例设计完成，可避免盲目测试并提高测试效率。

（2）测试用例的使用可以使软件测试重点突出，目的明确。

（3）在软件版本更新后只需修正少数的测试用例便可开展测试工作，降低工作强度，缩短项目周期。

（4）测试用例的通用化和复用化使软件测试更易于开展，且随着测试用例的不断精化其效率也将不断提高。

初涉软件测试的新手在获取软件后大都非常急切地进行测试，并希望一次性将软件中的所有缺陷都查找出来，如同开发新手获取需求后就急于去编写代码、实现功能一样。软件测试是一项工程，需要以工程的方式去认识软件测试，需要了解所测试的产品。因此，应通过指定测试用例来指导测试的实施，在实施测试之前需要确定使用的测试用例。

5.1.2　测试用例应满足的特性

测试用例应满足的特性

测试用例需要满足有效性、可复用性、易组织性、可评估性、可管理性等五大特性。

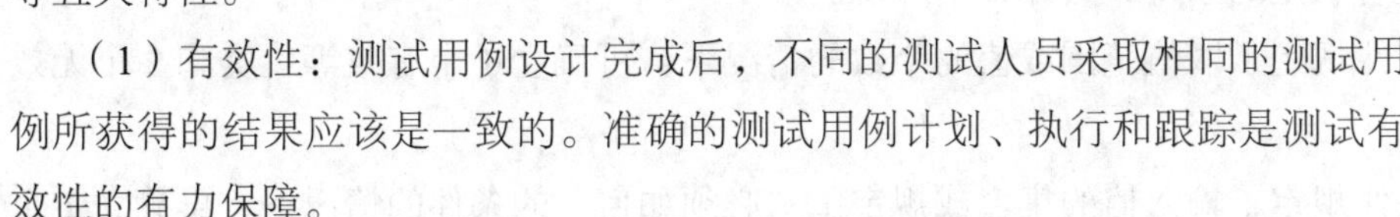

（1）有效性：测试用例设计完成后，不同的测试人员采取相同的测试用例所获得的结果应该是一致的。准确的测试用例计划、执行和跟踪是测试有效性的有力保障。

（2）可复用性：良好的测试用例都具有可重复利用的特性，以使测试过程事半功倍，因此在设计测试用例时，需考虑测试用例的可复用性。

（3）易组织性：正确的测试计划需要很好地组织项目中的测试用例，因为即使是小项目也会有几千甚至更多的测试用例，这些测试用例会在很长一段时间内使用，只有组织好这些测试用例，才能供测试人员或其他项目人员更有效地参考和使用。

（4）可评估性：从测试的项目管理角度来说，代码质量的量化标准应该是测试用例的通过率和软件错误的数目。

（5）可管理性：测试用例可作为检验测试人员进度、工作量及跟踪/管理测试人员工作效率的依据。例如，检验新测试人员，从而做出更合理的测试安排和计划。

5.2　等价类划分法

等价类划分概述

5.2.1　等价类划分概述

等价类划分是将程序的输入域划分为若干个互不相交的部分，即等价类，然后从每个等价类中选取少数代表性数据来设计测试用例。每个等价类的代表性数据在测试中的作用等价于类中的其他值，即若某类中的代表性数据揭露了错误，则此等价类中的其他数据也能引发同样的错误；反之，若某类中的代表性数据没有揭露错误，则此类中的其他数据也不会引发错误（除非等价类中的某些数据属于另一等价类，因为不同的等价类是可能相交的）。使用这一方法设计测试用例，必须在分析需求规格说明书的基础上划分等价类，列出等价类表。

5.2.2 划分等价类的步骤

1. 划分等价类和列出等价类表

任何一个软件都不可能只接收有效的、合理的数据。软件在实际使用时输入数据千变万化，即可能遇到无效、不合理的输入数据，因此需要软件可接收无效、不合理的数据，并进行相应的操作，如此才能具备较高的可靠性。综上所述，在划分等价类时，需要考虑有效等价类和无效等价类两种等价类。

有效等价类：符合程序规格说明书，合理的、有意义的输入数据集合。利用有效等价类可检验程序是否实现了规格说明中所规定的功能和性能。

无效等价类：与有效等价类定义相反。

在设计测试用例时，需要同时考虑上述两种等价类。因为软件不仅要能接收有效的数据，也要能对无效的数据做出相应的反应。这样的测试才能确保软件具有更高的可靠性。

等价类的确定有一定的原则，具体如下所示。

（1）在输入条件规定了取值范围或值的个数的情况下，可确立 1 个有效等价类和 2 个无效等价类。

（2）在输入条件规定了输入值的集合或规定了“必须如何”的条件的情况下，可确立 1 个有效等价类和 1 个无效等价类。

（3）在输入条件是一个布尔值的情况下，可确立 1 个有效等价类和 1 个无效等价类。

（4）在规定了输入数据的一组值（假定 n 个）且程序将对每个输入值分别处理的情况下，可确立 n 个有效等价类和 1 个无效等价类。

（5）在规定了输入数据必须遵守的规则的情况下，可确立 1 个有效等价类（符合规则）和若干个无效等价类（从不同角度违反规则）。

（6）如果确知已划分的等价类中各元素在程序处理中的方式不同，则应将该等价类再进一步划分为更小的等价类。

在确立了等价类之后，接下来建立等价类表，将所有划分出的等价类列出来，如表 5.1 所示。

表 5.1 等价类表

输入条件	有效等价类	无效等价类
TBD	TBD	TBD

2. 确定测试用例

根据等价类表，确定测试用例。具体步骤如下。

（1）为每个等价类编号（唯一编号）。

（2）设计编写新测试用例，使此用例尽可能多地覆盖尚未覆盖的有效等价类，重复这一步骤，直到所有有效等价类均被测试用例覆盖。

（3）设计编写新测试用例，使此用例只覆盖一个无效等价类，重复这一步骤，直到所有无效等价类均被覆盖。

例 5-1　一个程序读入 3 个整数，把这 3 个数值看作一个三角形的 3 条边的长度值。这个程序需要判断这个三角形是不等边的、等腰的还是等边的，并输出结果。据此利用等价类划分方法设计测试用例。

可设三角形的 3 条边长分别为 A、B、C。若 A、B、C 能够构成三角形，则必须满足下列条件：$A>0$，$B>0$，$C>0$ 且 $A+B>C$，$B+C>A$，$A+C>B$。若能构成等腰三角形，还需要满足条件 $A=B$ 或 $B=C$ 或 $A=C$。若能构成等边三角形，则需要满足条件 $A=B$ 且 $B=C$ 且 $A=C$。

根据上述内容，列出等价类表，如表 5.2 所示。

表 5.2　　**等价类表**

输入条件	有效等价类	无效等价类
是否三角形的 3 条边	($A>0$),　(1)	($A\leqslant 0$),　(7)
	($B>0$),　(2)	($B\leqslant 0$),　(8)
	($C>0$),　(3)	($C\leqslant 0$),　(9)
	($A+B>C$),　(4)	($A+B\leqslant C$), (10)
	($B+C>A$),　(5)	($B+C\leqslant A$), (11)
	($A+C>B$),　(6)	($A+C\leqslant B$), (12)
是否等腰三角形	($A=B$),　(13)	($A\neq B$) and ($B\neq C$) and ($C\neq A$), (16)
	($B=C$),　(14)	
	($C=A$),　(15)	
是否等边三角形	($A=B$) and ($B=C$) and ($C=A$), (17)	($A\neq B$), (18)
		($B\neq C$), (19)
		($C\neq A$), (20)

设计测试用例：输入顺序为 A、B、C，如表 5.3 所示。

表 5.3　　**测试用例**

序号	【A，B，C】	覆盖等价类	输出
1	【3，4，5】	(1), (2), (3), (4), (5), (6)	一般三角形
2	【0，1，2】	(7)	不能构成三角形
3	【1，0，2】	(8)	
4	【1，2，0】	(9)	
5	【1，2，3】	(10)	
6	【1，3，2】	(11)	
7	【3，1，2】	(12)	
8	【3，3，4】	(1), (2), (3), (4), (5), (6), (13)	等腰三角形
9	【3，4，4】	(1), (2), (3), (4), (5), (6), (14)	
10	【3，4，3】	(1), (2), (3), (4), (5), (6), (15)	

续表

序号	【A，B，C】	覆盖等价类	输出
11	【3，4，5】	（1），（2），（3），（4），（5），（6），（16）	非等腰三角形
12	【3，3，3】	（1），（2），（3），（4），（5），（6），（17）	等边三角形
13	【3，4，4】	（1），（2），（3），（4），（5），（6），（14），（18）	非等边三角形
14	【3，4，3】	（1），（2），（3），（4），（5），（6），（15），（19）	
15	【3，3，4】	（1），（2），（3），（4），（5），（6），（13），（20）	

等价类划分的目的是将测试用例组合尽可能地缩减到刚刚满足测试需求。等价类划分属于不完全测试，需要承担一定的风险，因此在选择分类时需要谨慎仔细。

在软件测试中，测试用例的设计是一件比较困难的工作，因为不同的测试人员就同一个功能点所编写的测试用例不尽相同。造成这种情况的主要原因有三个：每个测试人员看待问题的着眼点不一样；测试人员的经验不同会导致编写出的测试用例良好程度不同；每个测试人员都有自己的逻辑思维，导致编写的测试用例差异化。

在测试工作中，有些测试人员编写的测试用例简单明了，而有些人编写的测试用例却复杂冗长。出现这种情况也在情理之中，因为测试用例本身的设计方法与技巧等都需要从经验中获取，有些形成了理论，而有些还形成不了能够指导测试活动的理论。等价类划分法就有赖于软件测试人员经验的积累，经验越丰富划分越快速准确，并且还可以提高测试的效率。

5.3 边界值分析法

边界值分析法

大量软件测试实践表明，许多错误往往出现在输入输出数据范围的边界上，因此针对输入输出数据范围的边界来设计测试用例，可检测出更多的错误，这就是黑盒测试中的边界值分析法。例如，上述的三角形判断案例，其中需要输入 3 个数值（A、B、C）作为三角形的三条边长，3 个数值满足 $A>0$、$B>0$、$C>0$ 且 $A+B>C$、$A+C>B$、$B+C>A$ 才能构成三角形。若把上述不等式中的任何一个“>”错写成“≥”，则不能构成三角形。许多错误容易出现在被忽略的边界上，此处的边界是就输入等价类和输出等价类而言的，即稍高于其边界值及稍低于其边界值的一些特定情况。

1. 边界条件

软件在能力发挥到极限的情况下能够正常运行，那么在普通情况下运行一般也就不会存在问题；正如人在悬崖峭壁边可以安全行走，那么在平地一般也能安全行走。

2. 次边界条件

普通边界条件一般在产品说明书中有明确定义，或者在使用软件的过程中能够得知，因此较为容易确定。而有些边界条件在软件内部，软件使用者基本无法得知，但软件测试人员必须考虑。此类边界条件称为次边界条件或者内部边界条件。

寻找次边界并不要求软件测试人员具有编码人员那样的阅读源代码的能力，但要求对软件的工作方式大体了解，包括 2 的幂和 ASCII 码表。

（1）2 的幂。计算机和软件是以二进制数进行计数的，用位（bit）表示 0 和 1，一个字节（Byte）由 8 位组成，一个字由两个字节（16 位）组成等。软件中常用的二进制存储单位和对应的转换关系如表 5.4 所示。

表 5.4　　软件中常用存储单位及对应的转换关系

存储单位	范围（默认无符号位）	存储单位	范围（默认无符号位）
位（bit）	1 个 bit，转换为十进制表示 0～1	吉字节（GB）	2^{10}兆字节
字节（Byte，简写 B）	8 个 bit，转换为十进制表示 0～255	太字节（TB）	2^{10}吉字节
千字节（KB）	2^{10}字节	拍字节（PB）	2^{10}太字节
兆字节（MB）	2^{10}千字节	艾字节（EB）	2^{10}拍字节

表 5.4 中的范围或值是作为边界条件的重要数据，上述范围或值一般不会在需求文档中指明，它们通常在软件内部使用，在软件有缺陷的情况下可能会显示。

（2）ASCII 码表。ASCII 码表是另一个常见的次边界条件。ASCII 码表的部分内容如表 5.5 所示。

表 5.5　　部分 ASCII 码表

字符	ASCII 码	字符	ASCII 码	字符	ASCII 码	字符	ASCII 码
Null	0	B	66	2	50	a	97
Space	32	Y	89	9	57	b	98
/	47	Z	90	:	58	y	121
0	48	[	91	@	64	z	122
1	49	’	96	A	65	{	123

表 5.5 并不是 ASCII 码的连续表。0～9 对应的 ASCII 码是 48～57，斜杠字符（/）在数字 0 的前面，而冒号字符（:）在数字 9 的后面，大写字母 A～Z 对应的 ASCII 码是 65～90，小写字母对应的 ASCII 码是 97～122，它们均代表次边界条件。

若被测试软件的功能是进行文本输入或文本转换，在定义数据区间包含数值时，应参考 ASCII 码表。例如，若测试的文本框只接受用户输入字符 A～Z 和 a～z，非法区间应包含 ASCII 码表中的@、[和{字符，因为这些字符是字符 A～Z 和 a～z 的前后字符。

（3）其他边界条件。用户在输入框中输入登录信息或填写其他信息时，可能并没有输入数据，即直接回车，产品说明书一般会将这类情况忽略，而这在现实生活中却是时常发生的。完善的软件通常会将输入内容默认为合法边界内的最小值或合法边界内的某个合理值，当没有值时直接返回提示信息，如“此信息不能为空”等。

3. 边界值的选择方法

边界值分析是对等价类划分的一种补充，它不是在等价类中选择任意元素进行测试，而是选择等价类的边界元素作为测试数据进行测试。在边界附近设计测试用例可取得良好的测试效果。

使用边界值分析法设计测试用例应遵循的原则如下。

（1）若输入条件规定了值的范围，则应选取刚达到此范围边界的值以及恰好超过此范围边界的值作为测试数据。

（2）若输入条件规定了值的个数，则应选取最大个数、最小个数、比最大个数多 1、比最小个数少 1 的值作为测试数据。

（3）若程序规格说明书给出的输入或输出域是有序集合，则应选取集合的第一个元素和最后一个元素作为测试数据。

（4）若程序使用了一个内部数据结构，则应选取此内部数据结构边界上的值作为测试数据。

（5）分析规格说明书，找出其他可能的边界条件。

5.4 因果图法

上面介绍的等价类划分和边界值分析包含同一个缺点，即均未对输入条件的组合情况进行分析。若将所有的输入条件相互组合，可能的组合数将是天文数字，因此需要考虑描述多种条件的组合，通过描述相应产生的多个动作来设计测试用例，这就需要利用因果图法进行分析设计。接下来将详细讲解因果图法的使用。

5.4.1 因果图基础

1. 因果图的基本符号

因果图的基本符号如图 5.1 所示。

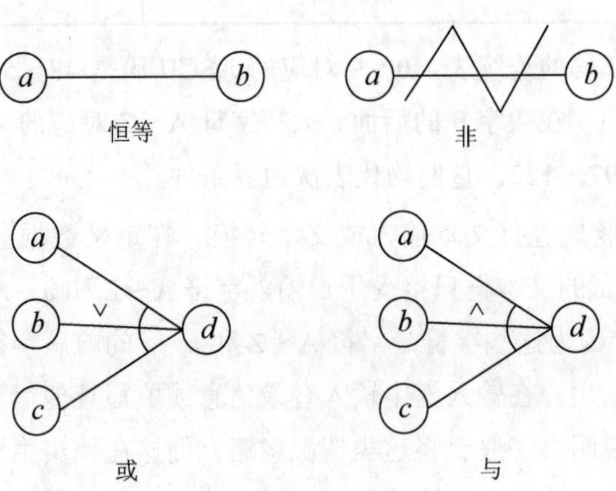

图 5.1 因果图基本符号

图 5.1 中左边节点表示原因，右边节点表示结果。恒等、非、或、与的含义如下。

（1）恒等：若 a=1，则 b=1；若 a=0，则 b=0。

（2）非：若 a=1，则 b=0，若 a=0，则 b=1。

（3）或：若 a=1 或 b=1 或 c=1，则 d=1；若 a= b= c=0，则 d=0。

（4）与：若 a= b= c=1，则 d=1；若 a=0 且 b=0 且 c=0，则 d=0。

2. 因果图的约束条件

因果图中某些原因与原因之间、原因与结果之间的组合情况由于语法或环境限制不可能同时出现。为表明这些特殊情况，在因果图上用一些记号代表约束或限制条件。因果图的约束条件如图 5.2 所示。

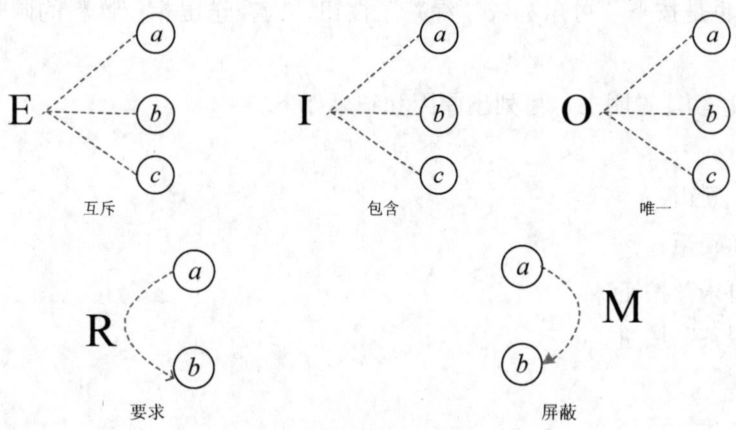

图 5.2　因果图的约束条件

其中互斥、包含、唯一、要求是对原因的约束，屏蔽是对结果的约束，其含义如下。

（1）互斥：表示不能同时为 1，即 a、b、c 中至多有一个为 1。

（2）包含：表示不能同时为 0，即 a、b、c 中至少有一个为 1。

（3）唯一：表示 a、b、c 中有且仅有一个为 1。

（4）要求：表示若 a=1，则 b 必须为 1，即不可能 a=1 且 b=0。

（5）屏蔽：表示若 a=1，则 b 必须为 0。

3. 因果图法的特点

（1）考虑输入条件的组合关系。

（2）考虑输出条件对输入条件的信赖关系，即因果关系。

（3）测试用例发现错误的效率高。

（4）可检查出功能说明书中的某些不一致或遗漏。

（5）适合于检查程序输入条件和各种组合情况。

5.4.2　因果图法基本步骤

1. 分割功能说明书

对于规模较大的程序，可将其划分为若干个部分，然后分别对每个部分使用因果图法。例如，测试编译程序时，可将每个语句作为一个部分。

2. 判断出“原因”和“结果”，并加以编号

原因指输入条件或输入条件的等价类，结果指输出条件或输出条件的等价类。每个原因或结果都对应因果图中的一个节点。当原因或结果成立（或出现）时，相应的节点取值为 1，否

则为 0。

因果图法的具体使用如例 5-2 所示。

例 5-2 有一个饮料自动售货机（单价为 5 角钱）的控制处理软件，它的功能说明书如下。

若投入 5 角钱的硬币，按下“可乐”或“绿茶”按钮，则送出相应的饮料。若投入 1 元钱的硬币，同样也是按下“可乐”或“绿茶”按钮，则在送出相应饮料的同时退回 5 角钱的硬币。

通过分析上述功能说明书，可列出原因和结果如下。

原因：

- 投入 1 元硬币；
- 投入 5 角硬币；
- 按下“可乐”按钮；
- 按下“绿茶”按钮。

结果：

- 退还 5 角钱；
- 送出“可乐”饮料；
- 送出“绿茶”饮料。

3. **根据功能说明书中原因和结果之间的关系画出因果图**

因果图中原因在左，结果在右，自上而下排列，并根据功能说明书中原因和结果之间的关系，使用基本符号进行连接，还可在因果图中引入一些中间节点。根据原因和结果，绘制出自动售货机因果图，如图 5.3 所示。

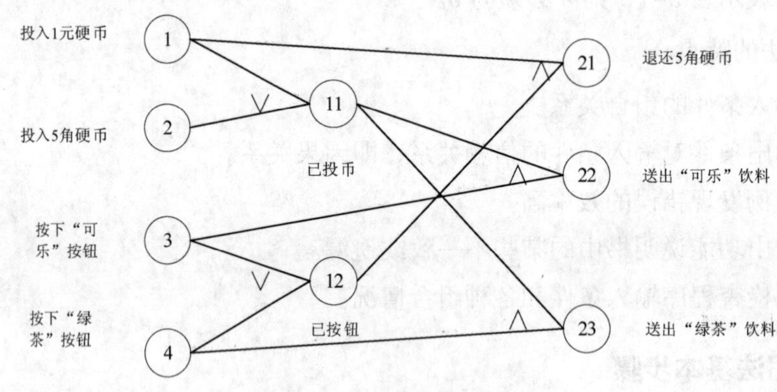

图 5.3 自动售货机因果图

在绘制因果图时，需要引入一些表示中间状态的处理节点。

接下来对上述因果图进行完善，添加必要的约束条件。例如，原因①和原因②不能同时发生，即 1 元硬币和 5 角硬币不能同时被投入自动售货机；原因③和原因④也不能同时发生，因为程序的功能说明书规定，在投入硬币后，只能按下“可乐”或“绿茶”按钮。完善后的因果图如图 5.4 所示。

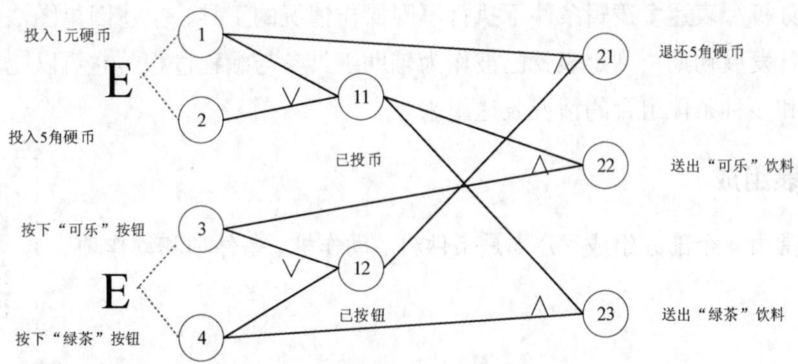

图 5.4 添加约束的自动售货机因果图

4. 根据因果图绘制判定表

绘制判定表的方法较为简单，将所有原因作为输入条件，每一项原因（输入条件）安排为一行，所有输入条件直接列出（真值为 1，假值为 0），将每种条件组合安排为一列，并将各个条件的取值情况分别添加到判定表的对应单元格中。例如，若因果图中的原因有 4 项，则判定表中的输入条件共有 4 行，而列为 2^4=16 列。输入条件的取值确定完成之后，可根据判定表轻松地推算出各种结果的组合，即输出。判定表也包含中间节点的状态取值。

上述描述考虑了所有条件的组合情况，如果输入条件较多，条件组合的数量会较为庞大，从而导致绘制出的判定表列数过多，过于复杂。而在实际情况下，条件与条件之间可能会存在约束，许多条件的组合是无效的，因此根据因果图绘制判定表时，可有意识地排除无效的条件组合，从而大幅减少判定表的列数。例如，根据图 5.4 所示的因果图，可绘制判定表如表 5.6 所示。

表 5.6　　自动售货机判定表

从因果图导出的判定表										
			1	2	3	4	5	6	7	8
输入	投入 1 元硬币	1	1	1	1	0	0	0	0	0
	投入 5 角硬币	2	0	0	0	1	1	1	0	0
	按下可乐	3	1	0	0	1	0	0	1	0
	按下绿茶	4	0	1	0	0	1	0	0	1
中间节点	已投币	11	1	1	1	1	1	1	0	0
	已按钮	12	1	1	0	1	1	0	1	1
输出	退还 5 角硬币	21	1	1	0	0	0	0	0	0
	送出可乐饮料	22	1	0	0	1	0	0	0	0
	送出绿茶饮料	23	0	1	0	0	1	0	0	0

5. 为判定表的每一列设计一个测试用例

测试用例将在后面的章节详细讲解。

5.5 判定表驱动法

判定表是分析和表达多逻辑条件下执行不同操作情况的工具，上述因果图法就使用了判定表。在程序设计发展初期，判定表就已被作为辅助工具参与编程过程。它可以比较明确地将复杂的逻辑关系和多种条件组合的情况表达出来。

5.5.1 判定表组成

判定表通常由 4 个部分组成，分别是条件桩、动作桩、条件项和动作项，如图 5.5 所示。

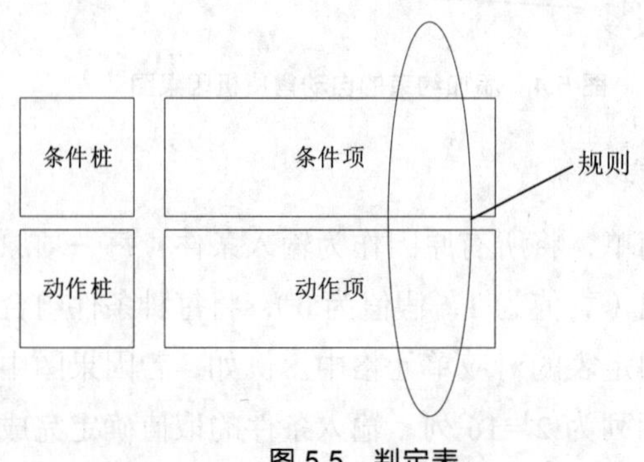

图 5.5 判定表

判定表中各部分的功能如下。

条件桩：列出所有可能的条件（问题），列出的条件（问题）一般与次序无关。

动作桩：列出条件（问题）规定可能采取的操作，对这些操作的排列顺序没有约束。

条件项：列出针对它所列条件的取值，即在所有可能情况下的真假值。

动作项：列出在条件项的各组取值情况下应该采取的动作。

任何一个条件组合的特定取值及相应要执行的动作称为一条规则。在判定表中贯穿条件项和动作项的一列就是一条规则，即判定表中的条件取值组数与规则的调试以及条件项和动作项的列数相等。

5.5.2 判定表建立

判定表建立

判定表的建立应依据软件规格说明书，步骤如下。

（1）列出所有的条件桩和动作桩。

（2）确定规则个数。例如，有 n 个条件，每个条件都有两个取值（0，1），故有 2^n 种规则。

（3）填写条件项。

（4）填写动作项，绘制初始判定表。

（5）简化，合并相似规则或者相同动作。

贝泽（Beizer）指出了适用判定表设计测试用例的条件：规格说明以判定表的形式给出，

或以容易转换成判定表的形式给出；条件的排列顺序不影响执行操作；规则的排列顺序不影响执行操作；在某一规则的条件已满足，并确定要执行的操作后，不必检验别的规则；若某一规则要执行多个操作，这些操作的执行顺序无关紧要。

5.6　正交试验法

5.6.1　正交试验法简介

正交试验法简介

正交试验设计（Orthogonal Experimental Design）是针对多因素多水平的一种设计方法，它根据正交性从全面试验中挑选部分有代表性的点进行试验，它们具备"均匀分散，齐整可比"的特点。正交试验设计是分式析因设计的主要方法，同样也是一种高效、快速、经济的试验设计方法。

在一项试验中，影响试验结果的量称为试验因素，简称因素。试验结果可以看成是因素的函数。在试验过程中，每个因素都可处于不同的状态或状况，将因素所处的状态或状况称为因素的水平，简称水平。

日本著名统计学家田口玄一将正交试验选择的水平组合罗列成表格，此表格被称为正交表。例如，三因素三水平试验，按全面试验要求，在尚未考虑每一组合重复数的情况下，需要进行 3^3=27 种组合的试验；若按 $L_9(3^3)$ 正交表进行试验，只需要进行 9 次，大大减少了工作量。因此正交试验法在很多领域的研究中得到广泛应用。

5.6.2　正交表简介与使用

正交表简介与使用

1. 正交表的概念

正交表是一整套规则的设计表格，记为 $L_n(m^k)$。其中 L 为正交表的代号，n 是表的行数，即要试验的次数；k 是表的列数，即最多可安排因素的个数；m 是各因素的水平数。

2. 正交表的性质

正交表具有两个重要性质：每列中不同数字出现的次数相等；任意两列中，数字的排列方式齐全且均衡。

凡满足上述两条性质的表叫作正交表。常用的正交表，二水平的有 $L_4(2^3)$、$L_8(2^7)$ 和 $L_{16}(2^{15})$，三水平的有 $L_9(3^4)$、$L_{18}(3^7)$、$L_{27}(3^{13})$ 等。

3. 利用正交表进行试验

接下来举例说明如何进行试验以及如何分析试验结果。

为提高某种产品的产量，试验者选择了三个有关因素，分别是操作方式、温度、洗涤时间，假设各因素间无交互作用。

首先要明确试验目的，确定试验指标，选择因素，选取水平。

通过分析研究，确定影响产量的是操作方式、温度和洗涤时间三个因素，分别用 A、B、C

表示。根据经验，每个因素各选取三个水平。将因素水平罗列，具体如表 5.7 所示。

表 5.7　　提高产品产量的三个因素

因素水平	操作方式 A	温度 B（℃）	洗涤时间 C（min）
1	Ⅰ	60	15
2	Ⅱ	80	20
3	Ⅲ	100	25

然后选用正交表，列出试验方案。

表 5.7 中共有三个因素，每个因素有三个水平，三水平以表 L_9（3^4）所需试验次数最少，并且最多可安排四个因素，因此选用表 L_9（3^4）。

5.6.3　正交表的种类

1．等水平正交表

等水平正交表即各列水平数均相同的正交表，又称单一水平正交表。等水平正交表的表示形式如图 5.6 所示。

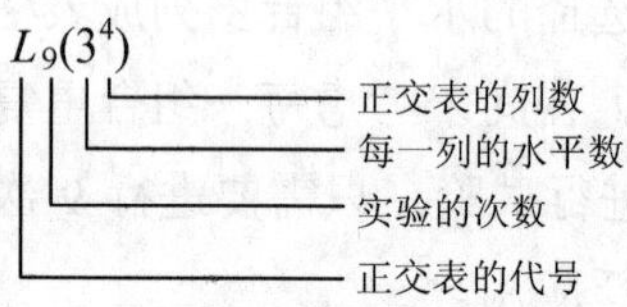

正交表的种类

图 5.6　等水平正交表的表示形式

各列水平数均为 2 的常用正交表有 L_4（2^3）、L_8（2^7）、L_{16}（2^{15}）等。

各列水平数均为 3 的常用正交表有 L_9（3^4）、L_{27}（3^{13}）、L_{81}（3^{40}）等。

各列水平数均为 4 的常用正交表有 L_{16}（4^5）、L_{64}（4^{21}）、L_{256}（4^{85}）等。

各列水平数均为 5 的常用正交表有 L_{25}（5^6）、L_{125}（5^{31}）、L_{625}（5^{156}）等。

2．混合水平正交表

各列水平数不相同的正交表，又称混合水平正交表。混合水平正交表的表示形式如图 5.7 所示。

常用的混合水平正交表有 L_8（$4^1 \times 2^4$）、L_{16}（$4^4 \times 2^3$）、L_{16}（$4^1 \times 2^{12}$）。

$L_8(4^1 \times 2^4)$
2水平列的列数为4
4水平列的列数为1
实验的次数
正交表的代号

图 5.7　混合水平正交表的表示形式

3．正交表的正交性

正交表的正交性包含整齐可比性和均衡分散性。

整齐可比性：在同一张正交表中，每个因素的每个水平出现的次数完全相同。试验中每个因素的每个水平与其他因素的每个水平有相同概率参与试验，可在最大程度上排除其他因素水平的干扰，因此能最有效地进行比较和做出展望，可以较为轻松地得到好的试验条件。

均衡分散性：在同一张正交表中，任意两列的水平搭配是完全相同的。如此保证了试验条件均衡地分散在因素水平的所有组合之中，因此具有较强的代表性，可以较为轻松地得到好的试验条件。

5.6.4 利用正交试验法设计测试用例

利用正交试验法设计测试用例

利用正交试验法设计测试用例的步骤如下。

1. 提取功能说明，构造因素状态表

因素是影响试验指标的条件，因素的状态指试验因素的取值。

首先需要根据被测软件的规格说明书找出影响其功能实现的操作对象和外部因素，将其当作因素，并将各因素的取值当作状态。划分软件需求规格说明书中的功能要求，将整体的、概要性的功能要求分解成具体的、相对独立的、基本的功能要求，如此可确定被测软件中所有的因素，并为确定每个因素的权值提供参考依据。确定因素与状态是设计测试用例的关键，因此要求尽可能全面、正确地确定取值，使测试用例完整有效。

2. 加权筛选，生成因素分析表

对因素与状态的选择可根据其重要程度进行加权，根据各因素及状态的作用、出现频率以及测试需要程度确定权值。

3. 利用正交表构造测试数据集

与等价类划分、边界值分析、因果图等方法相比，使用正交试验法设计测试用例有以下优点：节省测试工作工时；可控制生成的测试用例数量；测试用例具有一定的覆盖率。

在使用正交试验法时，需要考虑被测软件中需要测试的功能点，这些功能点就是要获取的因素。但每个功能点需要输入的数据根据等价类划分有多个，即每个因素的输入条件（状态或水平）。

例 5-3 某企业内部要进行薪资核算，功能描述如下：

- 学历分为大专、本科、硕士；
- 职称分为初级、中级、高级；
- 工作年限分为 1～3 年、3～5 年、5 年以上。

根据上述功能说明，列出薪资构成因素表，如表 5.8 所示。

表 5.8　　薪资构成因素表

因素	学历 *A*	职称 *B*	工作年限 *C*（年）
1	大专	初级测试工程师	1～3
2	本科	中级测试工程师	3～5
3	硕士	高级测试工程师	5 以上

根据以上内容，为了方便测试的设计，构造因素状态表，如表 5.9 所示。

表 5.9　　因素状态表

状态	因素		
	A	*B*	*C*
1	*A*1	*B*1	*C*1
2	*A*2	*B*2	*C*2
3	*A*3	*B*3	*C*3

根据上述因素状态表画出布尔图，如图 5.8 所示。

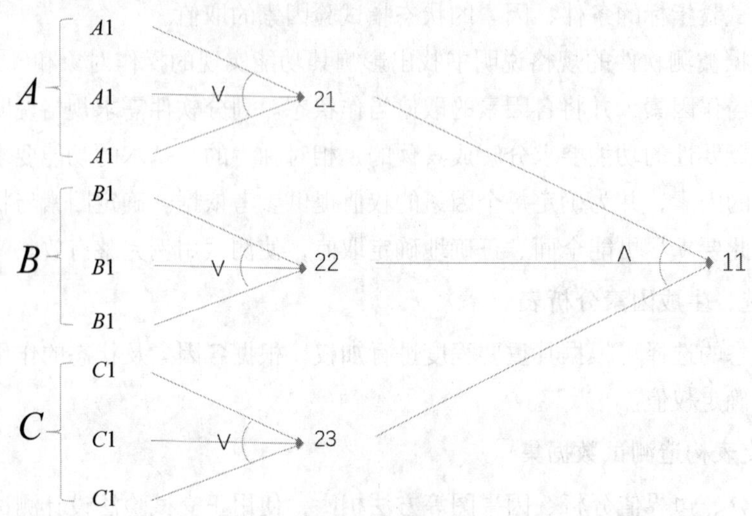

图 5.8　布尔图

测试对象为 3 因素（*A*、*B*、*C*），均为 3 状态。因此，采用 3 因素 3 状态正交表较为合适，如表 5.10 所示。

表 5.10　　正交表

状态	因素		
	A	*B*	*C*
1	*A*1	*B*1	*C*1
2	*A*1	*B*2	*C*2
3	*A*1	*B*3	*C*3
4	*A*2	*B*1	*C*2
5	*A*2	*B*2	*C*3
6	*A*2	*B*3	*C*1
7	*A*3	*B*1	*C*3
8	*A*3	*B*2	*C*1
9	*A*3	*B*3	*C*2

从表 5.10 我们可以看出，因素的每种状态组合都是唯一的，每个因素出现的次数是相同的，符合正交表的原则。接下来用每一个字母代号对应的状态情况代替字母代号，完成测试用例设计的因素和状态的组合，如表 5.11 所示。

表 5.11　　　　因素状态表

状态	因素		
	A	B	C（年）
1	大专	初级测试工程师	1-3
2	大专	中级测试工程师	3-5
3	大专	高级测试工程师	5 以上
4	本科	初级测试工程师	3-5
5	本科	中级测试工程师	5 以上
6	本科	高级测试工程师	1-3
7	硕士	初级测试工程师	5 以上
8	硕士	中级测试工程师	1-3
9	硕士	高级测试工程师	3-5

表 5.11 中，每一行代表一个测试用例。上述示例通过正交试验法分析后，得到了 9 个具有代表性的测试用例，大大减少了用例的数量，而测试指标依然符合要求，提高了整体的测试效率。

测试用例编写过程相对简单，此处不再讲述。

5.7　场景法

5.7.1　场景法的原理

场景法的原理

目前流行的软件大部分是使用事件触发来控制流程的，如 GUI（Graphical User Interface，图形用户界面）软件、游戏等。事件触发时的情景就形成了场景，同一事件采用不同的触发顺序和处理结果就形成了事件流。

场景法是运用场景来对系统的功能点或业务流程进行描述，从而提高测试效果的一种方法。场景法一般包含基本流和备选流，从一个流程开始，通过描述经过的路径来确定过程，通过遍历所有的基本流和备选流来完成整个场景。

5.7.2　确定场景

确定场景

经过用例的路径用基本流和备选流来表示。基本流是经过用例的最简单的路径，用直黑线表示；备选流使用不同的颜色表示。一个备选流可能从基本流开始，在某个特定条件下执行，然后重新加入基本流；也可能起源于另一个备选流，然后结束用例，而不再重新加入某个流。场景法如图 5.9 所示。

图 5.9 中有 1 个基本流和 4 个备选流。经过用例的不同路径可以确定不同的用例场景。从基本流开始，再将基本流和备选流结合起来，可以确定的用例场景如下所示。

场景 1：基本流

场景 2：基本流→备选流 1

场景 3：基本流→备选流 1→备选流 2

场景 4：基本流→备选流 3

场景 5：基本流→备选流 3→备选流 1

场景 6：基本流→备选流 3→备选流 1→备选流 2

场景 7：基本流→备选流 4

场景 8：基本流→备选流 3→备选流 4

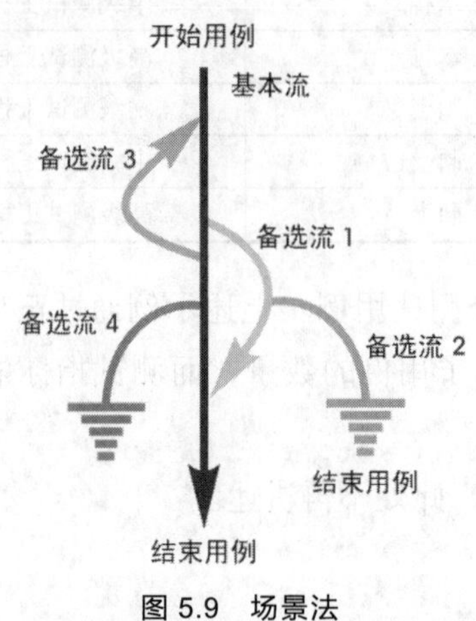

图 5.9　场景法

场景法的基本设计步骤如下。

（1）根据需求分析，确定并描绘出程序的基本流及各备选流。

（2）根据基本流和各备选流生成不同的场景。

（3）针对生成的各场景，设计相应的测试用例。

（4）重新审核设计的测试用例，去掉多余的测试用例。确定测试用例后，针对最终确定的测试用例设计测试数据。

5.7.3　场景法的使用

下面讲解场景法实例。

例 5-4　使用微信钱包中的手机充值，输入手机号码，选择话费充值金额，选择支付方式，输入支付密码，支付成功。通过上述描述，确定基本流和备选流，如表 5.12 所示。

表 5.12　基本流和备选流

基本流	使用微信钱包中的手机充值，输入手机号码，选择话费充值金额，选择支付方式，输入支付密码，支付成功
备选流 1	手机号码格式输入错误
备选流 2	手机号码输入与要充值号码不符
备选流 3	银行卡账户余额不足
备选流 4	支付密码输入错误

根据基本流和备选流设计场景，如表 5.13 所示。

表 5.13 场景设计

场景	路径	
场景 1-充值成功	基本流	
场景 2-手机号码格式输入错误	基本流	备选流 1
场景 3-手机号码输入与要充值号码不符	基本流	备选流 2
场景 4-银行卡账户余额不足	基本流	备选流 3
场景 5-支付密码输入错误	基本流	备选流 4

表 5.13 中的每一个场景都需要设计测试用例，此处可采用矩阵或决策表来确定和管理测试用例。

上述示例中，每个测试用例都包含测试用例 ID、条件（或说明）、测试用例中涉及的所有数据元素（作为输入或已经存在于数据库中）以及预期结果。

通过确定执行用例场景所需的数据元素来构建矩阵，每个场景对应一个包含执行场景所需的适当条件的测试用例。例如，V（有效）表示条件必须是 Valid（有效的）才可执行基本流，I（无效）用于表示此条件下将激活所需备选流，“n/a”（不适用）表示此条件不适用于测试用例。

表 5.14 所示为一种通用格式，其中各行代表各个测试用例，而各列则代表测试用例的信息。

表 5.14 测试用例

用例 ID	场景/条件	账号	密码	选购商品	预期结果
1	场景 1：登录成功	V	V	V	成功登录
2	场景 2：账号不存在	I	n/a	n/a	提示账号不存在
3	场景 3：账号错误	I	V	n/a	提示账号错误，返回基本流步骤 2
4	场景 4：密码错误	V	I	n/a	提示密码错误，返回基本流步骤 3
5	场景 5：无选购商品	V	V	I	提示选购商品，返回基本流步骤 5

表 5.14 中对每个场景成立的条件都做出了说明，接下来只需要给每个测试用例设计相应的测试数据，即可完成测试用例的设计，如表 5.15 所示。

表 5.15 设计数据

用例 ID	场景/条件	操作步骤/测试数据	预期结果
1	场景 1：充值成功	1. 手机号码输入正确 2. 密码输入正确 3. 账户余额充足	充值成功
2	场景 2：手机号码格式输入错误	输入 123456789012	返回基本步骤 1 重新输入手机号
3	场景 3：手机号码输入与要充值号码不符	输入 13720008015（应充值号码为：13720008014）	充值成功，但充值金额未到需充值手机号
4	场景 4：银行卡账户余额不足	1. 手机号码输入正确 2. 密码输入正确 3. 账户余额不足	提示账户余额不足，返回选择账户步骤
5	场景 5：支付密码输入错误	1. 手机号码输入正确 2. 密码输入错误	提示密码输入错误，请重新输入

5.8 状态迁徙图法

在测试过程中可能会遇到一些问题。例如，项目中有事务流或某种条件导致状态改变时，软件测试用例的设计工作就会比较困难。前面讲解的方法，被测对象与被测对象之间没有相互的关联或数据流；而遇到此类事务流软件，就需要考虑使用其他方法进行测试用例的设计。本节所讲解的状态迁徙图法即可处理这类问题。

5.8.1 状态迁徙图法简介

在学习状态迁徙图法之前，先来了解一下进程的状态转换，转换过程如图 5.10 所示。

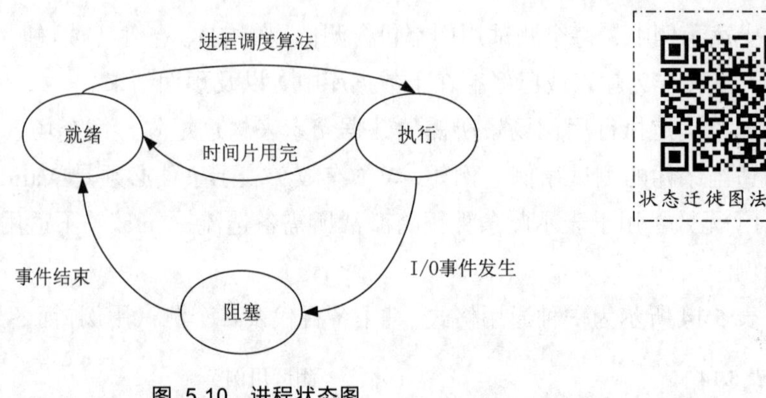

图 5.10 进程状态图

图 5.10 是操作系统中进程的状态转换过程，进程被进程调度算法从就绪队列中选中时，直接被调入 CPU 中执行，进程状态由就绪转换为执行；而当该进程执行完毕时，由于所分配的时间片用完，进程调度算法重新返回就绪队列中提取进程。当进程执行到一定阶段时，由于发生 I/O 事件，例如，外部数据的输入或运行的中间数据的输出，此时 CPU 必须进行中断处理，该进程状态由执行转换为阻塞，等待事件的完成；事件完成后，进程状态从阻塞转换为就绪，等待进程调度算法的下一次选中。

状态迁徙图用于表示输入数据序列及其相应的输出数据，使用状态和迁徙来描述。状态指出数据输入的位置（或时间），而迁徙指明状态的改变，同时需要依靠判定表或因果图来表示逻辑功能。在状态迁徙图中，由输入数据和当前状态决定输出数据和后续状态。

5.8.2 状态迁徙图法的目标与步骤

1. 状态迁徙图法的目标

状态迁徙图法的目标是设计足够多的测试用例，达到对系统状态的覆盖、对状态-条件组合的覆盖以及对状态迁徙路径的覆盖。

2. 状态迁徙图法的步骤

（1）列出所有可能的输入事件，以 ip$N$ 方式命名（N 为 1，2，3，4…）。

（2）把软件打开的初始状态定义为“空闲”状态。

（3）在“空闲”状态上加所有可能的输入（只加一次）。

（4）为上一步产生的所有新状态，分别加所有可能的输入（只加一次）。

（5）循环执行上一步，直到没有任何新状态产生，列出所有状态，生成状态类表。

（6）组合任意可能的状态组合，编写相应的测试用例。

例 5-5 以记事本程序为例，讲解状态迁徙图法设计测试用例。

（1）记事本程序打开的初始界面如图 5.11 所示。

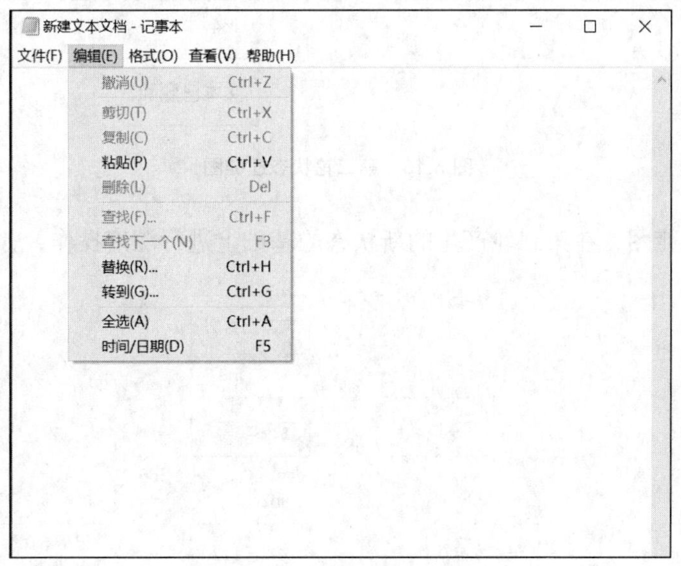

图 5.11 记事本初始界面

在图 5.11 所示的界面中，可以对记事本程序进行的操作（部分）我们依次标注如下。

ip1：输入文本内容。

ip2：选择文本内容。

ip3：复制文本内容。

ip4：删除文本内容。

ip5：粘贴文本内容。

ip6：关闭。

ip7：取消选择文本内容。

ip8：剪切文本。

（2）从记事本启动界面开始，进行状态迁徙分析。

第一轮状态迁徙图如图 5.12 所示。

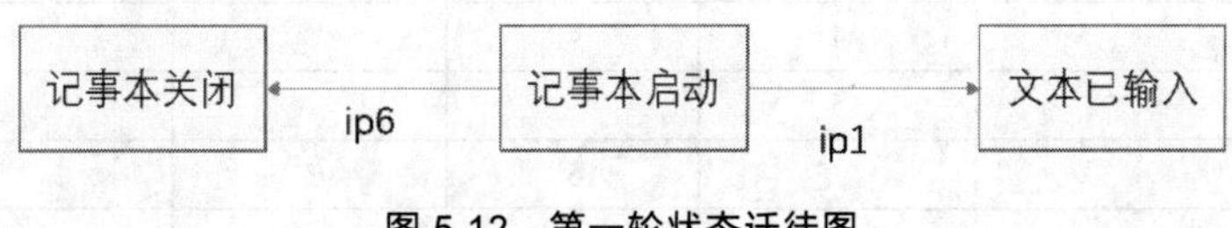

图 5.12 第一轮状态迁徙图

在记事本程序的初始界面，可供操作的内容不多，所以状态迁徙图较为简单。

第二轮状态迁徙图，在第一轮产生的新状态的基础上进行深度操作，如图 5.13 所示。

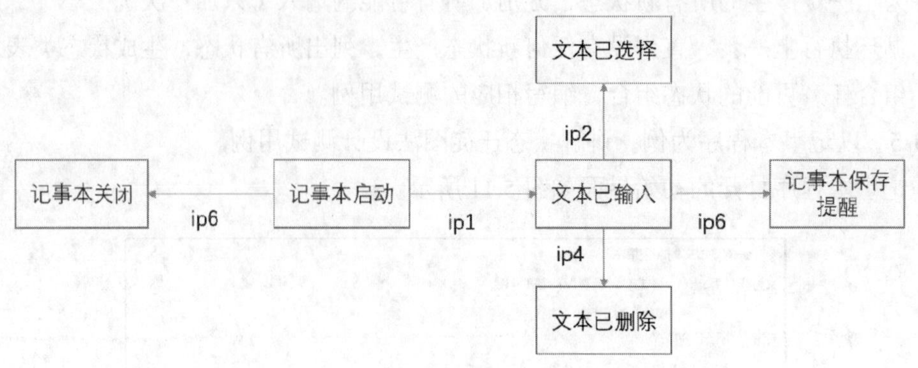

图 5.13　第二轮状态迁徙图

第三轮状态迁徙图，在第二轮产生的新状态的基础上进行深度操作，如图 5.14 所示。

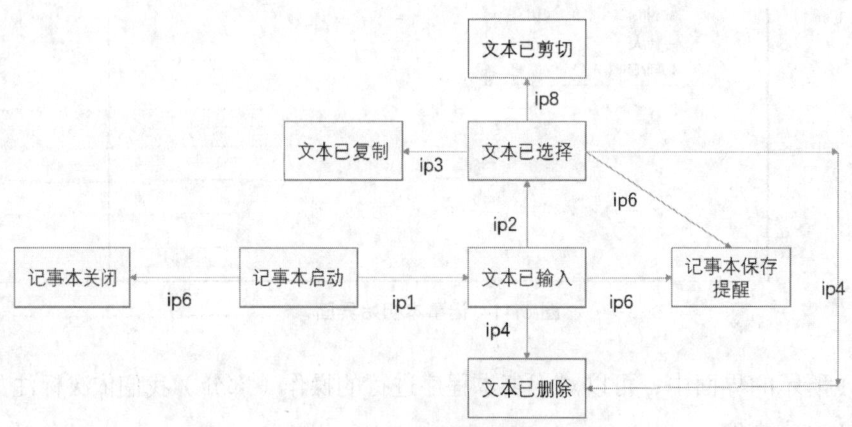

图 5.14　第三轮状态迁徙图

（3）从图 5.14 中可以看出，三轮过后记事本程序的界面状态有 8 种。从这 8 种状态中构造出状态类表，如表 5.16 所示。

表 5.16　　状态类表

状态 \ 用例	用例 1	用例 2	用例 3	用例 4	用例 5	用例 6
记事本启动	1	1	1	1	1	1
文本输入		2	2	2	2	2
保存提示					3	
文本已选择		3	3			3
文本已复制		4	4			
文本已剪切		5				
文本已删除			5	3		
程序关闭	2					4

（4）有一些用例没有列出，望大家自己思考。

5.9　错误推测法

错误推测法

错误推测法是指基于经验或直觉推测程序中可能存在的各种错误，并有针对性地设计编写测试用例的方法。

错误推测法的基本思想是列举出程序中所有可能的错误和容易发生错误的特殊情况，根据上述错误或情况选择测试用例。例如，若被测软件要求输入的是数字，则在测试时刻意输入字母；若被测软件只接受正数，则在测试时刻意输入负数；若被测软件对时间敏感，则在测试时刻意检验软件在公元 4000 年是否可正常工作。在测试中刻意设计一些非法、错误、不正确和垃圾数据进行输入，此类方式是非常有意义的。再例如，输入数据和输出数据为 0，或者输入表格为空格或输入表格只有一行，都是容易发生错误的情况，可选择上述情况下的例子作为测试用例。

5.10　测试方法的选择

测试方法的选择

黑盒测试方法有很多种，前面章节只讲解了黑盒测试方法中的一部分。在对软件进行测试时，需要针对软件的具体情况选择合适的测试方法。在实际测试过程中一般不能只选择一种测试方法对软件进行测试，因此你需要掌握黑盒测试的综合策略。

（1）首先进行等价类划分。

（2）在任何情况下都必须使用边界值分析法。

（3）可使用错误推测法追加测试用例。

（4）对照程序逻辑，检查已设计的测试用例的逻辑覆盖程度，若没有达到要求的覆盖标准，应当再补充足够的测试用例。

（5）若程序的功能说明中含有输入条件的组合情况，则一开始就可选因果图法和判定表驱动法。

（6）对于参数配置类软件，需要使用正交试验法选择较少的组合方式达到最佳效果。

（7）状态迁徙图法也是很好的测试用例设计方法，可根据不同时期条件的有效性设计不同的测试数据。

（8）对于业务清晰的系统，可利用场景法贯穿整个业务流程，同时综合使用各种测试方法。

5.11　测试用例进阶

测试用例计划的目的

5.11.1　测试用例计划的目的

对测试用例进行正确且详细的计划是达成测试目标的必经之路，其重要性如下所述。

大型项目中测试用例的数量比较庞大，这是非常正常的情况。而在小型项目中，若要达到测试目标，测试用例的数量一般也不在少数。测试用例的建立需要耗费测试人员几个月甚至几年时间，因此应该对测试用例进行正确且详细的计划，以便所有测试人员以及项目小组其他成员审查和使用。

在项目开发及测试期间会出现软件的多个版本，此时应对新版本软件执行多次先前完成的测试。这一方面可以保证新版软件中旧缺陷已得以修复，另一方面可查询是否存在新的缺陷。若没有对测试用例进行正确且详细的计划，测试人员将不清楚是使用原有的测试用例进行测试还是应编写新测试用例，也不清楚原有的测试用例是否已得到重复测试。

测试人员对整个项目的测试需要有一个整体把控，要清楚整个项目中计划执行的测试用例数量和在软件最终版本上执行的测试用例数量，要了解通过的测试用例数量、失败的测试用例数量以及测试用例中是否有可忽略的部分。通过制订测试用例计划可提前把控全局，使整个项目的测试达到最终目标。

如果涉及高精度、高风险行业，测试工作更容不得丝毫差错，因为使用忽略了某些测试用例的软件对于这些行业来说是致命的。所以，在对这些行业的软件进行测试时，测试小组必须制订出精确的测试用例计划，达到不忽略任何一个存在风险的测试用例、确保所有计划的测试用例均已执行的目的。正确且详细的测试用例计划和跟踪提供了一种证实测试的手段。

5.11.2 测试设计说明

测试设计说明

项目整体测试计划的级别非常高，它将待测软件拆分为具体特性和可测试项，然后将拆分后的内容分派给每个测试员。但它未指明针对这些特性进行测试的方法，有时仅给出测试方法种类的一些提示，而且并不会涉及测试工具的使用方式及测试工具的使用场景。因此，为了能更好、更顺利地进行测试，需要为软件的单个特性定义具体的测试方法，这就是测试设计说明。

测试设计说明在 ANSI/IEEE 829 标准中有明确解释：测试设计说明是在测试计划中提炼测试方法，要明确指出设计包含的特性以及相关的测试用例和测试程序，并指定判断特性通过/失败的规则。

测试设计说明的目的是针对软件具体特性来描述和组织需要进行的测试，但并不会给出具体的测试用例或执行测试的步骤。ANSI/IEEE 829 标准中规定了测试设计说明应该包含的部分内容。

（1）标识符：用于引用和定位测试设计说明的唯一标识符。

（2）要测试的特性：对测试设计说明所包含的软件特性的描述。例如，“写字板程序中的字体大小选择和显示”。此部分内容中还应明确指出需要间接测试的特性——通常是作为主特性的辅助特性。例如，文件打开对话框的用户界面虽然在测试设计说明中不会重点指出，但在测试读写功能的过程中需要对其功能进行间接测试，如加载和保存。

（3）方法：描述测试的通用方法。若方法在测试计划中明确列出，则应在此详细描述需要使用的技术，并提供验证测试结果的方法。

（4）测试用例信息：描述所引用的测试用例的相关信息。此部分应列出所选的等价区间，提供测试用例的引用信息及用于执行测试用例的测试程序说明。例如，“检查最大值测试用例ID#15326”。此部分不进行实际测试用例的定义。

（5）通过/失败规则：描述判定某项特性的测试结果是通过还是失败的规则。此类描述可能非常简单和明确，例如，“通过是指当执行全部测试用例时没有发现软件缺陷”；也可能不是非常明确，例如，“失败是指 15% 以上的测试用例没有通过”。

5.11.3　测试用例说明

测试用例说明

若测试员已经进行过软件测试，他们可能会采用以前使用的用例描述格式来记录和记载测试用例。本节将讲解编写（记录和记载）测试用例的方法，并指出在编写（记录和记载）测试用例的过程中需要考虑的相关重点问题。

ANSI/IEEE 829 标准规定测试用例说明需要“编写用于输入输出的实际数值和预期结果，同时明确指出使用具体测试用例产生的测试程序的限制”。测试用例说明内容如表 5.17 所示。

表 5.17　　　　测试用例

编号：

编制人		审定人		时间	
软件名称				编号/版本	
测试用例					
用例编号					
参考信息（参考的文档及章节号或功能项）：					
输入说明（列出选用的输入项，覆盖正常、异常情况）：					
输出说明（逐条与输入项对应，列出预期输出）：					
环境要求（测试的软、硬件及网络要求）：					
特殊规程要求：					
用例间的依赖关系：					
用例产生的测试程序限制：					

测试用例说明应包含需要发送给软件的值或条件及其预期结果。测试用例说明可被多个其他测试用例说明引用，也可引用多个其他测试说明。ANSI/IEEE 829 标准还列出了一些应包含在测试用例说明中的重要信息，具体如下所述。

（1）标识符：由测试设计说明和测试程序说明引用的唯一标识符。

（2）测试项：描述被测试的详细特性、代码模块等，应比测试设计说明中所列出的特性更加详细具体，还需要指出引用的产品说明书或测试用例所依据的其他设计文档。

（3）输入说明：列举出执行测试用例的所有输入内容或条件。例如，测试计算器程序，输入说明可能只有“1+2”；若测试蜂窝电话交换软件，则输入说明可能是成百上千种输入条件。

（4）输出说明：描述执行测试用例的预期结果。例如，1+2 等于 3，或在蜂窝电话交换软件中成百上千个输出变量的预期值。

（5）环境要求：执行测试用例必要的硬件、软件、测试工具、人员及其他工具等。

（6）特殊要求：描述执行测试必须满足的特殊要求，但并不是所有软件都有特殊要求。

（7）用例之间的依赖性：注明用例之间的关系。若一个测试用例依赖于其他用例或受其他用例的影响，则在此部分注明。

若根据上述内容进行测试用例的文档编写，则每个测试用例至少需要一页的文字描述，当测试用例数量较为庞大时，文档会非常厚。因此，ANSI/IEEE 829 标准只是作为编写测试用例的一个规范，而并非强制要求。现实中一般都会采用简便且效果较好的方法进行替代，只有在一些政府项目和某些特殊行业的要求下才会严格按照上述标准编写测试用例。

采用简便方法并不是说放弃或忽视重要的信息，而是找出一个更有效的方法对这些信息进行精简。例如，表 5.18 给出了一个打印机兼容性简单列表的例子。

表 5.18　　　　打印机兼容性简单列表

测试用例序列号	品牌	型号	模式	选项
WP0001	Cannon	BJC-7000	黑白	文字
WP0002	Cannon	BJC-7000	黑白	超级照片
WP0003	Cannon	BJC-7000	黑白	自动
WP0004	Cannon	BJC-7000	黑白	草稿
WP0005	Cannon	BJC-7000	彩色	文字
WP0006	Cannon	BJC-7000	彩色	超级照片
WP0007	Cannon	BJC-7000	彩色	自动
WP0008	Cannon	BJC-7000	彩色	草稿
WP0009	HP	LaserJet IV	高	
WP0010	HP	LaserJet IV	中	
WP0011	HP	LaserJet IV	低	

图中的每一行是一个测试用例的测试要点，有自己的标识符。测试用例的所有其他信息，如测试项、输入说明、输出说明、环境要求、特殊要求和依赖性等适用于所有这些用例，可以一并编写，附加到表格后面。审查测试用例的人员可以快速看完测试用例信息，然后审查表格。

表述测试用例的其他选择有大纲、状态表和数据流程图等方式。

5.11.4　测试程序说明

将测试设计说明和测试用例说明编写完成后，需要对执行测试用例的程序做进一步说明。ANSI/IEEE 829 标准规定测试程序说明需要“明确指出为实现相关测试设计而执行具体测试用例和操作软件系统的全部步骤”。

测试程序说明也称“测试脚本说明”，详细定义了执行测试用例的每一步操作。需要定义的内容如下。

（1）标识符：将测试程序与相关测试用例和测试设计相联系的唯一标识。

（2）目的：本测试程序说明的目的及将要执行的测试用例的引用信息。

（3）特殊要求：执行测试所需的其他程序、特殊测试技术或特殊设备。

（4）详细说明：执行测试用例的详细描述，包括的内容如下。

① 日志：指出记录测试结果和现象的方法。

② 设置：说明准备测试的步骤。

③ 启动：说明启动测试的步骤。

④ 程序：描述运行测试的步骤。

⑤ 衡量标准：描述判断结果的标准。

⑥ 关闭：描述因意外原因而推迟测试的步骤。

⑦ 终止：描述正常停止测试的步骤。

⑧ 重置：说明把环境恢复到测试前状态的步骤。

⑨ 偶然事件：说明处理计划之外情况的步骤。

测试程序说明需要尽可能地详细，应对测试内容、测试方法、测试过程、测试步骤等进行明确表述，并尽可能简单明了。如此，既可以告知项目中新加入的测试员测试的具体内容，又可以避免重复测试。下面以一个示例的片段来演示如何编写测试程序说明。

标识符：计算器。

目的：本测试程序说明描述执行加法测试用例的步骤。

特殊要求：本次测试不需要特殊的硬件和软件。

详细说明

日志：测试人员按测试要求记录程序执行过程，所有必填项都必须填写，包括问题的记录。

设置：测试人员必须安装 Windows 98 的干净副本，使用测试工具 Tool-A 和 Tool-B 等。

启动：启动 Windows 98，单击开始按钮，选择程序，选择附件，选择计算器。

程序：使用键盘输入每个测试用例并比较结果。

衡量标准：……

5.11.5　测试用例细节探讨

测试用例细节探讨

测试用例计划有组织性、重复性、跟踪和测试证实四个目标。软件测试工程师需要尽可能地实现上述目标，但目标的整体实现程度主要取决于测试软件所在行业、公司以及项目和测试组的具体情况，在实际测试中一般不会按照最细致的标准来编写测试用例。

软件测试工程师设计出的测试用例计划应该既能达到测试要求，又能满足实际需求。例如，测试程序要求安装 Windows 2000（PC 中）来执行测试，测试程序说明在设置部分声明需要 Windows 2000，但是未声明 Windows 2000 的版本，一两年内出现新版本会怎样？测试程序是否需要升级？为了避免测试系统版本升级而导致问题，说明中可省略具体的版本，而以“可用的最新版本”来替代。

软件测试人员在编写测试用例时，最佳策略是采用当前项目所采用的标准，同时结合 ANSI/IEEE 829 标准定义的格式，找出符合项目要求的内容，并做适当的调整。

5.11.6 测试用例模板

测试用例模板

测试用例模板如表 5.19 所示。

表 5.19　　测试用例模板

项目名称			程序版本				
功能模块名							
编制人			编制时间				
功能特性							
测试目的							
预置条件							
参考信息				特殊规程说明			
用例编号	相关用例	用例说明	输入数据	预期结果	测试结果	缺陷编号	备注

5.12 本章小结

通过本章的学习，大家能够掌握软件黑盒测试的常见设计方法，包括等价类划分法、边界值分析法、因果图法、判定表驱动法、正交试验法、场景法、状态迁徙图法、错误推测法。上述方法也是软件测试工程师在实际工作中经常采用的方法。熟练使用上述方法可让测试工作变得更加轻松。此外还应掌握测试用例的编写方法。

5.13 习题

1. 填空题

（1）________就是对软件测试的行为活动所做的科学化的组织归纳。

（2）在输入条件规定了取值范围或值的个数的情况下，可确立________个有效等价类和________个无效等价类。

（3）等价类划分包括________和________两种不同的情况。

（4）________是一整套规则的设计表格，一般记为 $L_n(m^k)$。

（5）判定表通常由 4 个部分组成，分别是________、________、________和动作项。

2. 选择题

（1）下列测试方法中，运用场景来对系统的功能点或业务流程进行描述，从而提高测试效果的一种方法是（　　）。

A．因果图法　　B．正交试验法　　C．场景法　　D．边界值分析法

（2）下列选项中，不属于黑盒测试用例设计方法的是（　　）。

A. 代码走查　　B. 因果图法　　C. 等价类划分法　　D. 正交试验法

（3）下列选项中，拥有"均匀分散，齐整可比"的特点的是（　　）。

A. 场景法　　B. 状态迁徙图法

C. 随机测试法　　D. 正交试验法

（4）下列选项中，（　　）是基于经验或直觉推测程序中可能存在的各种错误，并有针对性地设计编写测试用例的方法。

A. 边界值划分法　　B. 错误猜测法　　C. 因果图法　　D. 等价类划分法

（5）下列选项中，应该作为测试设计说明的部分的是（　　）。

A. 环境要求　　B. 标识符　　C. 程序步骤　　D. 用例之间的依赖性

3. 思考题

（1）请简述测试用例应满足的特性。

（2）请简述黑盒测试方法的综合策略。

习题答案

06 第6章　动态白盒测试

本章学习目标

- 掌握逻辑覆盖法
- 掌握基本路径法

动态白盒测试是结构化测试，被测对象一般是源程序，应以程序内部逻辑为基础来设计测试用例。动态白盒测试用例一般采用逻辑覆盖法和基本路径法进行设计，本章重点讲解这两种方法。

6.1　逻辑覆盖法

逻辑覆盖法是以程序内部的逻辑结构为基础的测试用例设计方法，要求测试人员对程序的逻辑结构有比较清楚的了解。逻辑覆盖分为语句覆盖、判定覆盖、条件覆盖、判定/条件覆盖、条件组合覆盖和路径覆盖六种，本节将详细讲解这六种逻辑覆盖方法。

6.1.1　语句覆盖

语句覆盖

语句覆盖是相对较弱的测试标准。语句覆盖的定义是：测试时，首先设计若干测试用例（越少越好），然后运行被测程序，使程序中的每一个可执行语句至少执行一次。

语句覆盖测试用例设计如例 6-1 所示。

例 6-1

```
def statement(a,b):
    if a > b and b > 0:
        x = a / b
        if(a == 2 and x == 2):
            x = x**2
        return x
```

```
a = int(input('请输入整数 a:'))
b = int(input('请输入整数 b:'))
x = statement(a,b)
print(x)
```

例 6-1 对应的主流程图如图 6.1 所示。

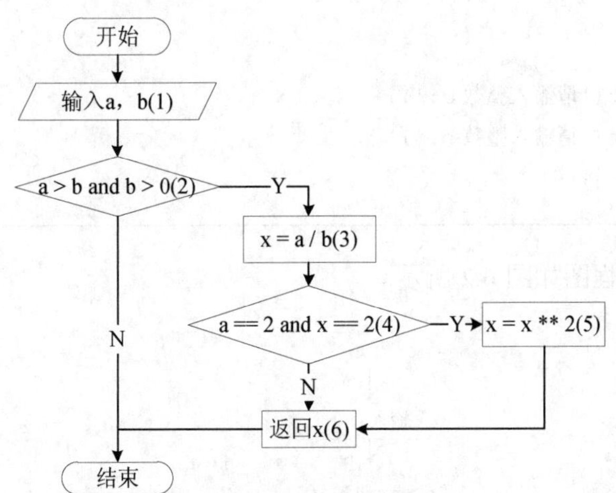

图 6.1　例 6-1 主流程图

从图 6.1 中可看出，一共存在 6 条可执行语句，因此设计测试用例时应使所有语句执行至少一遍。观察可知，只使用一个用例即可实现将所有语句执行至少一次，测试用例为 a=2，b=1。此测试用例使语句 1、2、3、4、5、6 分别执行了一次，达到了例 6-1 中所有语句的覆盖。

若使用测试用例 a=6，b=3，只能将语句 1、2、3、4、6 各执行一次，即未能达到例 6-1 的所有语句覆盖。

从例 6-1 可以看出，语句覆盖的测试能力是很弱的。虽然程序的每条语句都得到至少一次的执行，可以比较全面地检查每一条语句，但是它并不完美。例如，例 6-1 中的语句 2 误写成 a>b or b>0，上述测试用例的执行并不会受到影响，因此测试人员发现不了此处的错误。语句覆盖在测试中只能查出程序中不可执行的语句，并不能排除程序内部包含错误的风险。一般认为语句覆盖是很不充分的一种标准。

语句覆盖的优缺点可概括如下。

优点：可通过源码观察直观地得到测试用例，无须细分每个判定表达式。

缺点：只对程序逻辑中的可执行语句的显式错误起作用，隐藏在程序中的其他错误无法准确测试。

6.1.2　判定覆盖

判定覆盖（分支覆盖）是比语句覆盖稍强的覆盖标准。判定覆盖是设计若干测试用例，运行被测程序，使程序中每个判断的真假分支至少运行一次，即判断条件的真假值均被满足至少一次。

判定覆盖测试用例设计如例 6-2 所示。

例 6-2

```
def determine(a,b):
    if a > b and b > 0:
        x = a / b
    if(a == 2 or x == 2):
        x = a**b
    return x
a = int(input('请输入整数 a:'))
b = int(input('请输入整数 b:'))
x = determine(a,b)
print(x)
```

例 6-2 对应的主流程图如图 6.2 所示。

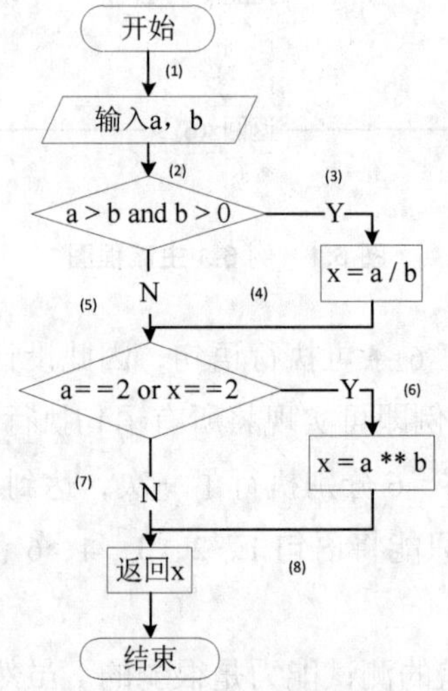

图 6.2　例 6-2 主流程图

从图 6.2 中可看出，例 6-2 含有两个判断语句，因此使用以下测试用例可实现例 6-2 的判定覆盖：

a=4，b=3（沿路径（1）（2）（3）（4）（7）执行）

a=2，b=3（沿路径（1）（2）（5）（6）（8）执行）

程序中会有 if...else、do...while、repeat...until 等双值判断语句，还会有多值判断语句，如 Pascal 中的 case 语句、FORTRAN 中的带三个分支的 IF 语句等，因此判定覆盖又可定义为“使程序中每一个判定分支都获得一种可能的结果”。之所以说判定覆盖比语句覆盖稍强，是因为当程序中每个分支都执行了一遍，自然每个语句也就执行了一遍。

但判定覆盖还不够严格，例如，例 6-2 的两个测试用例未能检测路径（1）（2）（5）（7），而此路径上并没有对 x 赋值，明显存在错误。因此上述测试用例只能满足判定覆盖的要求，不能保证对所有判定条件及变量进行检查。

判定覆盖的优缺点可概括如下。

优点：判定覆盖所测试的路径比语句覆盖多一倍，因此具有比语句覆盖更强的测试能力，而且判定覆盖与语句覆盖一样简单，无须细分每个判定即可得到测试用例。

缺点：一般程序中的判断语句是由多个逻辑条件组合而成，因此仅仅判断其最终结果，而忽略每个条件的各种取值情况，必定会导致部分测试路径遗漏。

6.1.3　条件覆盖

条件覆盖是指设计若干个测试用例，使这些测试用例运行时，被测试程序中的条件语句所有可能结果至少出现一次，即每个条件都满足至少一次。

条件覆盖

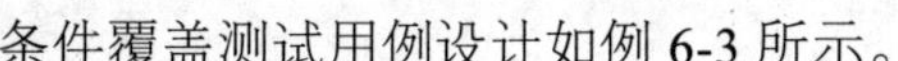

条件覆盖测试用例设计如例 6-3 所示。

例 6-3

```
def determine(a,b,x):
    if a > b and b > 0:
        x = a / b
    if(a == 2 or x == 2):
        x = a ** b
    return x
a = int(input('请输入整数 a:'))
b = int(input('请输入整数 b:'))
x = int(input('请输入整数 x:'))
re = determine(a,b,x)
print(re)
```

例 6-3 对应的主流程图如图 6.3 所示。

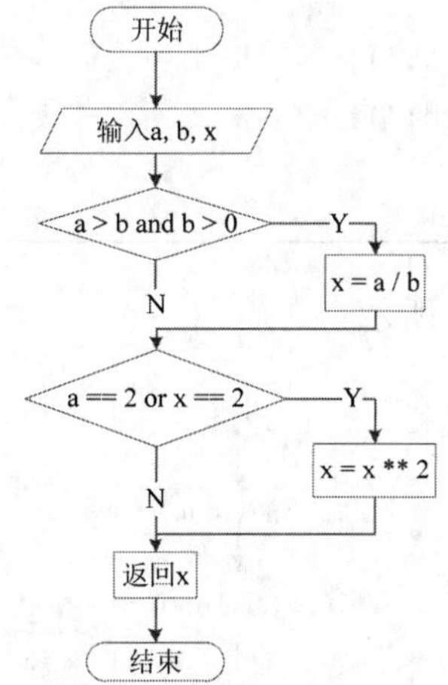

图 6.3　例 6-3 主流程图

从图 6.3 可看出，例 6-3 包含两个判断语句，共包含 a>b、b>0、a==2 和 x==2 四个条件，因此需要设计测试用例使这四个条件的可能取值都取一次，即每个条件都至少取一次真值，一次假值。可设计测试用例如下：

a=2，b=1，x=2（满足 a>b、b>0、a==2、x==2）

a=0，b=0，x=1（满足 a<=b、b<=0、a!=2、x!=2）

上述测试用例使所有判断语句的每一个条件的可能取值都至少取一次，完成了例 6-3 的条件覆盖测试。但条件覆盖只考虑条件的取值，并不考虑整个判断语句的取值真假，因此在某些情况下还是会存在遗漏。

条件覆盖的优缺点可概括如下。

优点：一般而言条件覆盖比判定覆盖要强，因为条件覆盖使判定条件中每个条件都取到了不同的结果，而判定覆盖无法保证这一点。

缺点：条件覆盖只能保证每个条件都取到不同的结果，但无法保证每个判断语句的每种判定结果都满足。

6.1.4　判定/条件覆盖

判定/条件覆盖

判定/条件覆盖是指使判断中每个条件的所有可能取值至少执行一次（条件覆盖），与此同时还保证每个判断语句的所有结果也至少执行一次（判定覆盖）。

判定/条件覆盖测试用例设计如例 6-4 所示。

例 6-4

```
def determine(a,b):
    if a > b and b > 0:
        x = a / b
    if(a > 6 or b > 2):
        x = a ** b
    else:
        x = 0
    return x
a = int(input('请输入整数 a:'))
b = int(input('请输入整数 b:'))
re = determine(a,b)
print(re)
```

例 6-4 对应的主流程图如图 6.4 所示。

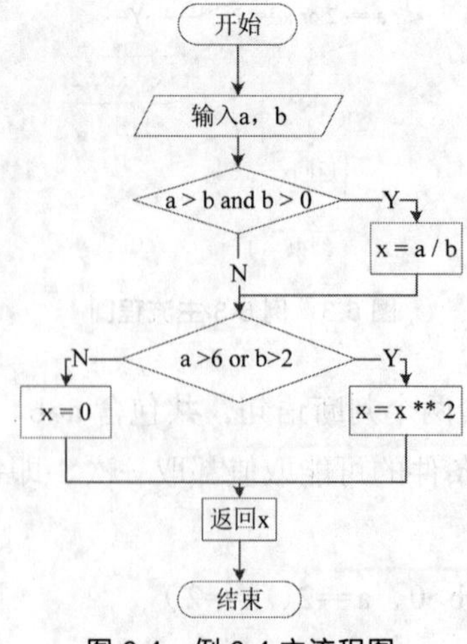

图 6.4　例 6-4 主流程图

从图 6.4 可以看出例 6-4 包含两个判断语句（a>b and b>0 和 a>6 or b>2），共有 4 个判定条件，因此判定/条件覆盖的测试用例需分别满足以下几点。

① a>b and b>0 为真。

② a>b and b>0 为假。

③ a>6 or b>2 为真。

④ a>6 or b>2 为假。

⑤ a>b。

⑥ a<=b。

⑦ b>0。

⑧ b<=0。

⑨ a>6。

⑩ a<=6。

⑪ b>2。

⑫ b<=2。

针对上述要求设计测试用例如下：

a=8，b=4（满足①③⑤⑦⑨⑪）

a=0，b=0（满足②④⑥⑧⑩⑫）

上述两个测试用例可以实现例 6-4 的判定/条件覆盖，判定/条件覆盖同时满足判定覆盖和条件覆盖，弥补了两者的不足，因此判定/条件覆盖比这两者都要严格，测试的严谨度更高，但判定/条件覆盖并未完全考虑条件组合的情况。

判定/条件覆盖的优缺点可概括如下。

优点：判定/条件覆盖比前面讲解的逻辑覆盖更严格，更严谨，并且弥补了判定覆盖和条件覆盖各自的缺陷。

缺点：当程序中还有多个判断结构时，容易出现不同的条件组合导致不同的结果，但判定/条件覆盖并未考虑条件组合的情况。

6.1.5　条件组合覆盖

条件组合覆盖

条件组合覆盖又称组合覆盖，是指每个判断语句中的各个条件的各种可能组合都至少执行一次，因此条件组合覆盖的测试用例可满足判定覆盖、条件覆盖以及判定/条件覆盖。

条件组合覆盖测试用例设计如例 6-5 所示。

例 6-5

```
def determine(a,b):
    if a > 0 and b > 0:
       x = a / b
    elif(a < 0 and b < 0):
       x = a ** b
```

```
    else:
        x = a * b
    return x

a = int(input('请输入整数a:'))
b = int(input('请输入整数b:'))
re = determine(a,b)
print(re)
```

例 6-5 对应的主流程图如图 6.5 所示。

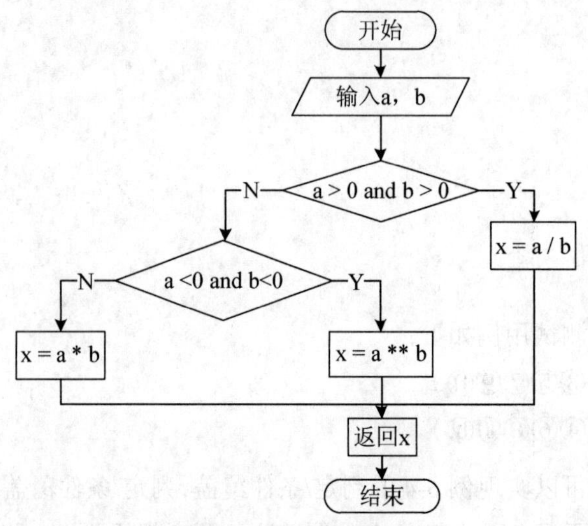

图 6.5　例 6-5 主流程图

从图 6.5 可以看出例 6-5 包含两个判断语句（a>0 and b>0 和 a<0 and b<0），共有 4 个判定条件，因此条件组合覆盖的测试用例需将以下条件组合至少执行一次。

① a>0 且 b>0。

② a<0 且 b>0。

③ a<0 且 b<0。

④ a>0 且 b<0。

对应上面的条件组合，可设计下列测试用例。

a=2，b=2（满足组合①）

a=−2，b=2（满足组合②）

a=−2，b=−2（满足组合③）

a=2，b=−2（满足组合④）

上述测试用例将例 6-5 中 4 个条件的各种组合都包含在内，因此完成了例 6-5 条件组合覆盖。

条件组合覆盖的优缺点可概括如下。

优点：条件组合覆盖可以同时满足判定覆盖、条件覆盖、判定/条件覆盖，可弥补三者的不足，从而对程序做更严格的测试，覆盖率更高。

缺点：条件组合需要考虑程序中所有的判断结构，并将判断结构中的各条件的所有可能组合都至少执行一次，因此设计的测试用例数量较多，执行所花费的时间也会更长。

6.1.6　路径覆盖

路径覆盖是指覆盖程序中所有可能执行路径。路径覆盖可对程序进行彻底的覆盖，比前 5 种方法的覆盖率都高。

以例 6-5 为例设计路径覆盖测试用例，其对应的主流程图如图 6.6 所示。

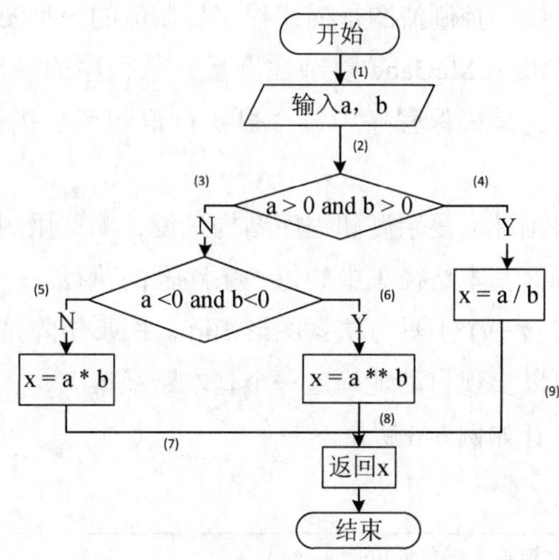

图 6.6　路径覆盖对应的例 6-5 主流程图

路径覆盖要考虑所有可能执行的路径，例 6-5 中可能执行的路径有 3 条，分别是（1）（2）（3）（5）（7）、（1）（2）（3）（6）（8）和（1）（2）（4）（9），因此设计测试用例如下。

a=0，b=0（满足路径（1）（2）（3）（5）（7））

a=-1，b=-1（满足路径（1）（2）（3）（6）（8））

a=1，b=1（满足路径（1）（2）（4）（9））

上述 3 个测试用例实现了例 6-5 中所有可能执行的路径执行了至少一次，因此实现了例 6-5 的路径覆盖。路径覆盖是程序可执行路径的全覆盖，是以上 6 种逻辑覆盖测试用例设计方法中覆盖率最高的，但它也有缺点。

路径覆盖的优缺点可概括如下。

优点：路径覆盖是 6 种逻辑覆盖方法中覆盖率最高的白盒测试用例设计方法。

缺点：当需要考虑程序中所有可能执行的路径，尤其是判断结果比较多时，测试用例的设计量就会很大，测试用例的编写就会比其他方法耗时更多，整个测试过程也会被拉长。

任何一种逻辑覆盖都有优缺点。因此在实际的操作中，想要正确使用逻辑覆盖法，就要从代码分析和调研入手，根据最终结果来选择上述方法中的某一种或几种方法的结合，设计出高效的测试用例，尽最大可能全面覆盖代码中的每一个逻辑路径。

6.2 基本路径法

基本路径法是在程序控制流图的基础上，通过分析控制构造的环路复杂性，导出基本可执行路径的集合，然后根据可执行路径进行测试用例设计的方法。此方法设计出的测试用例需保证被测程序的每个可执行语句至少执行一次。

基本路径法包括以下 4 个步骤。

（1）画程序控制流图。程序控制流图是描述程序控制流的一种图示方法。

（2）计算程序环形复杂度：McCabe 复杂性度量。从程序的环形复杂度可导出程序基本路径集中的独立路径条数，这是确保程序中每个可执行语句至少执行一次的测试用例数目的上界。

（3）导出测试用例。根据环形复杂度和程序结构来设计测试用例数据输入和预期结果。

（4）准备测试用例。确保基本路径集中的每一条路径的执行。

此外，基本路径法还包含一个工具方法：图形矩阵。图形矩阵是在基本路径测试中起辅助作用的软件工具，利用它可以实现自动地确定一个基本路径集。

基本路径法测试用例设计如例 6-6 所示。

例 6-6

```
a = float(input("请输入三角形边长 a:"))
b = float(input("请输入三角形边长 b:"))
c = float(input("请输入三角形边长 c:"))
if a + b <= c or a + c <= b or b + c <= a \
        or abs(a - b) >= c or abs(b - c) >= a \
        or abs(c - a) >= b:
    print("不能构成三角形！")
elif a == b or b == c or a == c:
    if a == b and b == c:
        print("等边三角形")
    else:
        print("等腰三角形")
else:
    print("普通三角形")
```

1. 画程序控制流图

例 6-6 所对应的程序流程图如图 6.7 所示。

计算环形复杂度需要画出程序的控制流图。控制流图中只有两种图形符号。

圆：控制流图中的圆被称为流图的节点，表示一个或多个无分支的语句或源程序语句。

箭头：控制流图中的箭头被称为边或连接，代表控制流。

在基本路径测试法中，任何过程设计都要被翻译成控制流图。不同的结构对应不同的控制流图，如图 6.8 所示。

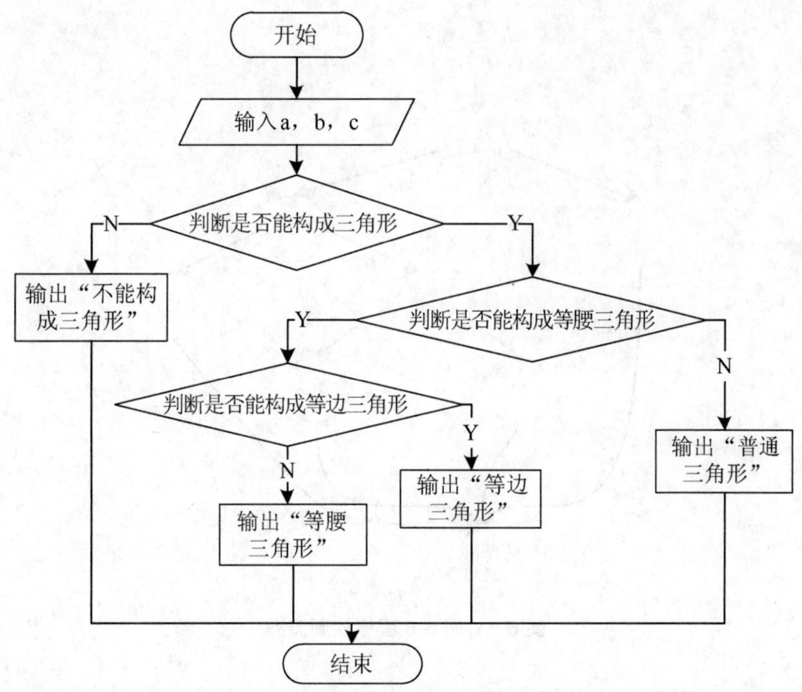

图 6.7　例 6-6 程序流程图

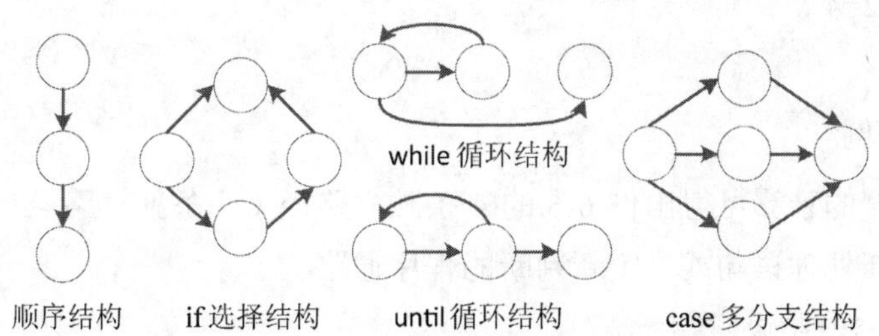

图 6.8　不同结构的控制流图

在将程序流程图转换为控制流图时，需要注意以下几点。

（1）选择或分支结构的分支汇聚处应有一个汇聚节点。

（2）边和节点圈定的范围叫作区域。在计算区域数时，图形外的区域也应记为一个区域。

（3）若判断结构的条件表达式包含一个或多个逻辑运算符（OR、AND、NAND、NOR）连接的复合条件表达式，则需要将其修改为一系列只有单条件的嵌套判断。

根据上述内容可将例 6-6 程序流程图对应的控制流图转换出来，如图 6.9 所示。

2. 计算程序环形复杂度

获得程序控制流图之后，接下来计算环形复杂度。环形复杂度有 3 种计算方法。

（1）控制流图中的区域数等于环形复杂度。

（2）环形复杂度 $V(G)=E-N+2$，E 为控制流图中的边数，N 为控制流图中的节点数。

（3）环形复杂度 $V(G)=P+1$，P 为数据流图中的判定节点数。

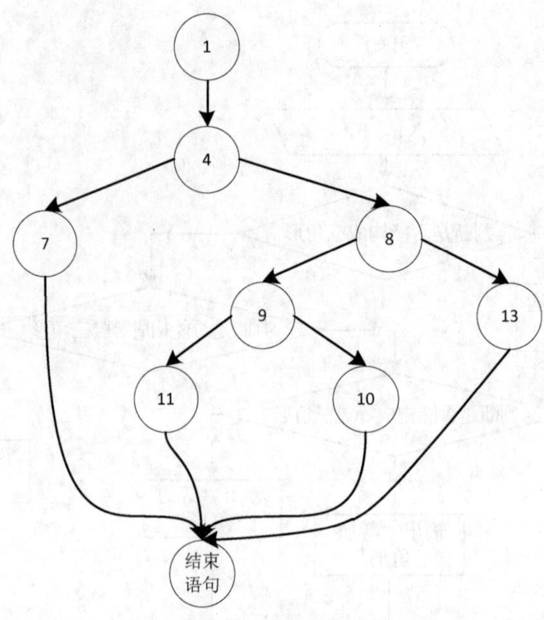

图 6.9　例 6-6 程序控制流图

因此，例 6-6 的环形复杂度计算如下：

例 6-6 的区域数为 4

V（G）=11−9+2=4

V（G）=3+1=4

3. 导出测试用例

根据环形复杂度的计算可得出例 6-6 的 4 条独立路径（一条独立路径是和其他独立路径相比至少引入了一个新处理语句或一个新判断的程序通路）。

路径 1：1→4→7→结束语句

路径 2：1→4→8→9→11→结束语句

路径 3：1→4→8→9→10→结束语句

路径 4：1→4→8→13→结束语句

接下来根据上述独立路径来设计测试用例，并根据测试用例来输入数据，使程序分别执行上述的 4 条独立路径。

4. 准备测试用例

根据例 6-6 中的判断节点给出的条件，选择合适的数据来确保上述 4 条路径均得到执行。满足例 6-6 基本路径集的测试用例如表 6.1 所示。

表 6.1　满足例 6–6 基本路径集的测试用例

测试用例	输入数据	预期结果
测试用例 1	a=2 b=5 c=3	输出“不能构成三角形!”

续表

测试用例	输入数据	预期结果
测试用例 2	a=6 b=6 c=3	输出“等腰三角形”
测试用例 3	a=6 b=6 c=6	输出“等边三角形”
测试用例 4	a=3 b=4 c=5	输出“普通三角形”

至此，基本路径法全部讲解完成。

6.3　本章小结

本章主要讲解了逻辑覆盖法和基本路径法两部分内容，这是白盒测试的测试用例设计的两种方法。通过本章的学习，大家能够用逻辑覆盖法和基本路径法来对程序进行白盒测试用例的设计。

6.4　习题

1. 填空题

（1）白盒测试是________测试，因此被测对象一般是________，以________为基础来设计测试用例。

（2）基本路径测试法包括的四个步骤分别是________、计算程序环形复杂度、导出测试用例、________。一个工具方法是________。

（3）_______是指设计若干个测试用例，使这些测试用例运行时，被测程序中的条件语句所有可能结果至少出现一次，即每个条件都满足至少一次。

（4）白盒测试用例设计一般采用________和________两种方法。

（5）逻辑覆盖分为语句覆盖、判定覆盖、条件覆盖、________、________、路径覆盖 6 种。

2. 选择题

（1）下列选项中，不属于逻辑覆盖的是（　　）。

A. 路径覆盖　　B. 条件覆盖　　C. 语句覆盖　　D. 基本路径

（2）下列选项中，不属于基本路径测试用例设计方法步骤的是（　　）。

A. 画程序控制流图　　B. 编写实现代码

C. 导出测试用例　　D. 准备测试用例

（3）下列选项中，（　　）是覆盖率最高的。

A. 路径覆盖　　B. 条件覆盖　　C. 语句覆盖　　D. 判定覆盖

（4）下列控制流图结构中，（　　）是 if 选择结构。

A. 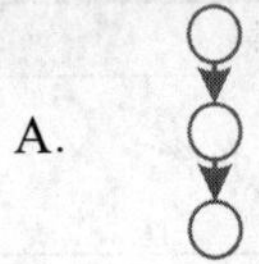　　B.　　C. 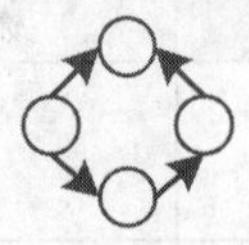　　D. 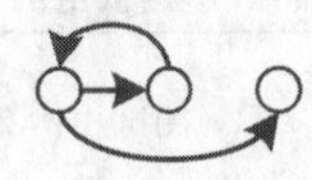

（5）下列选项中，不属于环形复杂度计算方法的是（　　）。

A．区域数　　B．V（G）$=E-N+P$

C．V（G）$=E-N+2$　　D．V（G）$=P+1$

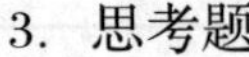

3．思考题

（1）请简述逻辑覆盖法中 6 种方法的优缺点。

（2）请简述基本路径法。

07 第7章　软件缺陷与缺陷报告

本章学习目标

- 了解什么是软件缺陷
- 熟悉软件缺陷的分类
- 掌握软件缺陷的识别和处理方法
- 掌握软件缺陷的跟踪方法
- 掌握软件缺陷报告的写法

前面章节简单介绍过软件缺陷，它可能出现在需求、设计、编码、软件测试各个阶段。本章主要讲解有关软件缺陷的详细内容（包括分类、识别、处理、跟踪），以及通过编写软件缺陷报告来管理软件缺陷。

7.1　软件缺陷的描述

软件缺陷是系统或系统部件中导致系统或部件不能实现其功能的错误。在执行中遇到某个缺陷，可能引起系统的失效。准确、有效地定义和描述软件缺陷可以使软件缺陷得以快速修复，节约软件测试项目的成本和资源，提高产品质量。

7.1.1　软件缺陷的基本描述

软件缺陷的基本描述

软件缺陷的描述是软件缺陷报告中测试人员问题陈述的一部分，而且是软件缺陷报告的基础部分。同时，软件缺陷的描述也是测试人员针对一个软件问题与开发小组交流的最初且最好的机会。一个较好的描述需要使用简单、准确、专业的语言来抓住缺陷的本质，否则，它会使软件缺陷的信息含糊不清，可能会误导开发人员。以下是软件缺陷的有效描述规则。

（1）单一准确。每个报告只针对一个软件缺陷。在一个报告中报告多个软件缺陷往往会导致只有其中一个软件的缺陷得到注意和修复。

（2）特定条件。许多软件功能在通常情况下没有问题产生，在某种特定的条件下才会暴露缺陷，因此软件缺陷的描述不能忽略那些看似细节但又必要的特定条件（如特定的操作系统、浏览器或某种特定的设置等），以及能够帮助开发人员找到原因的线索（如“返回功能返回跳转页面不正确”）。

（3）可以再现。提供再现这个缺陷的精确步骤，使开发人员容易看懂，便于再现并修复缺陷。

（4）短小简练。通过使用关键词可以使软件缺陷的标题描述短小简练，又能准确解释产生缺陷的现象。例如，在“界面购物车模块无法显示”中，“界面”“购物车”是关键词。

（5）完整统一。提供完整的、前后统一的软件缺陷信息，如相关图片、文件等。

（6）补充完善。从发现软件缺陷时开始，测试人员的责任就是保证此软件缺陷被正确地报告以及得到应有的重视，并继续监视该软件缺陷的修复全过程。

（7）不做评价。软件缺陷描述不要带有个人观点，不要对开发人员做出任何评价。软件缺陷报告只针对产品。

遵循软件缺陷有效描述规则的益处有以下几点。

（1）准确、清晰的软件缺陷描述可以减少开发人员返回的缺陷数量。

（2）提高软件缺陷修复的速度，使每一个小组都能有效地工作。

（3）提高开发人员对测试人员的信任度，得到开发人员对缺陷报告的积极响应。

（4）加强管理人员、开发人员、测试人员三者之间的协同工作能力，以便更有效地工作。

7.1.2 软件缺陷的属性

软件缺陷的属性

开发人员需要去修复每一个软件缺陷，但并不是每个软件缺陷都需要开发人员紧急修复。因此，测试人员需要定义软件缺陷的属性，供开发人员参考，这样才能按照优先等级、严重程度去修复软件缺陷，不至于遗漏严重的软件缺陷。测试人员则可以利用软件缺陷的属性跟踪软件缺陷，保证产品质量。

软件缺陷的属性包括缺陷标识、缺陷类型、缺陷严重程度、缺陷产生的可能性、缺陷优先级、缺陷状态、缺陷起源、缺陷来源、缺陷根源。

（1）缺陷标识：标记某个缺陷的唯一标识，可以使用数字序号。

（2）缺陷类型：根据缺陷的自然属性划分的缺陷种类，如表 7.1 所示。

表 7.1　　软件缺陷类型

缺陷类型	描述
功能（Function）	影响各种系统功能、逻辑
用户界面（UI）	影响用户界面、人机交互特性，包括屏幕格式、用户输入灵活性、结果输出格式等方面
文档（Document）	影响发布和维护，包括注释、用户手册、设计文档
软件包（Package）	由软件配置库、变更管理或版本控制引起的错误

续表

缺陷类型	描述
性能（Performance）	不满足系统可测量的属性值，如执行时间、事务处理速率等
模块接口（Interface）	与其他组件、模块或设备驱动程序、调用函数、控制块、参数列表等不匹配，冲突

（3）缺陷严重程度：缺陷引起的故障对软件产品的影响程度，指的是在测试条件下，一个错误在系统中的绝对影响，如表 7.2 所示。

表 7.2　　软件缺陷严重程度

缺陷严重程度	描述
致命（S1）	软件任何一个主要功能完全丧失，用户数据受到破坏，软件崩溃、悬挂、死机，或者危及人身安全
严重（S2）	软件的主要功能部分丧失，数据不能保存，系统的次要功能完全丧失，软件所提供的功能或服务受到明显的影响
一般（S3）	软件的次要功能没有完全实现，但不影响用户的正常使用，例如，提示信息不太准确或用户界面差、操作时间长等
较小（S4）	用户操作不方便，软件内出现错别字或排版不整齐，但不影响功能操作和执行

（4）缺陷产生的可能性：缺陷在产品中发生的可能性，通常可以用频率来表示，如表 7.3 所示。

表 7.3　　软件缺陷产生的可能性（部分）

缺陷产生可能性	描述
总是（Always）	总是产生这个软件缺陷，其产生的频率是 100%
通常（Usually）	按照测试用例，通常情况下会产生这个软件缺陷，其产生的频率是 80%～90%
偶尔（Occasionally）	按照测试用例，偶尔产生这个软件缺陷，其产生的频率是 30%～50%
很少（Rarely）	按照测试用例，很少产生这个软件缺陷，其产生的频率是 1%～5%

（5）缺陷优先级：缺陷必须被修复的紧急程度。优先级的衡量抓住了在严重等级中没有考虑的重要程度因素，如表 7.4 所示。

表 7.4　　软件缺陷优先级

缺陷优先级	描述
立即解决（P1 级）	缺陷导致系统几乎不能使用或测试不能继续，需立即修复
高优先级（P2 级）	缺陷严重影响测试，需优先考虑修复
正常排队（P3 级）	缺陷需要正常排队等待修复
低优先级（P4 级）	缺陷可以在开发人员有时间时被修复

通常情况下，缺陷严重程度和缺陷优先级的相关性很强，但是，具有低优先级和高严重等级的错误是存在的，反之亦然。例如，产品徽标丢失，这种缺陷是用户界面的产品缺陷，但是它损害产品的形象，那么它是优先级很高的软件缺陷。

（6）缺陷状态：描述缺陷修复的进展情况，如表 7.5 所示。

表 7.5　　软件缺陷状态

缺陷状态	描述
打开或激活	问题还没有解决，存在源代码中，确认“提交的缺陷”，等待处理，如新报的缺陷
已修正或修复	已被开发人员检查、修复过的缺陷，通过单元测试，认为已解决但还没有被测试人员验证
关闭或非激活	测试人员验证后，确认缺陷不存在之后的状态
重新打开	测试人员验证后，还依然存在的缺陷，等待开发人员进一步修复
推迟	这个软件缺陷可以在下一个版本中解决
搁置	由于技术原因或第三者软件的缺陷，开发人员不能修复的缺陷
不能重现	开发人员不能再现这个软件缺陷，需要测试人员检查缺陷再现的步骤
需要更多信息	开发人员能再现这个软件缺陷，但还需要一些信息，如缺陷的日志文件、图片等
重复	这个软件缺陷已经被其他的软件测试人员发现
非缺陷	这个问题不是软件缺陷
需要修改软件规格说明书	由于软件规格说明书对软件设计的要求，软件开发人员无法修复这个软件缺陷，必须要修改软件规格说明书

（7）缺陷起源：缺陷引起的故障或事件第一次被检测到的阶段，如表 7.6 所示。

表 7.6　　软件缺陷起源

缺陷起源	描述
需求	在需求阶段发现的缺陷
构架	在系统架构设计阶段发现的缺陷
设计	在程序设计阶段发现的缺陷
编码	在编码阶段发现的缺陷
测试	在测试阶段发现的缺陷
用户	在用户使用阶段发现的缺陷

在软件生命周期中软件缺陷占的比例：需求和构架设计阶段占 54%，设计阶段占 25%，编码阶段占 15%，其他占 6%。

（8）缺陷来源：指缺陷所在的地方，如文档、代码等，如表 7.7 所示。

表 7.7　　软件缺陷来源

缺陷来源	描述
需求说明书	需求说明书的错误或不清楚引起的问题
设计文档	设计文档描述不准确，和需求说明书不一致的问题
系统集成接口	系统各模块参数不匹配、开发组之间缺乏协调引起的缺陷
数据流（库）	数据字典、数据库中的错误引起的缺陷
程序代码	编码中的问题所引起的缺陷

（9）缺陷根源：造成错误的根本因素。了解缺陷根源有助于软件开发流程的改进和管理水平的提高，如表 7.8 所示。

表 7.8 软件缺陷根源

缺陷根源	描述
测试策略	错误的测试范围，误解了测试目标，超越测试能力
过程、工具和方法	无效的需求收集过程，过时的风险管理过程，不适用的项目管理方法，没有估算规程，无效的变更控制过程
团队/人	项目团队职责交叉，缺乏培训；没有经验的项目团队；缺乏士气和动机不纯
缺乏组织和通信	缺乏用户参与，职责不明确，管理失败
硬件	硬件配置不对、缺乏，处理器导致算数精度丢失，内存溢出
软件	软件设置不对、缺乏，操作系统错误导致无法释放资源，工具软件的错误，编译器的错误，千年虫的问题
工作环境	组织机构调整；预算改变；工作环境恶劣，如噪声过大

7.1.3 软件缺陷的相关信息

软件缺陷的相关信息

前面所叙述的软件缺陷属性是其基本信息，为了更好地处理软件缺陷，需要了解其他相关的信息。

软件缺陷相关的信息包括软件缺陷图片、记录信息及如何再现和分离软件缺陷。针对某一个软件缺陷，测试人员应该给予相关的信息，如捕捉到软件缺陷的日志文件和图片，以保证开发人员和其他的测试人员可以分离和再现它。本节重点介绍需要添加图片文件的情况和分离及再现软件缺陷的建议。

1. 软件缺陷的图片、记录信息

软件缺陷的图片、记录信息是软件缺陷报告重要的组成部分。

一些涉及用户界面的软件缺陷可能很难用文字清楚地描述，因此软件测试人员通过附上图片能比较直观地表示缺陷发生在产品界面的位置和问题。

（1）采用图片的格式

测试人员一般采用 JPG、GIF 图片格式，因为这类文件占用的空间小，打开的速度快。

（2）需要附上图片的情况

通常情况下，出现在用户界面并且影响用户使用或者影响产品美观的软件缺陷附上图片比较直观。举例如下。

① 当产品中有一段文字没有显示完全，为了明确标识这段文字的位置，测试人员必须贴上图片。

② 在测试外国语言版本时，当发现产品中有一段文字没有翻译，测试人员需要贴上图片标识没有翻译的文字。

③ 在测试外国语言版本时，当发现产品中有一段外国文字显示乱码，测试人员必须贴上图片标识出现乱码的外国文字。

④ 产品中的语法错误、标点符号使用不当等软件缺陷，测试人员应贴上图片告知开发人员缺陷的位置。

⑤ 在产品中运用错误的公司标志和重要的图片没有显示等软件缺陷，也需要附上图片。

测试人员需要注意，有必要在图片上用颜色标注缺陷的位置，让开发人员一目了然，使得软件缺陷尽快修复。

2. 分离和再现软件缺陷

要想有效地分离软件缺陷，需要清楚、准确地描述再现软件缺陷的具体步骤和条件。在某些情况下只要具备特定的测试用例，软件缺陷就会再次出现；但某些情况下，再现、验证软件缺陷的条件、环境、技术等要求都非常高，而且非常浪费资源。

（1）分离和再现软件缺陷的步骤

为了有效地再现软件缺陷，除了按照软件缺陷的有效描述规则来描述软件缺陷，还要遵循软件缺陷分离和再现的方法。虽然有时个别缺陷很难再现，或者根本无法再现。

下面介绍分离和再现缺陷的一些常用方法和技巧。

① 注意压力与负荷、内存与数据溢出相关的边界条件。执行某个测试可能会导致产生缺陷的数据被覆盖掉，而只有在试图使用该条数据的时候缺陷才会再现。在重启计算机后软件缺陷消失，执行完其他测试之后又出现类似的软件缺陷，此时需要注意某些软件缺陷有可能是在无意中产生的。

② 保证所有的步骤全部被记录。所做的每一件事、每一个步骤、每一个停顿必须记录下来。少一个步骤或多出一个步骤，都可能导致无法再现软件缺陷。在尝试运行测试用例时，可以利用录制工具准确地记录执行的每一个步骤，目的是确保暴露缺陷所需的全部细节都是可见的。

③ 不可忽视硬件设备。与软件不同，硬件不会按照预定的方式去工作，CPU 过热、内存条损坏、板卡松动都可能导致软件的运行失败。设法在不同硬件设备上再现软件缺陷，判断该软件缺陷是在一个系统上还是在多个系统上产生，这在执行配置或兼容性测试时非常重要。

④ 考虑资源依赖性，包括内存、网络和硬件共享的相互作用。软件缺陷是否只在运行其他软件并与其他硬件通信的“繁忙”系统上出现？软件缺陷可能最终被证实跟网络资源、硬件资源有相互作用，分析这些影响有利于分离和再现软件缺陷。

⑤ 注意特定的条件和时间。软件缺陷是否仅在特定时刻、特定条件下产生？产生软件缺陷时网络是否出问题？在较好和较差的硬件设备上运行测试用例是否会产生不同的测试结果？

有时开发人员也可根据比较简单的错误信息找出问题所在。因为开发人员熟悉代码，看到症状、测试用例的步骤和分离问题的过程，可能会得到查找软件缺陷的线索。一个软件缺陷的分离和再现有时需要大家的共同努力。如果测试人员尽全力去分离软件缺陷，最后还是无法准确表达该缺陷的再现步骤，那么仍需记录和报告软件缺陷。

（2）分离和调试软件缺陷之间的区别

研究分离与调试软件缺陷二者之间的区别，其实就是为了分清测试人员与开发人员各自的责任，提高二者之间界限的清晰度与测试资源控制能力。在面对一个软件缺陷时，开发人员与测试人员为了修复该缺陷，会逐步提出一系列疑问。

① 最少通过多少步再现软件的缺陷？这些步骤能否成功再现缺陷？

② 软件缺陷是否真的存在？缺陷的产生是因为测试因素或者测试人员自身的错误，还是影

响顾客需求的、系统真正的故障？

③ 产生软件缺陷的外部因素是什么？

④ 产生软件缺陷的内部因素是什么？

⑤ 如何在不产生新缺陷的条件下修复已发现的软件缺陷？

⑥ 缺陷的修复是否经过调试？是否做过单元测试？

⑦ 产生缺陷的问题是否解决？是否通过了确认和回归测试，确定系统的其余部分仍能正常工作？

第①步是为了证明该软件缺陷并不是意外产生的，并精简操作步骤；第②③步分离了这个软件缺陷；第④⑥步是调试任务；第⑦步做确认和回归测试。在整个过程中，缺陷从测试阶段（第①到③步）进入开发阶段（第④到⑥步），然后再回到测试阶段（第⑦步）。虽然看似简要，但其边界并不是很清晰，特别是第③④步会产生一些资源重叠和不必要的精力浪费。

如果软件缺陷描述非常清楚，包含第①②③步中问题的答案，意味着在分离与调试之间清楚地画上一条界线，测试人员就能专注于测试过程，而不受开发人员的影响。如果测试人员不能清楚描述出缺陷的特征，导致再现和错误种类的不确定性，继而无法将其分离，测试人员和开发人员就可能不得不一起进行调试。但是，测试人员还有很多其他的工作需要完成，不应该被卷入调试工作。开发人员向测试人员询问情况是调试工作的一部分，这是开发人员的职责，而测试人员只需在软件缺陷描述的基础上回答开发人员的问题。否则，测试人员可能会花费大量的时间和精力去解答开发人员所提出的问题。

7.2　软件缺陷的分类

7.2.1　软件缺陷的分类标准

软件缺陷的分类标准

软件缺陷一般分为输入/输出缺陷、逻辑缺陷、计算缺陷、接口缺陷、数据缺陷。本小节简单介绍软件缺陷的基本分类。

（1）I/O 缺陷

I/O 缺陷是业务流中最常见到的一种缺陷，也是数据流传递中首先遇到的缺陷。如项目开发中开发者未考虑数据输入的有效性，就会导致数据输入缺陷。例如，在网站的登录或注册页面中，登入功能的程序编写就要考虑到用户名的有效性，如果网站要求使用邮箱登入，邮箱的有效性就是开发者要考虑的主要内容。

输入缺陷主要包括不正确的输入缺陷、描述错误信息或者有遗漏缺陷等。国内网站每天会受到几十万至几百万次攻击，如果网站在上线前没有经过严格的测试，那么保障网站的安全将成为无稽之谈，所以要对输入的数据进行严格限制。

输出缺陷主要包括输出格式错误缺陷、结果错误缺陷、数据具有不一致和遗漏性缺陷、不合乎逻辑输出缺陷等。对输出缺陷进行检测需要测试人员具备良好的测试修养，测试中不仅要关注逻辑，还要关注提示信息。例如，在密码安全等级的提醒测试中，密码越复杂，提示的安全等级应该越高。提示功能的优劣关系到用户体验，也关系到项目在市场上的生存周期。

（2）接口缺陷

接口缺陷会造成典型的功能问题，使产品的基本功能与开发文档不符。接口缺陷主要包括 I/O 调用错误缺陷、内置功能接口调用错误缺陷、参数传递不符合 API 文档缺陷、兼容效果差缺陷等。

接口缺陷的存在直接影响项目的逻辑变化，很可能导致项目的数据流传递失败。接口缺陷是项目开发一定要避免的缺陷。

（3）逻辑缺陷

逻辑缺陷是造成数据流缺陷的根本问题，逻辑缺陷的存在会导致业务流程中的数据出错。逻辑缺陷主要包括遗漏条件判断缺陷、重复判断缺陷、程序编写时极端条件判断出错缺陷，还有可能会出现判断条件的丢失缺陷、错误的操作符缺陷。

一般出现逻辑缺陷的可能性较小，但是一旦出现逻辑缺陷，就会对整个项目的核心数据流产生比较大的影响，危害整个数据的业务流。

（4）计算缺陷

计算缺陷主要包括不正确的算法缺陷、遗漏计算缺陷、不正确的操作缺陷、错误的括号缺陷、精度问题缺陷、错误的内置函数缺陷等。检查计算缺陷时需要测试人员根据项目的开发文档，从计算的业务需求出发，对计算公式与计算方式进行核对，对计算的整个流程、相关参数进行简单的校验。

（5）数据缺陷

数据缺陷主要包括数据的有效范围缺陷、数据类型不正确缺陷、数据的基本不一致缺陷、数据引用的错误等基本错误类型。数据缺陷可能导致业务展示效果差，出现统计偏差。

7.2.2 软件缺陷的严重性和优先级

软件缺陷的严重性和优先级

严重性，顾名思义，是指软件缺陷影响软件运行的严重程度；优先级，表示软件缺陷修复时的先后顺序。严重性与优先级都是软件测试缺陷的重要表征，不仅影响软件缺陷的统计结果，还会影响修正缺陷的先后顺序，甚至关系到软件是否能够如期发布。

软件测试初学者或没有软件开发经验的测试工程师往往不能很透彻地理解这两个概念的作用和处理方式，导致在实际测试工作中不能正确表达缺陷的严重性和优先级。这将严重影响软件缺陷报告的质量，且不利于有效处理严重的软件缺陷，可能会延误处理软件缺陷的时机。

1．缺陷的严重性和优先级

严重性就是软件缺陷对软件质量的破坏程度，即此软件缺陷的存在将对软件的功能和性能产生何种影响。在软件测试中，判断软件缺陷的严重性应该从软件最终用户的角度出发，即判断软件缺陷严重性的时候要为用户考虑，关注软件缺陷对用户体验的恶劣影响。

优先级指处理和修复软件缺陷的先后顺序，即何种缺陷需要优先修复，何种缺陷可以稍后修复。在确定软件缺陷优先级时，应更多站在软件开发工程师的角度去思考问题，因为缺陷的修复是个复杂的过程，有些软件缺陷并不单单是技术上的问题，而且开发工程师更熟悉软件的代码，更清楚修复缺陷的难度和风险。

2. 严重性和优先级的关系

软件缺陷的严重性和优先级是含义不同但紧密联系的两个概念，两者从不同的角度描述了软件缺陷对软件质量和最终用户的影响程度和处理方式。

一般情况下，严重程度高的软件缺陷会具有较高的修复优先级。软件缺陷的严重程度高，对软件造成的质量危害就大，必须优先处理；相反，严重程度低的软件缺陷可能只是影响用户的视觉体验，可以稍后处理。但是，严重性与优先级并不总是一一对应的。特殊情况下严重程度高的软件缺陷，优先级却不一定高，而一些严重程度低的缺陷却需要及时处理，具有较高的优先级（例如：某款软件的帮助按钮无法显示，严重程度高，修复优先级低；公司名称打错，严重性低，修复优先级高）。

修复软件缺陷并不是纯技术工作，有时需要综合考虑发布市场以及质量风险等因素。例如，某个十分严重的软件缺陷仅在十分极端的情况下才会显现，这样的软件缺陷就没必要马上解决。另外，如果修复一个软件缺陷，会影响到该软件的整体架构，可能引发更多潜在的软件缺陷，并且该软件由于各方面的压力必须尽快发布，此时即使缺陷的严重程度很高，该缺陷是否还要继续修复也需要全盘考虑。

3. 如何确定缺陷的严重性和优先级

软件缺陷的严重性一般由测试人员来确定，优先级由软件开发人员确定较为合适。但在实际测试工作中，通常都是由软件测试人员在提交的软件缺陷报告中同时确定软件缺陷的严重性和优先级。

在确定软件缺陷的严重性和优先级时，首先要全面了解该软件缺陷的特征，综合考虑用户、开发人员及市场等因素。功能性的软件缺陷通常较为严重，具有较高的优先级，而软件界面中的缺陷的严重性一般较低，优先级也较低。

软件缺陷的严重性可分为 4 个等级，以下是等级划分参考。

（1）致命的缺陷（S1）：软件任何一个主要功能完全丧失，用户数据受到破坏，软件崩溃、悬挂或者危及用户人身安全（如软件崩溃造成硬件设备漏电等）。

（2）严重的缺陷（S2）：软件的主要功能部分丧失，数据不能保存，软件的次要功能完全丧失，系统所提供的功能或服务受到明显的影响（如软件的某个菜单不起作用）。

（3）一般的缺陷（S3）：软件的次要功能没有完全实现，但不影响用户的正常使用（如软件内的某些文字编写不正确）。

（4）较小的缺陷（S4）：用户操作不方便，软件内出现错别字或排版不整齐，但不影响功能操作和执行。

软件缺陷的优先级可分为 4 个等级，以下是等级划分参考。

（1）立即解决（P1）：缺陷导致软件几乎不能使用或测试不能继续，需立即修复（如软件的主要功能错误或者造成软件崩溃、数据丢失的缺陷）。

（2）高优先级（P2）：缺陷严重影响测试，需要优先考虑修复（如影响软件功能和性能的一般缺陷）。

（3）正常排队（P3）：缺陷需要正常排队等待修复（如本地化软件的某些字符没有翻译或者翻译不准确的缺陷）。

（4）低优先级（P4）：缺陷可以在开发人员有时间时被修复（如对软件的质量影响非常轻微或出现概率很低的缺陷）。

4. 处理缺陷的严重性和优先级时常见的错误

正确处理缺陷的严重性和优先级并非易事，一些经验不丰富的测试和开发人员在处理缺陷时经常犯的错误有以下几种。

（1）将较轻微的软件缺陷报告成高严重性和高优先级，这将影响对软件质量的正确评估，同时也耗费开发人员辨别和修复软件缺陷的时间。

（2）将十分严重的软件缺陷报告成低严重性和低优先级，这样可能会有很多严重的缺陷不能得到及时的修复。如果在软件发布前，发现还有很多由于误判软件缺陷严重性和优先级而遗留的严重缺陷，将需要投入很多人力、物力以及时间来进行修复，甚至会影响软件的正常发布。

因此，正确区分和处理软件缺陷的严重性和优先级，是软件测试人员、开发人员，乃至项目组全体人员的头等大事。处理软件缺陷的严重性和优先级是保证软件质量的重要环节，应该引起足够的重视。

5. 如何表示缺陷的严重性和优先级

软件缺陷的严重性和优先级一般按照等级划分，每家公司和每个项目的具体划分方式有所不同。为了更加准确地表示缺陷的信息，一般将缺陷的严重性和优先级划分为 4 个等级。假如划分的等级超过 4 个，则会造成分类和判断尺度过于复杂；如果少于 4 个，精确性有时就不能保证。

严重性与优先级的具体表示方法为：用数字表示，用文字表示，用文字加数字表示。例如，普遍使用 S1、S2、S3、S4 分别表示致命、严重、一般和较小，使用 P1、P2、P3、P4 分别表示立即解决、高优先级、正常排队和低优先级。

6. 其他注意事项

比较规范的软件测试工作，一般都会使用软件缺陷管理数据库进行软件缺陷的报告和处理，同时需要在测试工作开始前对所有参与项目的测试人员和开发人员进行相应的培训，针对软件缺陷的严重性和优先级的划分方法做出统一的规定。

在测试工作进行过程中和项目接收后，应充分利用统计功能进行缺陷严重性的统计，确定每一个软件模块的开发质量，并统计出软件缺陷修复优先级的分布情况，把控好测试进度，使测试按照计划有序进行，有效处理缺陷，降低开发风险和成本。

经验丰富的测试人员通常可以正确地表示软件缺陷的严重性和优先级，为软件缺陷的处理提供及时并且准确的相关信息。经验丰富的开发人员造成严重缺陷的情况较少，但是千万不要将软件缺陷的严重性作为衡量某一开发人员开发水平高低的主要依据，因为软件每一个模块的开发难度各不相同，每个模块的质量要求也有所差异。

7.3　软件缺陷的识别和处理

7.3.1　软件缺陷的识别

软件缺陷的识别

在软件测试过程中，一旦发现问题，应该知道如何识别是否是缺陷。具体识别方法如下所示。

（1）通过测试用例中的预期结果进行识别。

（2）通过需求规格说明书进行识别。

（3）通过用户手册及其他文档进行识别。

（4）通过同行业相类似成熟的商业软件来识别。

（5）通过和开发人员的沟通进行识别。

（6）通过和有经验的测试人员沟通进行识别。

（7）参照同行业隐式需求进行识别。

7.3.2　软件缺陷的处理

软件缺陷的处理

软件缺陷被提交之后，接下来就是对它进行处理和跟踪，其中软件缺陷的处理包括软件缺陷生命周期、软件缺陷处理技巧两个方面。

1. 软件缺陷生命周期

生命周期通常描述生物从诞生到消亡所经历的不同生命阶段，软件缺陷生命周期则指的是一个软件缺陷被发现、报告到这个缺陷被修复、验证直至最后关闭的完整过程。在整个软件缺陷生命周期中，通常是以改变软件缺陷的状态来体现不同的生命阶段。因此，软件测试人员需要关注软件缺陷在生命周期中的状态变化，从而跟踪软件质量和项目进度。一个简单的软件缺陷生命周期如图 7.1 所示。

图 7.1　简单的软件缺陷生命周期

（1）发现→打开：测试人员找到软件缺陷并将软件缺陷提交给开发人员。

（2）打开→修复：开发人员再现、修复缺陷，然后提交给测试人员去验证。

（3）修复→关闭：测试人员验证修复过的软件，关闭已不存在的缺陷。

在实际工作中，软件缺陷的生命周期不可能如图 7.1 中那样简单，还包含其他各种情况。一个复杂的软件缺陷生命周期如图 7.2 所示。

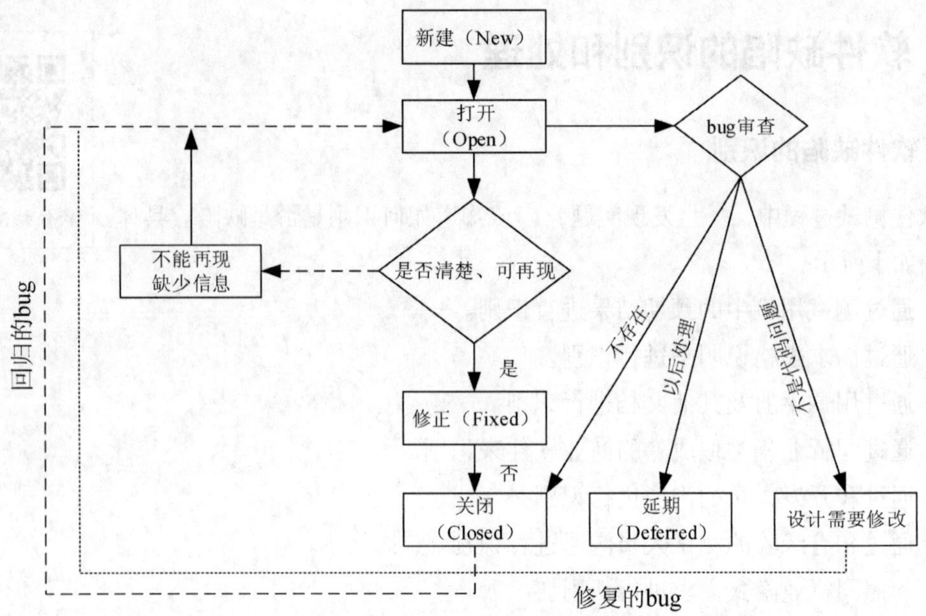

图 7.2　复杂的软件缺陷生命周期

综上所述，软件缺陷在生命周期中经历了数次审阅和状态变化，最终测试人员关闭软件缺陷来结束软件缺陷的生命周期。软件缺陷生命周期中的不同阶段是测试人员、开发人员和管理人员一起参与、协同测试的过程。软件缺陷一旦被发现，便进入测试人员、开发人员、管理人员的严密监控之中，直至软件缺陷生命周期终结，这样即可保证在较短的时间内高效率地修复所有的缺陷，加快软件测试的进程，提高软件质量，同时也减少了开发和维护成本。

2. 软件缺陷处理技巧

管理人员、测试人员和开发人员需要掌握在软件缺陷生命周期的不同阶段处理软件缺陷的技巧，从而尽快处理软件缺陷，缩短软件缺陷生命周期。以下列出处理软件缺陷的基本技巧。

（1）审阅。测试人员在缺陷管理工具中输入一个新的缺陷后应该提交，以待审阅。这种审阅可以由测试管理员、项目管理员或其他人来进行，主要检查缺陷报告的质量水平。

（2）拒绝。如果审阅者认为需要对一份缺陷报告进行重大修改，例如，添加更多的信息或者改变缺陷的严重等级，审阅者应该和测试人员一起讨论，由测试人员纠正缺陷报告，然后再次提交。

（3）完善。如果测试员已经完整地描述了问题的特征并将其分离，那么审阅者就会肯定这个报告。

（4）分配。当开发组接受完整描述特征并被分离的问题时，测试人员会将它分配给适当的开发人员，如果不知道具体开发人员，应分配给项目开发组长，由开发组长再分配给对应的开发人员。

（5）测试。一旦开发人员修复了一个缺陷，它将进入测试阶段。缺陷的修复需要得到测试人员的验证，同时还要进行回归测试，检查这个缺陷的修复是否引发了新的缺陷。

（6）重新打开。如果这个修复没有通过确认测试，那么测试人员将重新打开这个缺陷报告。重新打开缺陷报告需要加注释说明，否则可能会引起“打开、修复”多次重复，造成测试人员和开发人员不必要的矛盾。

（7）关闭。如果软件缺陷修复后通过了确认测试，那么测试人员将关闭这个缺陷。只有测试人员有关闭缺陷的权限，开发人员没有这个权限。

（8）暂缓。如果每个人都同意将确实存在的缺陷移到以后处理，应该指定下一个版本号或修改的日期。一旦新的版本开始测试，这些暂缓处理的缺陷应该重新被打开。

测试人员、开发人员和管理人员只有紧密地合作，掌握软件缺陷的处理技巧，在项目的不同阶段及时地审查、处理和跟踪每个软件缺陷，加速软件缺陷状态的变换，才能提高软件质量，保证项目的进度。

7.4　软件缺陷的跟踪

在软件缺陷的处理过程中，测试人员需要进行软件缺陷跟踪，这就要求测试人员掌握软件缺陷跟踪系统的使用和软件缺陷跟踪的方法，以及图表的制作方法。

软件缺陷跟踪管理是测试工作的一个重要部分。测试的目的是尽早发现软件系统中所存在的缺陷，而对软件缺陷进行跟踪管理的目的是确保每个被发现的缺陷都及时得到处理。软件测试是围绕缺陷进行的，对缺陷的跟踪管理一般需要达到以下目标。

（1）确保每个被发现的缺陷都能够被解决。“解决”的意思不一定是修正，也可能是其他处理方式（如延迟到下一个版本中修正或者由于技术原因不能被修正）。总之，对每个被发现的缺陷的处理方式必须能够在开发组织中达成一致。

（2）收集缺陷数据并根据缺陷趋势曲线识别测试所处阶段。

（3）决定测试过程是否可以结束。通过缺陷趋势曲线来确定测试过程是否可以结束是常用并且较为有效的一种方式。

（4）收集缺陷数据并对其进行数据分析，作为组织过程改进的财富。

上述的第（1）条容易受到重视，第（2）（3）（4）条目标却很容易被忽视。其实，在一个运行良好的组织中，缺陷数据的收集和分析是很重要的，从缺陷数据中可以得到很多与软件质量改进相关的数据。

7.4.1　软件缺陷跟踪系统

在实际软件测试中还需要用到软件缺陷跟踪管理系统，以便描述报告所发现的缺陷、处理软件缺陷、跟踪软件缺陷和生成软件缺陷跟踪图表等。建立一套软件缺陷跟踪系统的意义如下。

（1）软件缺陷跟踪系统中的软件缺陷跟踪数据库，不仅可以清楚地描述软件缺陷，还能提供统一的、标准化的软件缺陷报告，这样就可以使所有人员对软件缺陷的理解保持一致。

（2）缺陷跟踪数据库可以自动生成软件缺陷的编号，还有分析和统计的选项，这是手工方法无法实现的。

（3）在缺陷跟踪数据库的基础上，可快速生成必要的、满足查询条件的缺陷报表、曲线图等，测试小组、开发小组甚至公司的高层都可以随时掌握软件产品质量的整体状况或软件测试/开发的进度。

（4）缺陷跟踪数据库还提供了软件缺陷属性并允许开发小组的成员根据缺陷对项目的相对和绝对重要性来进行软件缺陷的修复。

（5）在软件缺陷生命周期中利用缺陷跟踪系统来管理软件缺陷，从最初的报告到最后的解决，确保了每一个缺陷都不会被忽视。同时，它还可以使测试人员的注意力集中在那些务必尽快修复的严重缺陷上。

（6）当软件缺陷在其生命周期中发生变化时，开发人员、测试人员以及管理人员必须迅速熟悉新的软件缺陷信息。一个良好的软件缺陷跟踪系统可以很快地获取历史记录，并在检查缺陷的状态时参考历史记录。

（7）在软件缺陷跟踪数据库中关闭任何一份软件缺陷报告，都可以被记录下来。当产品送出去时，每一份未关闭的软件缺陷报告都提供了有效的技术支持，并且证明测试人员找到了特殊领域突然出现的事件中的软件缺陷。

对于项目管理，缺陷跟踪是很重要的一个环节，它除了可以对需求的完成度进行控制，还可以对软件本身的质量进行控制，从而保证软件开发迭代的顺利进行。以前软件项目开发中的缺陷跟踪都是通过 Excel 表格的形式来完成的，利用这种表格虽然也可以进行项目管理和项目执行度的交互，但效率与实时性不高，也不好维护和统计，因此就出现了缺陷跟踪系统，通过软件技术来解决软件项目的管理问题。

目前缺陷跟踪系统比较多，比较有名的如 Mercury 的 TestDirector/Quality Center、IBM 的 ClearQuest、Atlassian 的 Jira、易软开源小组的 BugFree、Seapine 的 TestTrack 以及本书将要重点介绍的 Bugzilla 和 Mantis，如图 7.3 所示。

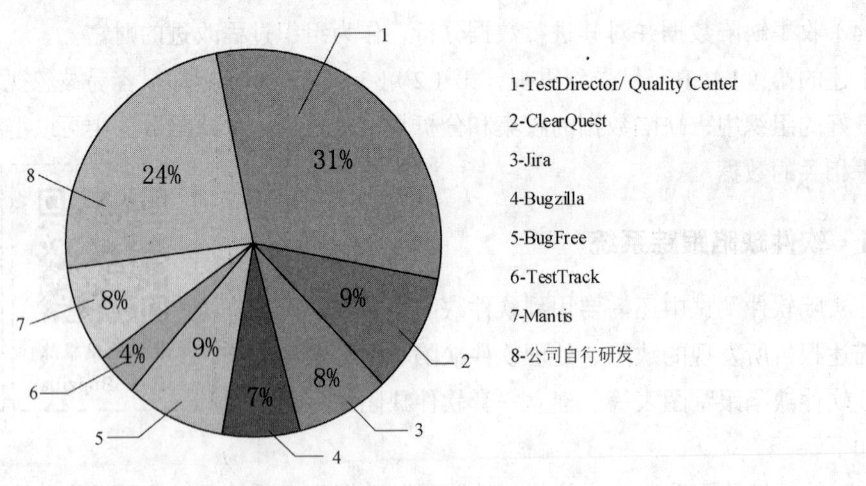

图 7.3　软件缺陷管理工具

1. Bugzilla 缺陷跟踪系统

Bugzilla 是 Mozilla 公司提供的一个开源软件测试缺陷管理工具，其主界面如图 7.4 所示。

它具有完善的缺陷跟踪体系，包括报告缺陷、查询缺陷记录并产生报表、处理解决、管理员系统初始化和设置四部分。

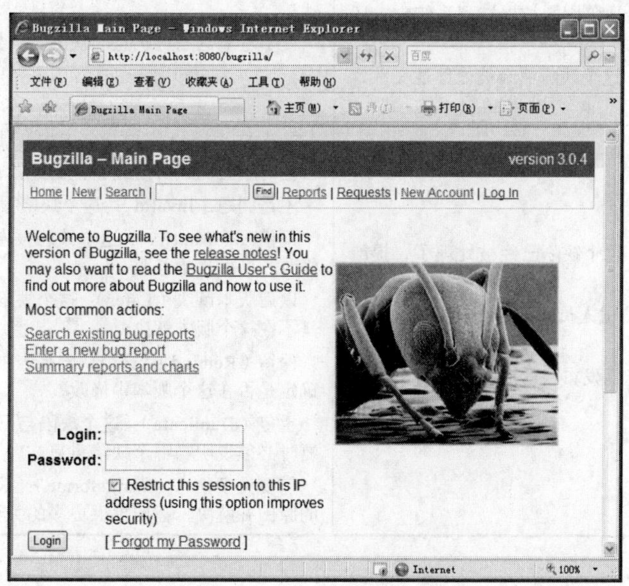

图 7.4　Bugzilla 系统主界面

（1）Bugzilla 的特点

Bugzilla 具有以下几个特点。

① 基于 Web 方式，安装简单，运行方便快捷，管理安全。

② 有利于缺陷的清楚传达。

③ 系统灵活，强大的可配置能力。

④ 自动发送 E-mail，通知相关人员。

（2）Bugzilla 新建账号

下面讲解如何新建一个 Bugzilla 账号。

① 单击“New Account”链接，输入 E-mail 地址（如：×××@office）然后单击“Create Account”按钮。

② 稍后，该邮箱会收到一封邮件。邮件包含登录账号（与 E-mail 地址相同）和口令，这个口令是 Bugzilla 系统随机生成的，可以根据需要进行更改。

③ 在页面中单击“Log In”链接，然后输入账号和口令。最后单击“Login”按钮。

（3）缺陷报告状态分类和缺陷处理意见

缺陷报告状态分类：待确认的（Unconfirmed）、新提交的（New）、未解决的（Reopened）、已解决的（Resolved）、已验证的（Verified）、已关闭的（Closed）。

缺陷处理意见：已修改（Fixed）、不是问题（Invalid）、不修改（Wontfix）、以后版本解决（Later）、保留（Remind）、重复（Duplicate）、需要更多信息（Worksforme）。

缺陷的状态和处理意见如表 7.9 所示。

表 7.9　　　　状态和处理意见

状态（Status）	处理意见（Resolution）
待确认的（Unconfirmed）：待确认后提交到系统中 新提交的（New）：这个缺陷刚刚被提交到系统中，还没有做任何的处理和响应 未解决的（Reopened）：这个缺陷曾经被处理过一次，但是处理的结果不太正确	处于左侧这三种状态的缺陷，其处理意见为空
已解决的（Resolved）：这个缺陷已经被处理了，提醒测试组对此缺陷进行验证 已验证的（Verified）：测试人员认可了处理意见，并且对缺陷进行了验证 已关闭的（Closed）：产品发布以后对缺陷进行关闭、归档	已修改（Fixed）：开发人员对此缺陷进行了修改，并且经过自己的单元测试后已经登记到配置管理系统中 不是问题（Invalid）：这个缺陷报告中描述的不是问题 不修改（Wontfix）：这个缺陷报告中描述的是问题，但是不修改，以后也不修改 以后版本解决（Later）：这个缺陷报告中描述的是问题，但是不在这个版本解决 保留（Remind）：这个缺陷报告中描述的是问题，但是不能确定是否在这个版本中修改 重复（Duplicate）：这个缺陷与已有的缺陷重复了，在置重复时必须说明与哪个缺陷重复 需要更多信息（Worksforme）：根据缺陷描述无法查找问题的原因并解决，需要提供更多的关于这个缺陷的信息

（4）填写项目

指定处理人（Assigned To）：可以指定一个人处理，如不指定处理人，系统就会默认管理员为处理人。

超链接（URL）：输入超链接地址，引导处理人找到与软件缺陷报告相关联的信息。

概述（Summarize）：应该保证处理人在阅读时能够明白提交者在进行何种操作时发现了什么样的问题。如果是通用组件部分的测试，则必须将这一通用组件对应的功能名称写入概述，从而方便日后的查询。

硬件平台和操作系统（Platform and OS）：测试所需要的硬件平台（一般会选择 PC）和测试应用的操作系统。

版本（Version）：产生缺陷的软件版本。

缺陷报告优先级（Priority）：分四个等级，即 P1—P4，P1 的优先级别最高，然后逐级递减。

缺陷状态（Severity）：Blocker，阻碍开发和/或测试工作；Critical，死机，丢失数据，内存溢出；Major，较大的功能缺陷；Normal，普通的功能缺陷；Minor，较轻的功能缺陷；Trivial，产品外观上的问题或一些不影响使用的小毛病，如菜单或对话框中的文字拼写或字体问题等；Enhancement，建议或意见。

报告人（Reporter）：缺陷报告提交者的账号。

邮件抄送列表（CC List）：缺陷报告抄送对象。此项可以不填写，如果需抄送多位收件人，可将收件人地址用“,”隔开。

从属关系（Affiliation）：Bug“ID”depends on，如果某缺陷必须在其他缺陷修改之后才能进行修改，则在此项目后填写该缺陷的编号；Bug“ID”blocks，如果该缺陷的存在影响了其他缺陷的修改，则在此项目后填写被影响的缺陷的编号。

附加描述（Additional Comments）：在缺陷跟踪的过程中测试人员与开发人员通过附加描述进行沟通，开发人员可以在这里填写缺陷处理记录和缺陷处理意见，测试人员可以在此处填写返测意见以及对在返测的过程中发现的新问题的描述。

缺陷查找：可以通过页脚中的"Query"链接进入查找界面，根据查找的需求在界面中输入关键字或选择对象。查找功能可以进行字符、字符串的匹配查找，并且具有布尔逻辑的检索功能。在一定的权限下，还可以通过在查找页面中选择"Remember this as my default query"对当前检索页面中设定的项目进行保存，以后就可以直接从页脚中的"My bugs"中调用这个项目来进行检索。还可以在"Remember this query，and name it:"后面输入字符，为当前检索页面中所设定的项目命名，同时选中"and put it in my page footer"，则以后这个被命名的检索就会出现在页脚中。

缺陷列表：如果运行了缺陷检索功能，系统则会根据需要列出相关的项目。可以通过列表页脚处的"Change Columns"设定在列表中显示的缺陷记录中的字段名称。如果拥有一定的权限，还可以通过"Change several bugs"对列表中所列出的缺陷记录进行修改，例如，修改缺陷的所有者。通过"Send mail to bug owners"可以向列表中列出的缺陷记录的所有者发送信息。如果对查找出的结果并不满意，希望更改检索设定，可以通过"Edit this query"完成。一般情况下，检索出的结果仅显示基本信息，可以通过"Long Format"来查看更为详细的内容。

（5）用户属性设置

① 账号设置（Account Settings）：可以变更自己账号的基本信息，如真实姓名、口令、E-mail 地址。但为安全起见，在此页进行任何信息更改之前都必须输入当前的口令。当更改了 E-mail 地址，系统会给新旧 E-mail 地址分别发送一封 E-mail 地址更改确认邮件，用户必须到邮件中指定的地址对更改进行确认。

② E-mail 设置（E-mail Settings）：可以在此选择希望在什么条件下收到哪些与自己相关的邮件。

③ 页脚（Page Footer）：设定"Preset Queries"是否在页脚中显示。

④ 用户权限（User Permissions）：可以查看自己账号当前所拥有的权限种类。

2. Mantis 缺陷跟踪系统

Mantis 缺陷跟踪系统是一个基于 PHP 技术的轻量级开源缺陷跟踪系统，在功能、实用性上可以满足中小型项目的管理及跟踪需求。

（1）Mantis 的基本特性

Mantis 具有以下基本特性。

① 个人可定制 E-mail 通知功能。每个用户可依据自身的特点只订阅与自己相关的缺陷状态邮件。

② 支持多项目、多语言。

③ 不同角色有不同权限，权限设置十分灵活。每个项目以及缺陷都可将权限设置为公开或

私有，每个缺陷也可以在不同的项目之间进行移动。

④ 方便信息的传播。在主页可以发布与项目相关的新闻。

⑤ 具备缺陷关联功能。除重复缺陷外，每个缺陷都可以链接到与其相关的缺陷。

⑥ 缺陷报告可打印或输出为 CSV 格式，支持可定制的报表输出、用户输入域。

⑦ 提供各种缺陷的趋势图和柱状图，为项目状态分析提供重要依据。如果还是不能满足需求，还可以把数据输出到 Excel 中进行进一步的分析。

⑧ 流程定制十分方便并且符合标准，满足一般的缺陷跟踪需求。

（2）Mantis 的安装步骤

安装之前需要下载安装包 mantis0.19.2、mysql3.1.8、PHP5.0.3、apache2.0.52。Mantis 系统主界面如图 7.5 所示。

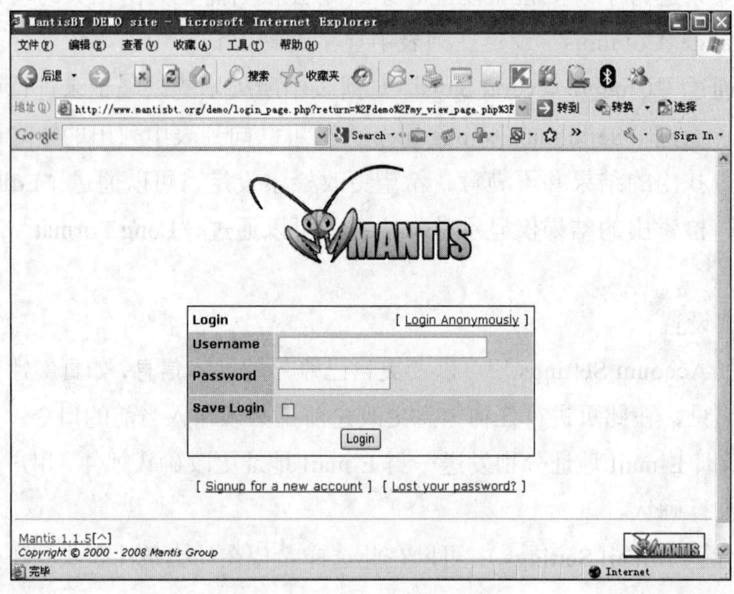

图 7.5 Mantis 系统主界面

安装下载的软件，假设各软件的安装目录为 C:\mantis-0.19.2、C:\mysql-3.1.8、C:\php-5.0.3、C:\apache-2.0.52。

下载 ZIP 版的程序，直接解压到一个目录。如果没有 ZIP 版，下载 Windows Installer 版本。

① 安装 Apache。

运行安装程序，安装时选择安装给当前用户，采用 8080 端口，不必安装成服务。

假设在 Windows 下安装，运行 C:\apache-2.0.52\bin\apache.exe，在 IE 地址栏输入 http://localhost:8080/，可以看到安装成功。如果安装成 80 端口的服务，则输入 http://localhost/。

其他软件直接解压到自己想要的目录。如果下载的是 Installer 版本，也直接运行安装程序，只是安装后多几个启动的快捷菜单，外加一些默认设置。

② 为 Apache 配置 PHP。

打开 C:\apache-2.0.52 \conf\httpd.conf 文件，添加如下内容到文件尾。

```
#PHP 5
LoadFile "c:/php-5.0.3/php5ts.dll"
LoadModule php5_module "c:/php-5.0.3/php5apache2.dll"
AddType application/x-httpd-php .php
# PHP.ini path
PHPIniDir "c:/php-5.0.3"
```

③ PHP 配置。

将 C:\php-5.0.3 下的 php.ini-dist 复制一份，并改名为 php.ini。

查找 include_path，改为 include_path=".;c:\php-5.0.3\pear"。

查找 extension_dir，改为 extension_dir="c:\php-5.0.3\ext"。

查找 php_mysql.dll，将这一行前面的“;”号去掉。

保存文件。

④ 为 Apache 安装 Mantis 系统。

打开 C:\apache-2.0.52 \conf\httpd.conf 文件，添加如下内容到文件尾。

```
Alias /mantis "c:/mantis-0.19.2/"
<Directory "c:/mantis-0.19.2/">
Options Indexes
AllowOverride None
Order allow,deny
Allow from all
</Directory>
```

查找 DirectoryIndex，在其后添加 index.php。添加后为：DirectoryIndex index.html index.html.var index.php。

⑤ 创建数据库。

运行 C:\mysql-3.1.8\bin\mysqld，启动数据库。

```
mysql -uroot -p
create database bugtracker;
use bugtracker;
source c:\mantis-0.19.2\sql\db_generate.sql;
```

当然也可以用其他 GUI 工具创建数据库。

⑥ Mantis 配置。

将 C:\mantis-0.19.2 下的 config_inc.php.sample 复制一份，并改名为 config_inc.php。

如果改了 root 的密码，打开这个文件，设置$g_db_password='yourpassword'。

⑦ Windows 环境。

将 C:\php-5.0.3 添加到 path 中。

⑧ 启动缺陷跟踪系统。

首先启动 Apache 和 MySQL，在地址栏输入 http://localhost:8080/mantis/index.php 或者 http://localhost/mantis/index.php。看到初始页面。用 administrator/root 登录，Mantis 开始工作。

⑨ 邮件服务器配置。

在 C:\php-5.0.3\php.ini 文件中查找 smtp，将 localhost 改为发件服务器，如 SMTP = smtp.162.com。

在 php.ini 文件中查找 sendmail_from，将前面的分号去掉，并在后面填上邮件地址。

在 C:\mantis-0.19.2\config_inc.php 文件中添加$g_smtp_host='smtp.162.com';$g_smtp_username='yourusername';$g_smtp_password='yourpassword';$g_phpMailer_method =2;。

查找$g_return_path_email，将后面的邮件地址改为有效的地址，这一点非常重要，否则将无法正常发送激活注册的邮件。

config_inc.php 其他邮件地址也改为有效的地址。

$g_smtp_username 和$g_smtp_password 在服务器需要验证时用，不需验证时不用加，或设为$g_smtp_username='，$g_smtp_password='。

现在可以注册新用户，并使用发送邮件功能了。

⑩ 中文显示。

在 Apache 的 httpd.conf 配置文件中将 AddDefaultCharset ISO-8859-1 改为 AddDefaultCharset OFF。

在 C:\mantis-0.19.2\config_inc.php 中添加$g_default_language='auto';。

⑪ 文件上传。

将如下内容添加到 config_inc.php 中。

```
$g_allow_file_upload=ON;
$g_file_upload_method=DISK;
```

在 C:\mantis-0.19.2 下面新建一个 upload 目录。

当以管理员身份登录、新建项目时，上传文件路径填 upload 即可。如果要为每一个项目指定不同的目录，可以先在 upload 下建一个 projectname，在上传文件路径那一项填写 upload\projectname，注意不要用中文目录名，目录名也不要带空格。

7.4.2 软件缺陷跟踪的方法和图表

软件缺陷跟踪的方法和图表

软件缺陷数据是生成各种各样测试分析、质量控制图表的基础，相关人员可以从这些缺陷分析图表中看到缺陷修复的详细过程，分析缺陷发生的根本原因，提高跟踪管理软件缺陷的效率。

1. 软件项目如何发展

软件缺陷打开/关闭图表是最基本的缺陷分析图表，它可以提供大量有关软件缺陷状态、项目进度、产品质量、开发人员和测试人员工作情况的信息。

（1）项目当前的质量情况体现在打开软件缺陷总数曲线和关闭软件缺陷总数曲线的走势。

（2）项目当前的开展进度体现在关闭软件缺陷总数曲线和打开软件缺陷总数曲线的时间差。

（3）软件缺陷是否及时被开发人员修复，体现在关闭软件缺陷总数曲线是否快速上升。

（4）测试人员是否迅速地去验证软件缺陷，体现在关闭软件缺陷总数曲线是否紧跟在打开软件缺陷总数曲线的后面。

管理人员可以了解项目具体在哪个时间节点出现问题，协调开发人员与测试人员两者之间的关系，积极推动项目的开展，提高项目发布时的质量。下面通过软件缺陷打开/关闭图分析项目的进展情况，如图 7.6 所示。

当打开软件缺陷总数曲线（图 7.6 的顶部曲线）的走势趋于水平，一般就可以认为测试接近尾声。

关闭日期在打开日期之后，这种滞后情况源于将修复的软件缺陷引入产品并将该产品发送至测试组进行配置测试和回归测试所引起的延迟。

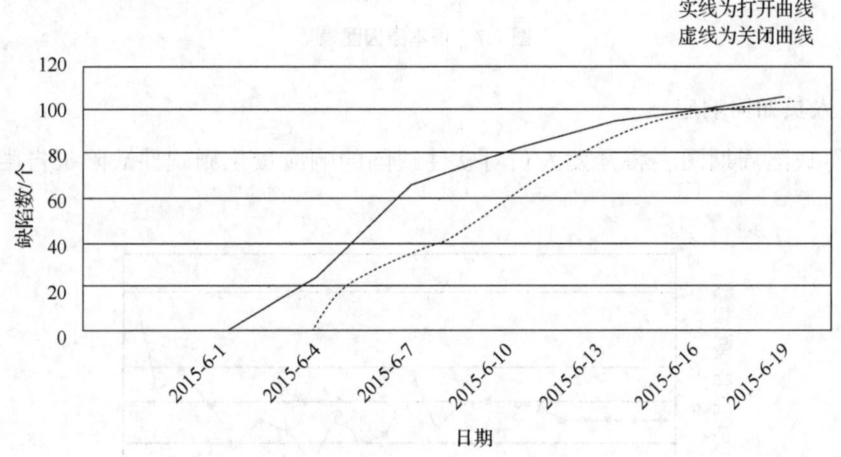

图 7.6　软件缺陷打开/关闭图

找到软件缺陷的速度逐渐减慢。发现软件缺陷的极限在 2015 年 6 月 16 日左右。接下来在系统测试的第二周期发现少数几个软件缺陷，在最后的周期中没有发现软件缺陷。

在测试和修复的过程中，两条曲线不断趋近，当这两条曲线汇聚到一个点时，开发人员基本上已经完成修复软件缺陷的任务。关闭软件缺陷总数曲线紧跟在打开软件缺陷总数曲线之后，这体现出项目成员正在快速地推进问题的解决。

2. 软件缺陷为何发生

分析软件缺陷的根本原因有助于测试人员决定哪部分的功能需要增强测试，还可以使开发人员把注意力集中到那些引起最严重、最频繁问题的方向。软件缺陷主要出现在三个区域——用户界面、逻辑以及规格说明书。如图 7.7 所示，这三方面的问题占据发现软件缺陷总数的 74%。从测试风险角度来看，这些区域很可能是隐藏缺陷比较多的地方，需要进行更加细致、深入的测试。站在开发的角度来看，这些就是需要提高代码质量的主要区域。如果某个产品前后共发现 10000 个缺陷，代码在这三个区域减少 10 个百分点，则总缺陷数就能减少 740 个（7.4%），这样一来代码的质量改善效果就非常显著。

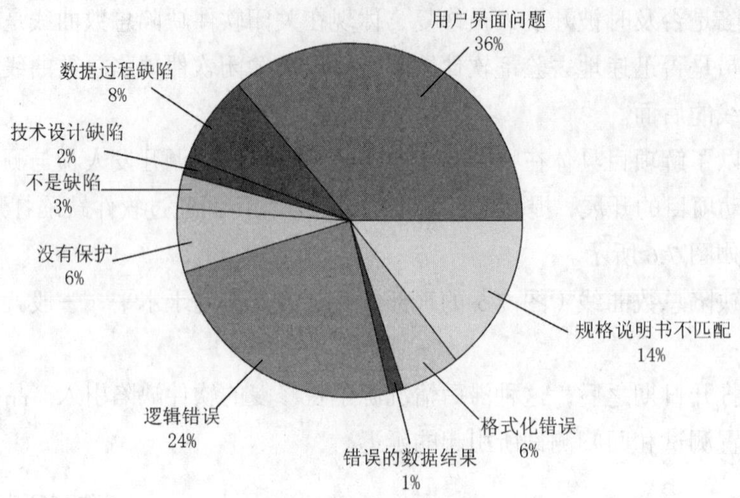

图 7.7　根本原因图表

3. 开发人员如何响应

关闭软件缺陷周期图表将开发人员对软件缺陷的响应量化到软件缺陷报告中，如图 7.8 所示。

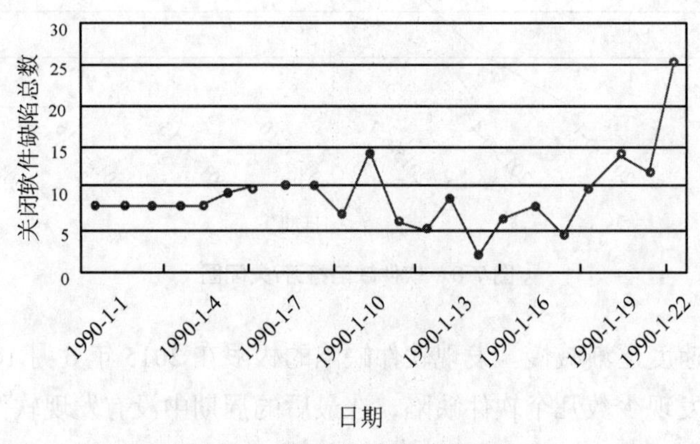

图 7.8　关闭软件缺陷周期图表

一个稳定的关闭软件缺陷周期图表上，一天到另一天的变化相对较小。图 7.8 中的关闭软件缺陷周期曲线较为稳定，可以接受。软件缺陷修复的时间最好控制在一周半之内。

7.5　软件缺陷报告

7.5.1　软件缺陷报告的编写

提供准确、完整、简洁、一致的缺陷报告能够体现软件测试的专业性和高质量。一些缺陷报告信息太多或者太少，或者信息残缺、不准确，语言组织混乱，生涩难懂，导致提交的软件缺陷被退回，延误软件缺陷修复的时间。最坏的情况是缺陷报告中没有清楚地描述缺陷所产生的影响，导致开发人员忽略了这些缺陷，从而使这些软件缺陷随软件一同发布出去。

由此可见，软件测试人员必须深刻地认识到编写软件缺陷报告是测试执行过程中十分重要的一项任务。首先要明确软件缺陷报告读者的期望，然后遵照软件缺陷报告的编写规范，所编写的内容要通俗易懂、言简意赅。

1. 缺陷报告的读者对象

编写软件缺陷报告时，首先需要清楚软件缺陷报告的读者对象是谁，了解读者最希望从软件缺陷报告中获得何种信息。通常情况下，软件缺陷报告的直接读者是软件开发人员和质量管理人员，除此之外，市场和技术支持等部门的人员也有可能需要查看软件缺陷报告，了解软件缺陷的情况。每个阅读软件缺陷报告的人都需要理解每一个软件缺陷所对应的产品和采用的技术。注意，他们不是专业的软件测试人员，可能对具体的软件测试细节不甚了解。

总的来说，软件缺陷报告的读者有以下几方面需求。

（1）方便查找软件缺陷报告中所提出的缺陷。

（2）所报告的软件缺陷进行了必要的分离，软件缺陷信息详细、准确。

（3）能了解到软件缺陷的本质特征以及软件缺陷的复现步骤（针对开发人员）。

（4）能了解到软件缺陷的类型分布以及对市场和用户的影响程度（针对市场和技术支持等部门）。

2. 软件缺陷报告的写作准则

编写条理清晰、内容完整的软件缺陷报告是保证软件缺陷被正确、及时处理的最佳手段，同时也减轻了开发人员以及其他质量保证人员的后续工作。

为了书写更完整、规范的软件缺陷报告，需要遵守以下准则，简称“5C”准则。

（1）Correct（准确）：对每个组成部分的描述准确，不会引起误解。

（2）Clear（清晰）：对每个组成部分的描述清晰，易于理解。

（3）Concise（简洁）：只包含必不可少的信息，不包括任何多余的内容。

（4）Complete（完整）：包含再现该缺陷的完整步骤与其他本质信息。

（5）Consistent（一致）：按照一致的格式书写所有软件缺陷报告。

3. 缺陷报告的组织结构

由于软件测试项目的差异，软件缺陷报告的具体组成部分也不尽相同，但其基本组织结构大同小异。一个完整的软件缺陷报告一般由以下几部分构成。

（1）软件缺陷的名称/标题。

（2）软件缺陷的基本信息。

（3）测试的软件和所采用的硬件环境。

（4）所测试的软件的版本。

（5）软件缺陷的类型。

（6）软件缺陷的严重程度。

（7）软件缺陷的优先级。

（8）再现软件缺陷的具体操作步骤。

（9）软件缺陷的实际结果描述。

（10）软件缺陷的预期结果描述。

（11）相关注释和所需的缺陷截图。

对于具体项目来说，软件缺陷的基本信息通常是比较固定的，所以比较容易描述。编写软件缺陷报告最容易出现问题的地方就是软件缺陷的名称/标题、操作步骤、实际结果、预期结果和相关注释。下面针对这些易出错的地方来具体论述如何提供比较完整的软件缺陷报告。

7.5.2 软件缺陷报告详细信息及模板

软件缺陷报告详细信息及模板

1. 软件缺陷报告

每一个缺陷跟踪系统的核心都是软件缺陷报告，一份软件缺陷报告所包含的详细信息如表 7.10 所示。

表 7.10　软件缺陷报告包含的详细信息

分类	项目	描述
可跟踪信息	软件缺陷 ID	软件缺陷 ID 是唯一的，并且都是自动生成的，主要用于识别、跟踪和查询
软件缺陷的基本信息	软件缺陷的状态	可将其分为“打开或激活”“已修正”“关闭或非激活”“重新打开”“推迟”“搁置”“不能重现”“需要更多信息”“重复”“非缺陷”“需要修改软件规格说明书”等
	软件缺陷名称/标题	描述软件缺陷的最主要信息
	软件缺陷的严重程度	一般分为“致命”“严重”“一般”“较小”
	软件缺陷的优先级	一般分为“立即解决”“高优先级”“正常排队”“低优先级”
	软件缺陷的产生频率	描述软件缺陷产生的可能性（1%～100%）
	软件缺陷的提交人	提交软件缺陷人员的名字，一般指发现软件缺陷的测试人员或其他发现软件缺陷的人员
	软件缺陷提交时间	提交软件缺陷的时间
	软件缺陷所属项目/模块	软件缺陷所属的项目和模块，最好能较精确地定位至模块
	软件缺陷指定解决人	修复这个软件缺陷的开发人员，在缺失状态下由开发组长指定相关的开发人员来进行修复
	软件缺陷指定解决时间	开发组长指定开发人员修复该缺陷的时间
	软件缺陷验证人	验证软件缺陷是否真正被修复的测试人员
	软件缺陷验证结果描述	对验证结果的描述（通过、不通过）
	软件缺陷验证时间	对被修复软件缺陷进行验证的时间
软件缺陷的详细描述	操作/再现步骤	产生软件缺陷的操作过程，按照软件缺陷产生步骤，一步一步地详细描述
	预期结果	按照设计规格说明书或用户需求，设想在上述操作完成之后所得到的结果
	实际结果	软件或系统在完成上述操作后，实际所发生的结果
测试环境说明	测试环境	对测试环境的描述，包括测试时所使用的操作系统、浏览器种类、网络带宽、通信协议等
必要的附件	截图、日志文件	对于某些用文字难以表达清楚的缺陷，使用截图等方法是必要的；而针对软件出现崩溃现象，则需要使用 SoftICE 工具去捕捉日志文件作为附件提交给开发人员

软件缺陷的详细描述由三部分组成：操作/再现步骤、预期结果和实际结果，具体说明如下。

（1）操作/再现步骤：软件缺陷具体是怎么产生的，描述语言要简单明了、准确无误。这些信息对开发人员至关重要，应将其看作软件缺陷修复的向导。开发人员有时抱怨软件缺陷报告的质量差，究其根源，问题往往出在操作步骤上。

（2）预期结果：应当与用户需求、产品设计规格说明书、测试用例标准一致，实现软件的预期功能。软件测试人员应站在用户的角度对预期结果进行描述，它提供了以后验证缺陷的依据。

（3）实际结果：软件测试人员所收集到的测试结果和信息，用来确认该软件缺陷的确是一个真实存在的错误，并应标记出影响软件缺陷表现的要素。

软件缺陷报告如表 7.11 所示。

表 7.11　　软件缺陷报告模板

缺陷报告		编号：
软件名称：	编译号：	版本号：
测试人员：	日期：	指定处理人：
硬件平台：	操作系统：	
严重程度：　S1　S2　S3　S4		
优先级：　P1　P2　P3　P4		
缺陷描述：		
详细描述：		
处理结果：已修复　重复　无法再现　无法修复　暂不修复		
处理日期：	处理人：	在　　版本修复
修改记录：		
返测人员：	返测版本：	返测日期：
返测记录：		

2. **缺陷报告的示例**

一份完整的软件缺陷报告，最重要的就是必须有软件缺陷的再现步骤、预期结果和实际结果，还需提供必要的数据、测试环境、条件以及简单的分析。下面是对软件缺陷的再现步骤、预期结果和实际结果的完整描述。

再现步骤：

（1）打开一款编辑文本的软件，并创建一个新文档；

（2）在这个文档里随意编写一段文字；

（3）选中某一段文字，在导航菜单中单击字体选择下拉框，然后选择 Avenir 字体格式。

预期结果：

当用户选中已录入的文字并改变其字体格式时，被修改的文字应该显示相应的字体格式，而不是显示乱码。

实际结果：

在将被选中的文字字体格式改为 Avenir 后，被选中的文字变为乱码。

3. 缺陷跟踪数据库信息

项目中可使用 Word 文档或者 Excel 表格对软件缺陷进行记录和跟踪，但这种方法只适用于最后的分析报告、文档的打印。为了能够更加灵活地存储、搜索、分析、报告大批量的数据，需要建立一个数据库。

可以使用 SQL Server 或 Oracle 等关系数据库管理系统。一个完整的软件缺陷跟踪数据库的基本表需要包括多达几十项的数据项，如软件缺陷的项目名称、模块名称、软件缺陷的 ID、标题、状态、类型、严重程度、优先级、再现步骤、预期结果、实际结果、报告人、报告日期等。

所有软件缺陷的数据不仅要存储在共享的数据库中，还需要具备相关的数据连接，如软件的测试用例数据库、软件产品特性数据库、软件产品配置数据库等的集成。因为某个缺陷是和某条测试用例、某个软件版本、某个产品特性相关联的，所以有必要建立起它们彼此之间的联系。同时为了提高软件缺陷的修复速度，还需和邮件服务器集成，这样系统就可以随时向测试与开发人员发送有关软件缺陷状态变化的邮件。

7.5.3 软件缺陷报告的用途

软件缺陷报告的用途

软件缺陷报告主要用来记录在执行测试用例的过程中所发现的实际结果与预期结果相悖的问题。软件缺陷报告的用途可以细分为以下几方面。

（1）记录软件缺陷

在执行测试用例的过程中，发现问题时必须马上记录下来，并编写软件缺陷报告，不仅要记录下发现软件缺陷的具体步骤，还要记录该缺陷的具体特征，以便开发人员进行跟踪，迅速定位缺陷并修复缺陷。

（2）进行软件缺陷分类

在执行测试用例的过程中所发现的软件缺陷需要从严重性和优先级上进行详细的区分，以便开发人员着重解决最关键的问题，在时间、成本和效率上达到项目要求。

（3）分析软件缺陷

提交了某一模块甚至整个系统的软件缺陷报告后，需要对软件缺陷的分布情况进行统计、分析。同时参考软件缺陷群集原则，对软件缺陷出现较多的模块分配更多的人力和时间进行重点测试，不断发现软件缺陷、提交软件缺陷、修复软件缺陷，以此来逐步提高软件产品的质量。

（4）跟踪软件缺陷

软件缺陷报告提交给开发人员后，开发人员通过软件缺陷报告中的问题描述，按照发现软件缺陷的步骤去再现软件缺陷，进一步进行软件缺陷的定位、分析，并加以修复。

7.6 本章小结

本章主要讲解了软件缺陷的描述、软件缺陷的分类、软件缺陷的识别和处理、软件缺陷的跟踪以及软件缺陷报告五部分内容。通过本章的学习，大家需要重点掌握软件缺陷识别和处理、软件缺陷的跟踪以及软件缺陷报告的编写。

7.7 习题

1. 填空题

（1）________是系统或系统部件中导致系统或部件不能实现其功能的缺陷。

（2）软件缺陷是对软件产品预期属性的偏离现象，它包括________和________。

（3）软件缺陷相关的信息包括________、________和如何________软件缺陷。

（4）软件缺陷处理包括________和________两方面。

（5）软件缺陷的详细描述由三部分组成，分别是________、________、________。

2. 选择题

（1）任何一个缺陷跟踪系统的核心都应是（　　）。

A. 系统的性能　　B. 跟踪系统的价格

C. 软件缺陷报告　　D. 软件缺陷的识别和处理

（2）下列选项中，不属于软件缺陷属性的是（　　）。

A. 缺陷数量　　B. 缺陷优先级　　C. 缺陷严重程度　　D. 缺陷状态

（3）下列选项中，不属于软件缺陷分类标准的是（　　）。

A. 缺陷严重程度　　B. 缺陷数量　　C. 缺陷属性　　D. 缺陷根源

（4）下列选项中，属于软件缺陷报告用途的是（　　）。

A. 识别软件缺陷　　B. 处理软件缺陷　　C. 跟踪软件缺陷　　D. 再现软件缺陷

（5）缺陷必须被立即修复一般称之为（　　）。

A. 缺陷严重程度　　B. 缺陷优先级　　C. 缺陷类型　　D. 缺陷状态

3. 思考题

（1）请简述软件缺陷的有效描述规则，以及遵循软件缺陷有效描述的规则有哪些好处。

（2）请简述如何分离和再现缺陷。

习题答案

第8章　评审

本章学习目标

- 了解评审的目标与阶段
- 掌握评审的过程
- 了解评审的误区

评审是费根（M.E.Fagan）于 1976 年在 IBM 发明的一种项目管理方法，在欧美的软件工程中，评审已经被证实是一项非常重要的工程活动。评审贯穿于软件开发与测试过程中的所有阶段，是软件工程中的“过滤器”，起到发现问题、排除错误的作用。

8.1　评审的目标与阶段

评审的目标与阶段

评审的目标是检验软件开发与测试各个阶段的工作是否达到了规定的技术要求和质量要求，有利于提高软件产品的质量。

评审的阶段及参考文档如下。

需求评审：《软件需求》《测试需求》。

设计评审：《概要设计》《详细设计》。

代码评审：《代码规范》。

测试评审：《测试计划》《测试用例规范》《缺陷报告规范》。

整个评审工作要贯穿软件开发与测试过程各个阶段，在每个阶段中要严格按照评审工作规范来加以实施。

8.2　评审的过程

定义与术语

8.2.1　定义与术语

单人评审：由一个评审员对简单的软件产品进行评估，识别产品的缺陷和不足。

同行评审：由软件创建者的同行检查该软件产品，识别产品的缺陷和不足。

管理评审：由软件项目管理者或产品管理者对软件测试过程中的管理活动进行评估，识别过程缺陷，进而改进管理活动。

代码检查：检查已编写完毕的程序代码，发现不符合编码规范、不能实现设计要求的问题，进而改进代码的质量。

评审小组成员主要包括：项目主管（Project Director，PD），项目经理（Project Manager，PM），项目组长（Project Leader，PL），品质保证人员（Quality Assurance，QA），品质控制人员（Quality Control，QC）。

职责与角色

8.2.2 职责与角色

不同的评审对应不同的角色与职责，单人评审中的角色和职责如表 8.1 所示。

表 8.1　　单人评审中的角色和职责

角色	职责
项目经理	确定接受单人评审的工作产品，指定评审员，跟踪软件缺陷直到该软件缺陷得到修复
评审员	接受过有关如何进行评审的系统培训，执行评审，保证行动项和建议得到文档化；跟踪与确认评审会议中所提出行动项的落实；汇报评审的结果；最终收集和报告评审工作所涉及的数据
作者	介绍产品，迅速解决所有已确定的问题，保持客观、不抵触的态度；记录评审结果

同行评审中的角色和职责如表 8.2 所示。

表 8.2　　同行评审中的角色和职责

角色	职责
评审组	系统地接受过有关如何进行评审的培训，负责组织评审会议，并主持正式评审会议；保证行动项和建议得到文档化；跟踪与确认正式评审会议上所提出的行动项的落实；汇报评审的结果；最终收集和报告同行评审所涉及的数据
项目经理	安排评审会议，并参与全部主要文件的评审
品质保证员	协助正式评审会议的安排，保证评审会议按照评审规程正常进行（注：纯技术类评审品质保证员可不参加）
记录员/协调员	在评审开始前准备好评审会议中所需用到的材料，借助评审单，对评审会议中所提出的问题和缺陷进行标准化记录，同时记录行动项和所提建议，并将记录评审结果的评审单原件交付评审组；将评审单电子文档化后分发给所有参与本次评审会议的评审员
作者	介绍产品，可提出初步问题进行评审，快速解决全部已确定的软件缺陷，保持客观、不抵触的态度

管理评审中的角色和职责如表 8.3 所示。

表 8.3　　管理评审中的角色和职责

角色	职责
项目主管	应当定期或在项目开展中遇到严重问题时，对该项目的进展情况、所产生的问题、质量的管理状况、项目中存在的风险进行评审，并主持评审会议
项目经理	应当定期或在项目开展中遇到严重问题时，对该项目的进展情况、所产生的问题、质量的管理状况、项目中存在的风险进行评审
品质保证员	其责任主要在于向项目经理报告质量管理的最新状况，对修复和预防措施执行跟踪和验证

续表

角色	职责
小组负责人	报告小组内部状况，提供管理评审所需要的相关文件、资料；针对评审会议中所提出的问题（包括可能出现的问题），负责提出并组织采取修复和预防措施
记录员/协调员	对评审会议中提出的问题和项目进展情况进行详细记录，并记录行动项和建议；将记录结果电子文档化后分发给本次所有与会人员

8.2.3 入口与评审准则

入口与评审准则

1. 入口准则

（1）任命评审组长。

（2）在相关计划中定义评审准则。

（3）准备被评审的产品。

（4）对评审员进行正规评审规程的培训。

（5）对评审员进行被评审问题的相关技能培训。

（6）对协调员进行如何执行评审的正式培训。

（7）《项目计划》已制订。

2. 评审准则

（1）单人评审准则如下。

① 评价项目总体进展状况。

② 评价小组内部的进度。

③ 评价项目的质量控制情况。

④ 评价项目进展中遇到的问题并提出相应的解决办法。

⑤ 评价项目当前所存在的风险。

⑥ 其他情况的评价（视项目开展阶段而定）。

（2）同行评审准则如下。

① 做好会前准备工作。

② 对全部评审人员进行规范的培训。

③ 在组织评审会议时评审员中应有被评审产品作者的同行，以及与被评审产品相关的其他人员。

④ 评审会议的最佳与会人数应为 5～9 人。

⑤ 只针对产品进行评审。

⑥ 保持会议的良好氛围。

⑦ 禁止在评审会议上讨论解决问题的方法（评审会议只是为了发现问题而不是解决问题）。

⑧ 阐明问题的影响范围。

⑨ 展示会议的所有记录（最好准备白板，将会议中所提出的问题随时写在上面）。

（3）管理评审准则如下。

① 只评审产品，不对产品设计者做任何评价。

② 阐明问题的影响范围。

③ 评审人员应在被评审产品领域具有极丰富的经验。

3. **评审步骤**

（1）同行评审步骤如下。

第一步：制订评审计划。

在项目策划阶段由项目经理进行评审计划的制订。

第二步：做好会前准备。

① 依照项目计划，在评审会议的前一天或前两天，由项目经理选定必须参与评审会议的评审员、记录员、评审会议主持人，然后通知与此次评审会议中项目相关的其他人员。在一般情况下，与整体项目相关的评审，项目经理担任主持人；对各个模块的评审，主持人则由项目组长担任。

② 需要提前进行评审申请的，应提前至少半天向项目组长提出评审申请（同时提交需要评审的项目/产品）。项目组长再根据项目的进展计划，确定该项目/产品评审会议的具体时间。

③ 由项目经理指定评审员，确定评审会议的相关内容，并确定完善的评审准则。

④ 在评审会议开始的前一天将评审通知、待评审的材料以及与此次评审相关的参考资料分发给每位参会的评审员，预定第二天的会议场所，并保证每位评审员都有足够的时间来预审文件，其中评审通知的分发可以采用邮件形式。

⑤ 如果临时决定取消或推迟评审会议，需立刻通知所有参与本次评审会议的相关人员。

⑥ 每位评审员都必须根据评审检查表对待评审的材料进行预审。在预审过程中发现的问题应记录到评审检查表对应检查点后的“备注”栏，如果发现的问题与所列检查点无关，可在检查表下方“备注”栏内填写。

第三步：召开评审会议。

会议主持人的职责主要是控制会议的进度、时间以及协调会议中所出现的问题。

① 待评审产品的作者对其产品进行简明扼要的讲解，对评审组成员提出的问题做出解答。

② 确定问题的确认者与修复者，修复人员给出修复时间。

③ 对各评审员发现的问题做出讨论，并确认此问题是不是真正的缺陷；评审记录员对评审结果进行记录（包括所确认的缺陷、行动项和建议）。记录写入《评审记录与报告》，对会议中发现的缺陷应按要求进行分类，如没有其他硬性要求，则参考《软件缺陷分类标准》对其进行分类。

④ 对接受评审的产品根据评审标准做出最终结论。

评审标准如下。

① 软件评审完仍存在5个以下的轻微缺陷，则可视为评审通过。

② 评审不通过的情况可分为两种：一种是评审完毕后，软件存在严重缺陷；另一种是评审完毕后，软件无严重缺陷，但其轻微缺陷在5个以上。

评审会议最后一项内容是由记录员复述评审会议中所提出并确认的全部缺陷，并由评审员对缺陷分类。评审结束时，得出结论本次评审是否通过，若不通过，则确定下次评审会议的时间。

评审会议所得结论分类如下。

① 评审通过。

② 评审通过，但产品在修复轻微缺陷后需要进行确认。

③ 评审不通过，需要重新评审并确定重新评审的时间。

④ 主评审人指派相关人员收集本次评审会议所需的全部资料（如评审通知、评审过程中所需用到的相关资料、评审记录表等）。

第四步：对评审结果的具体操作。

① 评审记录员整理会议内容，编写评审记录初稿，针对评审会议中发现的问题及讨论的结论进行详细的记录。

② 评审记录员将评审记录的初稿提交至项目经理进行确认，根据最终确认情况，再次修订完善评审记录，确认无误后，将评审记录分发给参与本次会议的所有人员。

③ 由项目经理指定专门人员或产品作者对评审结果进行详细分析，确定问题解决计划，对产品进行修复，并在《评审记录与报告》中记录修复信息。

④《评审记录与报告》不能涵盖的问题需要进行特殊记录，由项目经理指定专门人员撰写。

第五步：跟踪评审结果直至完成。

评审结果的跟踪处理方式如表 8.4 所示。

表 8.4　　评审结果跟踪处理方式

评审结果		跟踪处理方式
通过	不做修改	无
	稍做修改	1. 项目经理指定专门人员或 QC 对修复结果进行跟踪直至缺陷关闭，并在《评审记录与报告》中记录跟踪信息。 2. 确认者根据确定的时间对修改的问题进行确认，并将结果及时填写到《评审记录与报告》中
不通过	重新修复	组织该项目的下一次评审

第六步：提交和归档。

项目经理所指定人员将评审会议资料交由 QC 进行归档。

（2）单人评审步骤如下。

如果产品存在很多缺陷或比较严重的缺陷，则评审应采取上述同行评审会议的形式。如果产品简单明了，缺陷的数量很少，而且也不是非常关键，考虑到成本，则建议采用以下单人评审的形式（其过程类似同行评审）。

① 与项目经理协商后，由作者自己确定评审员人选。

② 安排好评审会议后，提前给评审员此次评审所需材料。

③ 评审员对评审产品采用独立的检查表并准备和作者的会议。

④ 评审会议的整个过程只有作者和评审员两人在场，在评审会议中产生的缺陷记录必须都记入《评审记录与报告》。会后应记录并跟踪修复和行动项，以确保缺陷被解决。

跟踪缺陷直到缺陷被修复由项目经理负责。测试用例评审、缺陷报告评审、测试报告评审以及代码的检查等都可采取单人评审的形式。

（3）管理评审步骤如下。

第一步：制订评审计划。

在项目策划阶段着手评审计划的制订。

第二步：评审准备。

① 根据项目计划，在评审会议的前一天或前两天，由项目经理选定必须参与评审会议的评审员、记录员、评审会议主持人，然后通知与此次评审会议中项目相关的其他人员。在一般情况下，与整体项目相关的评审，项目经理担任主持人。

② 在评审会议的前一天将评审通知分发给每位评审员，评审通知的分发可使用邮件或者传真的方式。

③ 如果临时决定取消或推迟评审会议，则需要马上通知所有参与本次评审会议的相关人员。

第三步：召开评审会议。

① 由项目经理主持评审会议并掌握会议的节奏。

② 对各评审员所发现的问题进行讨论并确认该问题是不是真正的缺陷；评审记录员将评审的结果（包括所确认的缺陷、行动项和建议）全部记录到《评审记录与报告》中。

③ 在评审会议结束前，评审记录员复述会议中确认的所有缺陷。

第四步：对评审结果的具体操作。

① 评审记录员整理会议内容并记录初稿，对于评审会议中所发现的问题以及经过讨论所得出的结果要做好详细的记录。

② 评审记录员将评审记录的初稿交至项目经理进行确认。根据其确认结果对评审记录进行再次修改，确认无误后，将最终的评审记录发送至参加本次评审会议的所有评审人员。

③ 由项目经理指定专门人员或产品作者对评审结果进行详细分析，确定问题解决计划。

④《评审记录与报告》不能涵盖的问题需进行特殊记录，由项目经理指定专门人员撰写。

第五步：跟踪评审结果直至完成。

评审结果的跟踪处理方式与同行评审相同。

第六步：提交和归档。

项目经理指定人员将评审会议资料交由 QC 进行归档。

8.3　评审的误区

评审的误区

评审误区一：参与评审人员不了解评审。评审参与者拒绝参加评审，可能是因为不明白做这件事意义何在，所以参与评审的积极性受到了极大的影响。此误区危害指数较高，并且在各个项目组中属于常见情况。

评审误区二：评审目标偏移。评审的主要目的是发现问题，而不是评价相关人员的业务水平，因为每个人都会犯错。这种误区危害指数较高，但是比较少见。

评审误区三：没有将评审工作安排到项目开发计划之内。参与评审需要投入大量的精力和时间，应提前安排到项目计划中。如果项目经理不遵守评审的相关准则，在自己完成工作后才递交评审请求，参与评审的人员就会非常被动，必须加班加点才能完成任务。这种误区危害指数较高，并且在各个项目组中都比较常见。

评审误区四：评审会议变成了解决问题的讨论会。评审会议的主要目的是发现问题，而不是解决问题，解决问题是在评审会议结束后需要做的事情。实际上，评审会议聚集了大量的技术人员，大家对技术的追求和解决问题的迫切愿望，往往促使评审会议变成解决问题研讨会，从而浪费宝贵的评审时间，导致大量评审内容被忽略，留下隐患。这种误区危害指数较高，并且很常见。

评审误区五：评审人员事先对评审工作没有足够了解。每一份评审材料都是他人智慧和心血的结晶，需要花足够的时间去了解、熟悉和思考，只有这样才能在评审会议上发现有价值的问题。在很多的评审中，评审人员因为各种原因，在评审会议之前对评审材料没有取得足够了解，于是评审会议变成读文档的“朗诵会”。这种误区危害指数较高，并且比较常见。

评审误区六：评审人员没有关注实质性问题。在评审中，评审人员过多地关注一些非实质性的问题，如文档的格式、语句、措辞等，而不是关注产品的设计。这种误区危害指数中等，并且比较常见。

评审误区七：忽视组织细节。在组织评审时，有些人不太注意细节，如会议的通知、时间的设定、会议地点的选择、会议设施的提供等。这种误区危害指数较高，并且比较常见。

评审误区八：会议时间过长。评审会议最好不要超过两小时，因为会议时间太长，大家已经疲劳，没有探讨的精力了。这种误区危害指数中等，并且比较常见。

8.4 本章小结

本章主要讲解了有关评审的内容，通过本章的学习，大家需要了解评审的重要性，掌握评审的具体方法，学习评审的经验，避开评审的误区。

8.5 习题

1. 填空题

（1）________是费根（Fagan）于 1976 年在 IBM 发明的一种项目管理方法。

（2）由软件项目/产品管理者对项目过程中的管理活动进行评估，识别过程缺陷，改进管理活动指的是________。

（3）PM 是________，PL 是项目组长，SL 是________，QA 是________，QC 是品质控制

人员。

（4）评审共有四个阶段，分别是________、设计评审、________和测试评审。

（5）________是由软件工作产品创建者的同行检查该工作产品，识别产品的缺陷，改进产品的不足。

2. 选择题

（1）下列选项中，用于设计评审阶段的是（　　）。

A.《测试需求》　B.《详细设计》　C.《代码规范》　D.《测试用例规范》

（2）由单独一个评审员对简单的工作产品进行评估，识别产品的缺陷，改进产品的不足的是（　　）。

A. 管理评审　B. 单人评审　C. 同行评审　D. 代码检查

（3）下列选项中，不用于测试评审阶段的是（　　）。

A.《代码规范》　B.《测试用例规范》

C.《测试计划》　D.《缺陷报告规范》

（4）评审小组中项目主管一般被称为（　　）。

A. PL　B. QA　C. SL　D. PD

（5）下列选项中，属于单人评审准则的是（　　）。

A. 坚持会前准备工作

B. 会场要有良好的气氛

C. 评价小组内部的进度和人员状况

D. 评审产品，而不是评审设计者

3. 思考题

（1）请简述同行评审的步骤。

（2）请简述管理评审的准则。

习题答案

09

第9章　风险分析与测试总结

本章学习目标

- 了解风险分析
- 掌握风险分析方法
- 掌握测试总结的编写方法

软件在未发布之前可能会隐含一些潜在的风险，因此需要对软件项目进行适当的风险分析，对可能产生的风险进行准确分析和评估，并针对风险设计出对应的缓解办法。

9.1　风险分析

众所周知，风险无处不在，若大家不学会预测并控制它，必将被其反控制，因此需要对生活中相关事物进行必要的风险分析，并运用对应的处理策略，使风险出现的可能性降到最低。软件中也存在各种各样的风险，其中最小的风险可能导致网页访问失败，而大风险可大到使承载国家科技发展使命的宇宙飞船失事，因此一定要注重控制软件中的风险。

由于受到成本、进度、资源等因素的限制，对一个软件进行全面测试是不可能也是不现实的。测试人员在测试时，所使用的测试用例可能只是所有测试用例的一小部分，具体如图 9.1 所示。

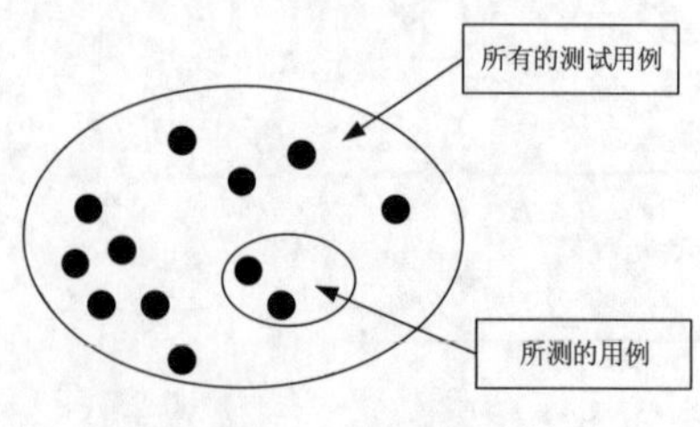

图 9.1　测试用例

项目组应该在对软件系统或软件项目做风险分析的前提下，根据项目进度，将资源和成本合理分配到软件系统或软件项目中优先级最高、最关键且最需要被测试的地方。

软件项目风险分析主要可以从软件风险和规划风险两个方面入手。软件风险分析主要是确定软件中需要测试的内容、测试的优先级、测试的深度；规划风险分析主要是为了防范因计划范围之外的事件发生而影响项目进度，例如，某测试人员突然离开小组导致测试人员不足，软件需求突然改变等。

9.1.1　软件风险

软件风险

参与软件风险分析的人员应是各个领域的专家，如项目经理、开发者、测试者、用户、界面设计者。上述与软件相关的人员都需要参与软件风险的分析。而且软件风险分析需要在项目一开始就进行，因为风险发现得越早项目成功的概率越大，反之越晚发现风险越会影响项目的成功。接下来将讲解软件风险分析的 10 个步骤。使用流程化步骤，可以有计划且准确地完成工作或任务，尤其是在大项目中运用，效果更加明显。这样，不论开发人员还是测试人员都能够明确系统中最重要的部分。具体步骤如下。

（1）组建风险分析小组。

风险分析小组一般由项目经理、开发者、测试者、用户、界面设计者等各个领域的专家组成。通常是由项目经理、测试人员、开发人员进行讨论，经验较为丰富的测试主管和开发主管也会参与其中，利用测试或开发经验来发现一些潜在的风险。

（2）列出软件功能列表。

风险分析小组需要在进行讨论之前获取软件相应的文档，如需求文档、功能设计文档等。而且刚开始可对整个项目进行划分，将较大的内容分类，先不做细化处理，随着讨论的深入再对内容进行细化。

以银行柜员系统为例，一开始可以分成：功能性（取钱、存钱、查询余额、转账、理财办理）、性能、安全性、可用性。

（3）分析功能失败的可能性。

此步骤在风险分析过程中非常关键，需要分析软件中各部分功能及特性失败的可能性，并将可能性标注出来。软件中各部分功能及特性失败的可能性需要从客观和主观两方面同时考虑才能确定，具体可通过以下几部分内容进行判断。

① 软件功能对软件系统的其他功能或组件的依赖程度。依赖程度越高，失败的可能性就越高。

② 软件功能自身的复杂度。

③ 软件功能实现团队及软件设计者的经验。若软件设计及软件功能实现团队都比较年轻，并且没有太多经验，则软件功能的失败可能性就比较高。

④ 若软件使用的是新技术或正在实验阶段，则失败可能性较高。

⑤ 若是基于旧功能改写，并且旧功能的缺陷就比较多，则整体功能改写的失败可能性就会比较大。

⑥ 若是基于旧功能改写，则改写代码量越少软件功能失败可能性就越大，这是因为回归测试往往不充分。

银行柜员系统功能失败可能性如表 9.1 所示。

表 9.1　银行柜员系统功能失败可能性

功能	特性	失败可能性
取钱		高
存钱		中
查询余额		低
转账		中
理财办理		中
	可用性	中
	性能	低
	安全性	高

对表 9.1 中列出的失败可能性不需要过于在意，因为不同的讨论小组得出的结论往往不相同。关键是当小组对同一个功能或特性的失败可能性产生较多不同意见时，需要将此功能或特性的失败可能性按照多数人的意见进行界定，因为随着分析的继续，后续出现的变数还会很多。

（4）确定功能失败所造成的影响。

此步骤更多地是从用户的角度来判断，而不应过多考虑技术问题。此步骤一般会存在主观意识，并且在一些特殊软件的分析上还需要市场分析人员的帮助或意见，银行柜员系统功能失败的影响如表 9.2 所示。

表 9.2　银行柜员系统功能失败的影响

功能	特性	失败可能性	失败的影响
取钱		高	高
存钱		中	高
查询余额		低	中
转账		中	中
理财办理		中	中
	可用性	中	高
	性能	低	中
	安全性	高	高

（5）量化。

量化，即将表 9.2 中表示可能性的“高”“中”“低”使用数字来表示，能区分“高”“中”“低”即可，因此任意数字均可，通常使用“3”“2”“1”表示“高”“中”“低”。量化数据是由项目组决定的，但需要在整个项目周期内保持一致。

（6）计算风险优先级。

通常计算风险优先级的公式有两个，具体如下所示。

表格分析法（也称∏型法）：风险优先级=失败可能性×失败影响。

矩阵法（也称∑型法）：风险优先级=失败可能性+失败影响。

但需要注意，若软件的功能与人身安全相关，无论最终计算结果如何，此功能的风险优先级均为最高。

银行柜员系统的风险优先级如表 9.3 和表 9.4 所示。

表 9.3　　银行柜员系统的风险优先级（表格分析法）

功能	特性	失败可能性	失败的影响	风险优先级
取钱		高	高	9
存钱		中	高	6
查询余额		低	中	2
转账		中	中	4
理财办理		中	低	2
	可用性	中	高	6
	性能	低	中	2
	安全性	高	高	9

表 9.4　　银行柜员系统的风险优先级（矩阵法）

功能	特性	失败可能性	失败的影响	风险优先级
取钱		高	高	6
存钱		中	高	5
查询余额		低	中	3
转账		中	中	4
理财办理		中	低	3
	可用性	中	高	5
	性能	低	中	3
	安全性	高	高	6

（7）评审并修改量化的数值（与步骤（3）内容相似，但此步骤为数值改写）。

在项目进行中可随时按照前面所提的经验来改写数值。

（8）将功能按优先级排列。

此步骤是将软件中的功能按优先级进行排序，使项目组成员对各部分功能或特性的优先级清楚明了。测试人员在测试时按照此优先级进行测试，也可对功能再做细致划分，直到可编写测试用例为止。如此编写出的测试用例是软件系统中最重要的部分。

（9）确定“风险分割线”。

在某些需求下，需要对功能或特性进行分割；在一个项目中成本、进度、资源三者需要衡量的情况下，也可能会对一些功能或者特性进行分割。分割线之下的内容可能放到项目的下个周期再行处理，如表 9.5 所示。

表 9.5 银行柜员系统风险分割线

功能	特性	失败可能性	失败的影响	风险优先级
取钱		高	高	6
	安全性	高	高	6
存钱		中	高	5
	可用性	中	高	5
转账		中	中	4
查询余额		低	中	3
理财办理		中	低	3
	性能	低	中	3

但在功能或者特性对软件非常关键或必不可少时，则必须增加时间、经费与人员。

（10）确定缓解风险的措施。

有些风险是无法避免的，只有通过分析进行防范或缓解，指定相应的措施。而这些措施只能减小软件功能或特性的失败可能性，而无法减弱失败的影响，因为失败的影响属于用户范畴，是开发、测试人员不可控制的。例如，在对复杂的模块进行测试时，可先执行 Code Review（代码评审），再执行黑盒测试。

9.1.2 规划风险

规划风险

规划风险是在项目进行中出现计划之外的事件，导致项目进度受影响。此类风险必须在软件测试计划中加以说明。接下来以一个示例的形式讲解此类风险说明，并列举出缓解的措施。

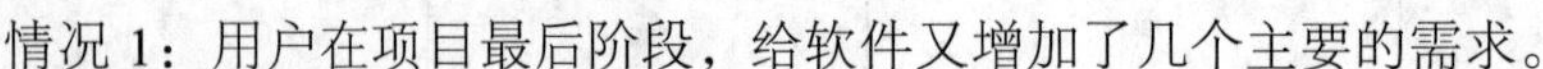

情况 1：用户在项目最后阶段，给软件又增加了几个主要的需求。

缓解措施 1：增加测试资源。

缓解措施 2：将已有的低优先级的功能或者特性推迟测试。

缓解措施 3：降低对低优先级的功能和特性的测试的质量。

情况 2：某测试人员突然离开测试小组导致测试资源缺乏。

缓解措施 1：剩余测试人员加班。

缓解措施 2：推迟项目发布。

缓解措施 3：从其他项目组借调测试人员。

缓解措施 4：降低对低优先级的功能和特性的测试的质量。

根据经验可判断项目进行中可能出现的计划之外的事件，必须在软件测试计划中将其一一列出，并给出每个事件产生后相应的对策。在不同的情境下，所需要的对策也是不一样的，因此需要编写测试计划的人员拥有较多的经验。

9.2 测试总结

测试报告的编写是测试工作中非常关键的一项工作，因此如何写好一份完美的测试报告需要测试人员深思熟虑。测试报告对测试人员就像代码对程序员一样重要。编写测试报告除了基本的写作能力、规范的测试报告模板外，更重要的是对测试评估、质量分析进行更深入的研究。在对系统或软件做出质量分析之前，首先需要了解测试的执行情况，需要对测试人员或对自己提出许多问题，具体如下所述。

（1）单元测试使用的方法是否覆盖了程序的所有关键路径，并满足程序中各种多分支条件？

（2）集成测试是否对所有接口、参数进行了全面的测试？

（3）系统测试是否包含了兼容性、安全性、恢复性等测试？如果包含，思考如何进行。

（4）测试用例设计方法是否覆盖了用户特别的使用场景？

（5）测试计划所要求的各项测试内容是否都已完成？

（6）测试用例是否被 100%执行？

（7）所有严重的缺陷是否都已被修复？

在上述问题得到肯定的答案之后，最困难但又最关键的任务是评估系统被测试的覆盖率。只有确认系统得到了充分的测试，针对测试结果做出的分析才具有更好的可靠性和准确性，测试人员对自己得出的结论才能有足够的信心。

测试总结模板见附录 2。

9.3 本章小结

本章主要讲解了风险分析、测试总结等两部分内容。通过本章的学习，大家一方面应掌握风险分析的方法和流程，另一方面应掌握测试总结文档的编写方法与意义，对未来完成的软件项目进行准确完整的总结分析。

9.4 习题

1. 填空题

（1）缓解风险的措施是为了能够减少________的失败可能性。

（2）计算风险优先级的方法中，矩阵法的公式是________。

（3）“头脑风暴”小组由________、开发者、测试者、用户、________等各个方面的专家组成。

（4）软件风险分析主要是确定软件中的________、________、________。

（5）软件项目风险分析主要从________和________两个方面入手。

2. 选择题

（1）下列选项中，计算风险优先级（选项中简称优先级）的方法中，表格分析法的公式是（　　）。

A. 优先级=失败可能性+失败影响　　B. 优先级=失败可能性-失败影响

C. 优先级=失败可能性×失败影响　　D. 优先级=失败可能性/失败影响

（2）“头脑风暴”小组一般不包括（　　）。

A. 项目经理　　B. 产品推广人员　　C. 界面设计者　　D. 用户

（3）下列选项中，不属于软件风险分析步骤的是（　　）。

A. 确定功能失败所造成的影响　　B. 确定功能失败的可能性

C. 组建“头脑风暴”小组　　D. 完成并解决所有风险

（4）在进行软件风险分析时，会将风险进行分级，例如，最高为1，其次为2，再次为3，最弱为4。当软件功能与人身安全相关，则风险等级为（　　）。

A. 1　　B. 2　　C. 3　　D. 4

（5）在整个测试中，最困难但又最关键的任务是（　　）。

A. 进行风险分析

B. 评估系统被测试的覆盖率

C. 测试用例的编写

D. 编写测试报告

3. 思考题

（1）请简述软件风险分析的步骤。

（2）请简述如何写好测试报告。

习题答案

第10章　软件质量度量与评估

本章学习目标

- 了解软件产品的质量度量
- 理解评估系统测试的覆盖程度
- 掌握软件缺陷分析方法
- 理解基于缺陷分析的产品质量评估
- 熟悉测试报告

在软件产品上线之前，需要进行一系列操作来确保软件上线时可以达到预期结果，其中软件质量度量与评估是较为重要的一部分。本章讲解软件产品的质量度量和评估。

10.1　软件产品的质量度量

软件产品的质量度量（软件度量）是根据一定的规则，将数字或符号赋予系统、构件、过程等实体的特定属性，从而让相关人员能清晰地理解该软件实体及其属性。简言之，软件度量就是对软件包含的各种属性进行量化表示。

软件度量可提供对软件产品和软件过程的衡量指标，使团队可以更好、更准确地做出决策以达到目标。软件度量的作用如下所示：

- 用数据指标表明验收标准；
- 监控项目进度和预见风险；
- 分配资源时进行量化均衡；
- 预计和控制产品的生产过程、成本和质量。

软件度量是用来衡量软件过程质量和进行软件过程改进的重要手段。但为了保持数据的可靠性、客观性和准确性，软件度量结果不可用于评价数据提供者的工作素质或绩效。

10.1.1 软件度量的内容和分类

软件度量的内容和分类

软件度量的根本目的是通过量化的分析和总结来提高软件开发效率，降低软件缺陷率和开发成本，提高软件产品质量。具体来说，软件度量的根本目的包括 4 个方面，分别是收集信息、预测、评估、改进。

收集信息：通过分析获得过程、产品、资源、环境的信息，确定后期预测的基线和模型。收集信息是评估、预测、改进活动的基础。

预测：通过理解过程、产品各要素之间的关系建立模型，由已知的要素推算估计其他要素，以便合理分配资源，合理制订计划。

评估：分析活动与计划的符合程度，确定是否有偏差，以便控制其执行。可评估最终产品的质量、新技术的影响、过程改进对过程和产品的影响。

改进：根据得到的量化信息，帮助识别障碍物，查找问题的根源以及可提高产品质量和过程效率的其他方法，并与先前的量化信息比较，证实这些方法是否有效。

（1）软件度量的相关概念如下。

① 测量（Measurement）是对软件过程的某个属性的范围、数量、维度、容量或大小提供一个定量的指示。

② 度量（Metric）是对软件产品进行范围广泛的测度，它给出一个系统、构件或过程中某个给定属性的度的定量测量。

③ 指标（Indicator）是一个度量或一组度量的组合，即采用易于理解的形式，对软件过程、项目或产品质量提供更全面、更深入的评价，以利于过程和质量的分析。

（2）有效软件度量的属性如下。

① 简单且可计算。导出度量值应当是相对简单的，且其计算不应要求过多的工作量和时间。

② 经验和直觉上有说服力。度量应符合软件工程师对软件过程和产品的直觉概念，例如，测度模块内聚性的度量值应随内聚度的提高而提高。

③ 一致和客观。度量的结果不会产生二义性，任何独立的第三方使用该软件的相同信息可得到相同的度量值。

④ 在单位和维度的使用上一致。度量的数学计算应使用不会导致奇异单位组合的测度。例如，将项目队伍的人员数乘以程序中的编程语言的变量会引起一个直觉上没有说服力的单位组合。

⑤ 编程语言独立。度量应基于分析模型、设计模型或程序本身的结构，而不依赖于编程语言的语法。

⑥ 质量反馈的有效机制。度量会为软件开发效率、产品质量等提供积极的信息。

（3）软件度量的分类如下。

① 软件过程度量：用于过程的优化和改进。对软件开发过程本身的度量，目的是形成组织的各种模型，作为对项目、产品的度量基础，以便对软件开发过程进行持续改进，提高软件生产力。软件过程度量一般不直接进行，而是通过大量的项目度量分析、总结得到。软件能力成

熟度模型中关键过程域的度量就是典型的过程度量。

② 软件项目度量：用于生产率评估和项目控制。对软件开发项目的特定度量，目的是评估项目开发过程的质量，预测项目进度、工作量等，辅助管理者进行质量控制和项目控制。

③ 产品质量度量：用于产品评估和决策。主要是针对项目开发结果——最终产品的度量。一般来说，产品度量指的是对产品质量的度量。

软件过程度量与软件项目度量的区别是：软件过程度量是战略性的，在组织范围内进行，是对大量项目实践的总结和模型化，对软件项目度量有指导意义；而软件项目度量是战术性的，针对具体的项目预测、评估、改进工作。

产品质量度量用于对产品质量的评估和预测。

（4）软件度量的内容如下。

① 规模度量：代码行数，以千行源代码为基准。它是工作量度量、进度度量的基础。

② 复杂度度量：软件结构复杂度指标，预测软件产品各部分的复杂性，以便选择最可靠的程序设计方法，确定测试策略。

③ 缺陷度量：帮助确定产品缺陷变化的状态，并标示修复缺陷活动所需的工作量；分析产品缺陷分布的情况，并指示需要加强何种研发活动，需要何种技术培训；预测产品的遗留缺陷情况；预测产品发布后缺陷的影响情况。

④ 工作量度量：把任务分解并结合人力资源水平来度量，合理地分配研发资源和人力，获得最高的效率。

⑤ 进度度量：通过任务分解、工作量度量、有效资源分配等做出计划，然后将实际结果与计划值进行对比来度量。

⑥ 生产率度量：产生代码行数/（人・月），测试用例数/（人・日）。

⑦ 风险度量：一般通过“风险发生的概率”和“风险发生后所带来的损失” 两个参数来评估风险。

⑧ 其他的项目动态度量：如需求更改、代码动态增长等。

目前各个方面的软件度量技术都开始走向成熟，规模度量、复杂度度量、缺陷度量、工作量度量等方面都有比较多的模型和方法可以利用。

10.1.2 软件度量的分工和过程

软件度量的分工和过程

根据度量目标、内容和要求的不同，度量活动可能涉及一个项目的所有人员，也可能会包括各种活动数据的收集与分析。一个完整的度量活动涉及的角色包括度量工作小组、数据提供者、IT 支持者等。

度量工作小组由专职的度量研究人员和项目协调人员组成。度量研究人员主要定义度量过程和指导进行度量活动，并对数据进行分析、反馈；项目协调人员是度量小组和项目组之间的联系人，其职责是为定义度量过程提供详细的需求信息，并负责度量过程在项目组的推行。

数据提供者通常是项目中的研发人员，有时还会包括用户服务人员和最终用户。数据提供者的工作主要是按照规定的格式向度量工作小组或 IT 支持者提供数据。

IT 支持者主要根据度量工作小组的需要，确定数据提供的格式与数据存储方式，提供数据收集工具与数据存储设备。

根据数据统计，度量活动工作量不大，其中主要工作量由度量工作小组承担，IT 支持者工作量为 5%～10%，而软件工程师作为数据提供者，其工作量仅占 2%～4%。随着度量过程体系、IT 支持工具的逐步完善，软件研发人员在度量活动上花费的时间将越来越少。以度量活动的分析结果为基础，可提高劳动生产率和产品质量，其收益将远大于度量活动的成本。

为了说明软件度量的过程，此处以目标驱动的度量活动为例。目标驱动的软件度量活动主要包括 5 个阶段，分别是识别目标、定义度量过程、收集数据、数据分析与反馈、过程改进，具体内容如下。

（1）识别目标

根据管理者的不同要求，分析出度量的工作目标，并根据其优先级和可行性，得到度量活动的工作目标列表，并由管理者审核确认。

（2）定义度量过程

根据各个度量目标，分别定义其收集要素、收集过程、分析反馈过程、IT 支持体系，为具体的收集活动、分析、反馈活动和 IT 设备、工具开发提供指导。具体的定义内容如下所示。

① 收集要素：定义收集活动和分析活动所需要的数据要素与收集表格。

② 收集过程：定义数据收集活动的形式、角色及数据的存储。

③ 分析反馈过程：定义对数据分析方法和分析报告的反馈形式。

④ IT 支持体系：定义 IT 支持设备和工具，以协助数据收集、存储和分析。

（3）收集数据

根据度量过程的定义，数据提供者提供数据，IT 支持者应用 IT 支持工具进行数据收集工作，并按指定方式审查和存储。在规定的度量活动完成（或阶段性的度量活动完成）后，IT 支持者输出数据收集结果给度量小组。

（4）数据分析与反馈

度量小组根据数据收集结果，按照已定义的分析方法进行数据分析，完成规定格式的图表，向相关的管理者和数据提供者进行反馈。

（5）过程改进

对于软件开发过程而言，根据度量的分析报告，管理者可基于度量数据做出决策。这些决策可能包括滚动计划、纠正活动或不做任何改变。

上述（1）和（2）是保证成功收集数据和分析数据的先决条件，是度量过程最重要的阶段；（5）是度量的最终目的。

在改进过程中，度量过程自身的完备性也会得到评估。度量核心小组根据本次度量活动所发现的问题，将对度量过程进行改造，以提高度量活动的效率或使其更加符合组织的商业目标。

有前瞻性的公司会在软件开发的各个领域内广泛开展软件度量活动，其对工作量的估计可精确到每人每天，对缺陷的预测可精确到各个模块的缺陷密度。通过采用包括软件度量在内的各种软件工程技术，这些公司的生产力水平和产品质量水平得到了极大的提高。

10.1.3　软件质量模型

软件质量是指软件产品满足规定、隐含的需求的能力和相关特征与特性的集合，即所有描述软件优秀程度的特性组合。应用软件的质量依赖于问题需求的描述、解决方案的建模设计、可执行程序的编码及测试。为了更好地评价软件产品的质量，需要将软件质量的特性组合转化为物理或数学模型。

1976 年，贝姆（Boehm）第一次提出了软件质量度量的层次模型；1978 年，麦考尔（McCall）等人提出了从软件质量要素、准则到度量的三层模型；1985 年，国际标准化组织建议软件质量模型（ISO 9126）由三层组成，其中第三层由用户定义。

软件质量模型（ISO 9126）中三层的具体内容如下。

高层：软件质量需求评价准则（SQRC）。

中层：软件质量设计评价准则（SQDC）。

低层：软件质量度量评价准则（SQMC）。

ISO 9126 软件质量模型如图 10.1 所示。

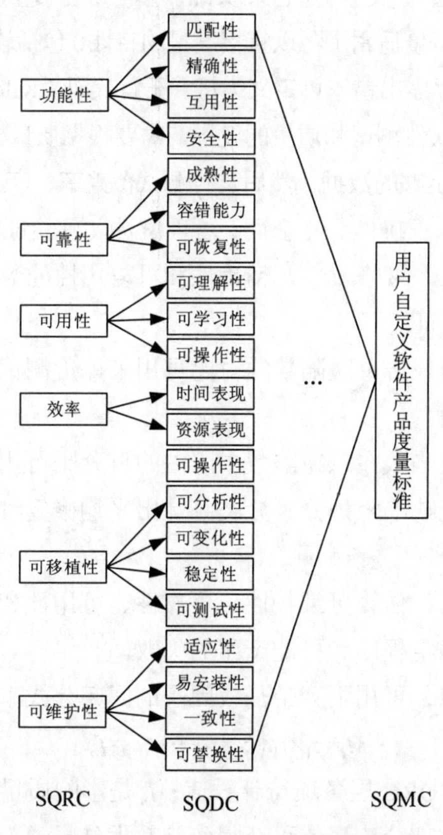

图 10.1　ISO 9126 软件质量模型

在国家标准 GB/T 17544—1998、GB/T 16260—1996 中，对 ISO 9126 软件质量模型中定义的质量标准有详细描述，概括如下。

（1）功能性（Functionality）：与现有的一组功能及其指定性质有关的一组属性，此处的功能是指满足明确或隐含需求的功能。

（2）可靠性（Reliability）：与在规定的一段时间和条件下软件维持其性质水平的能力有关的一组属性。

（3）可用性（Usability）：与一组规定或潜在用户为使用软件所须做的努力及对这样使用所做评价有关的一组属性。

（4）效率（Efficiency）：与在规定的条件下软件的性质水平和所使用资源量之间的关系有关的一组属性。

（5）可维护性（Maintainability）：与进行规定的修改所需的努力有关的一组属性。

（6）可移植性（Portability）：与软件从某一环境转移到另一环境的能力有关的一组属性，其中每一个质量特征都分别与若干自特征相对应。

软件质量的度量

10.1.4 软件质量的度量

软件需求是度量软件质量的基础，不符合需求的软件质量自然不达标。定量的软件评估基于上述原则通过数学模型来实现，即尺度度量（Metrics Measurement）方法。上述定量度量适用于可以直接度量的特性，包括软件可靠性度量、复杂度度量、缺陷度量和规模度量。例如，程序出错率可定义为每一千行代码（Kilometer Lines of Code，KLOC）所含有的缺陷数量。为了进行软件测试和质量的度量，需要根据质量模型（麦考尔质量模型、贝姆质量模型或 ISO 9126）来准备足够的数据，然后进行测试覆盖率、产品质量的量化评估分析。

（1）明确性（无二义性）、正确性、完全性、可理解性、可验证性、一致（内部和外部）性、简洁性、可完成性、可追踪性、可修改性、精确性和可复用性的数据。上述数据可用来评价、分析和模型相应的质量表现特征。

（2）公开的可能缺陷数与报告总缺陷数的对比可用来评价测试精确度和测试覆盖率，同时也可用来预测项目的发布时间。

（3）产品发布前清除的缺陷数在总缺陷数中所占的百分比可用于评估产品的质量。

（4）按严重缺陷、子系统缺陷来划分，分类统计出平均修复时间，这样将有助于规划修复缺陷的工作。

（5）利用测试的统计数据，估算可维护性、可靠性、可用性和原有故障总数等数据。上述数据有助于评估应用软件的稳定程度和可能产生的失败。

根据质量模型和上述观点，可用下列带加权因子的回归公式来度量质量。

$$M_i=c_1\times f_1+c_2\times f_2+\cdots+c_n\times f_n$$

M_i 是软件质量因素，如 SQRC 层各项待计算值；f_n 是影响质量因素的度量值，如 SQDC 层各项估计值；c_n 是加权因子。部分度量值可获得统计数据结果，部分度量值难以得到准确的量化值，需要主观测度，例如，通过检查表的形式，对这些特定属性进行评分。

10.1.5　质量度量的统计方法

质量度量统计方法是对质量评估量化的一种比较常用的方法，其使用有不断增长的趋势。质量度量统计方法包含的步骤如下。

（1）收集和分类软件缺陷信息。

（2）找出导致每个缺陷的原因。例如，不符合规格说明书、代码错误、设计错误、对客户需求误解、数据处理错误、违背标准、界面不友好等。

（3）使用二八定律。80%的缺陷由 20%的主要因素造成，20%的缺陷由另外 80%的次要因素造成，通过二八定律将 20%的主要因素分离出来。

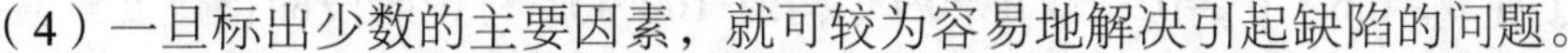

（4）一旦标出少数的主要因素，就可较为容易地解决引起缺陷的问题。

为了说明这一过程，假定软件开发组织收集了一年的缺陷信息，有些错误是在软件开发过程中发现的，其他错误则是在软件交付给最终用户之后发现的。尽管发现了数以百计的不同类型的错误，但所有错误都可追溯其出现的原因，具体原因种类有 IES（说明不完整或说明错误）、MCC（与客户交流不够所产生的误解）、IDS（故意与说明偏离）、VPS（违反编程标准）、EDR（数据表示有错）、IMI（模块接口不一致）、EDL（设计逻辑有错）、IET（不完整或错误的测试）、IID（不准确或不完整的文档）、PLT（将设计翻译成程序设计语言中的错误）、HCI（不清晰或不一致的人机界面）、MIS（杂项）。

将上述各项数据收集完成之后，才可使用质量度量的统计方法。上述数据具体如表 10.1 所示，其中 IES、MCC、EDR 和 IET 占总错误的近 62%，是影响软件质量的主要原因，但如果只考虑严重影响软件质量的因素，少数的主要原因就变为 IES、EDR、EDL 和 PLT。一旦确定少数的主要原因（IES、EDR 等），软件开发人员就可集中在这些领域采取改进措施，改善质量的效果会非常明显。例如，为了减少与客户交流不够所产生的误解（MCC），在产品规格设计说明书中尽量不使用专业术语，若使用了专业术语，也需要定义清楚，以提高与客户的通信及说明的质量。为了改正 EDR，不仅要采用 CASE 工具进行数据建模，而且要对数据字典、数据设计实行严格的复审制度。

表 10.1　质量度量的统计数据收集

总计（E_i）			严重（S_i）		一般（M_i）		微小（T_i）	
错误	数量	百分比	数量	百分比	数量	百分比	数量	百分比
IES	592	22.3%	110	28.2%	190	18.6%	292	23.4%
MCC	408	15.3%	36	9.2%	174	17.0%	198	15.9%
IDS	128	4.8%	4	1.0%	62	6.1%	62	5.0%
VPS	68	2.6%	2	0.5%	38	3.7%	28	2.2%
EDR	364	13.7%	76	19.5%	180	17.6%	108	8.7%
IMI	164	6.2%	28	7.2%	42	4.1%	94	7.5%
EDL	128	4.8%	40	10.3%	34	3.3%	54	4.3%
IET	280	10.5%	34	8.7%	102	10.0%	144	11.6%
IID	108	4.1%	6	1.5%	56	5.5%	46	3.7%
PLT	174	6.5%	44	11.3%	52	5.1%	78	6.3%
HCI	84	3.2%	8	2.1%	54	5.3%	22	1.8%
MIS	162	6.1%	2	0.5%	40	3.9&	120	9.6%
总计	2660	100%	390	100%	1024	100%	1246	100%

当质量度量与缺陷跟踪数据库结合使用时，可以为软件开发周期的每个阶段计算“错误指标”。针对需求分析、设计、编码、测试和发布各个阶段，可收集到的数据如下所示。

E_i= 在软件工程过程中的第 i 步中发现的错误总数

S_i= 严重错误数

M_i= 一般错误数

T_i= 微小错误数

P_i= 第 i 步的产品规模（代码行数、设计说明页数、文档页数）

W_s、W_m、W_t 分别是严重、一般、微小错误的加权因子，一般推荐取值为 W_s=10、W_m=3 和 W_t=1，此处建议取值为 W_s=0.6、W_m=0.3 和 W_t=0.1（构成 100%）。每个阶段的错误度量值可以表示为 PI_i：

$$PI_i=W_s(S_i/E_i)+W_m(M_i/E_i)+W_t(T_i/E_i)$$

最终的错误指标 EP 通过计算各个 PI_i 的加权效果得到。考虑到软件测试过程中越到后面发现的错误权值越高，简单用 1,2,3,…序列表示，则 EP 为：

$$EP=\sum(i\times PI_i)/PS \qquad 其中\ PS=\sum P_i$$

错误指标与表 10.1 中收集的信息相结合，可以得出软件质量的整体改进指标。

由质量度量的统计方法可知：想要将时间集中用于解决主要问题，首先就应找出导致主要问题的主要因素，而这些主要因素可通过数据收集、统计方法等分离出来，从而实现真正有效地提高产品质量。实际上，大多数严重的缺陷都可以追溯到少数的主要原因，通常与大部分人的直觉相近，但很少有人会花时间去收集数据来验证直觉。

10.2 评估系统测试的覆盖程度

若未执行测试评估，则不会有测试覆盖率的结果，也就不会有报告测试进程的根据。软件测试评估主要有两个目的：一是量化测试进程，判断测试进行的状态，决定测试可以结束的时间；二是为测试或质量分析报告生成所需的量化数据，如缺陷清除率、测试覆盖率等。

测试评估是软件测试的一个阶段性结论，是用所生成的测试评估报告来确定测试是否达到完全和成功的标准。测试评估可以说贯穿整个软件测试过程，可以在测试每个阶段结束前进行，也可以在测试过程中某一个时间进行。

系统的测试活动建立在至少一个测试覆盖策略基础上，而覆盖策略试图描述测试的一般目的，指导测试用例的设计。如果测试需求已经完全分类，则基于需求的覆盖策略可能足以生成测试完全程度评测的量化指标。例如，如果已经确定了所有性能测试需求，则可以引用测试结果来做出评测，如“已经核实 90%的性能测试需求”。测试评估工作主要是对测试覆盖率的评估，测试覆盖率是用来衡量测试完成多少的一种量化标准。

测试的覆盖率可用测试项目的数量和内容进行度量，除此之外，若测试的软件较大，还需要考虑数据量。测试覆盖程度表如表 10.2 所示。通过检查这些指标的达标程度，即可度量出测试内容的覆盖程度。

表 10.2　　测试覆盖程度表

测试覆盖项	测试覆盖率指标描述	测试结果
界面覆盖	符合需求（所有界面图标、信息区、状态区）	
静态功能覆盖	功能满足需求	
动态功能覆盖	所有功能的转换功能正确	
正常测试覆盖	所有硬件软件正常时处理	
异常测试覆盖	硬件或软件异常时处理	

对测试覆盖率的评估就是确定测试执行的完全程度，其基本方法有基于需求的测试覆盖评估和基于代码的测试覆盖评估。

10.2.1　对软件需求的估算

对软件需求的估算

对软件需求的估算有利于对测试需求的把握，有利于进一步估算测试覆盖率。

假设一个规格设计说明书中有 R 个需求，其功能需求的数目为 F，非功能需求数（如性能）为 N，则 $R=F+N$。为了解需求的确定性，一种基于复审者对每个需求解释的一致性的度量方法如下所示。

$$Q_1 = M / R$$

其中 Q_1 表示需求的确定性，M 是所有复审者都有相同解释的需求数目。需求的模糊性越低，Q_1 的值越接近 1。而功能需求的完整性 Q_2 的计算公式如下所示。

$$Q_2=F_u / (N_i \times N_s)$$

其中 F_u 是唯一功能需求的数目，N_i 是由规格设计说明书定义的输入个数，N_s 是被表示的状态个数。Q_2 只是度量一个系统所表示的必需功能百分比，但它并没有考虑非功能需求。为了把非功能需求结合到整体度量中以求完整，必须将已有需求已经被确认的程度考虑进去。因此 Q_3 的计算公式如下所示。

$$Q_3=F_c / (F_c+F_{nv})$$

其中，F_c 是已经被确认的需求个数，F_{nv} 是尚未被确认的需求个数。

10.2.2　基于需求的测试覆盖评估

基于需求的测试覆盖评估

基于需求的测试覆盖评估依赖于对已执行/运行的测试用例的核实和分析，因此基于需求的测试覆盖评估就转换为评估测试用例覆盖率，测试的目标是确保100%的测试用例都成功地执行。若这个目标不可行或不可能达到，则要根据不同的情况制定不同的测试覆盖标准，主要考虑风险和严重性、可接受的覆盖百分比。

在执行测试活动中，评估测试用例覆盖率又可分为两类测试用例覆盖率估算，具体如下所示。

（1）确定已经执行的测试用例覆盖率，即在所有测试用例中有多少测试用例已被执行。假定 T_x 是已执行的测试过程数或测试用例数，R_{ft} 是测试需求的总数，则已执行的测试覆盖计算公式如下所示。

$$已执行的测试覆盖=T_x/R_{ft}$$

（2）确定成功的测试覆盖，即执行时未出现失败的测试，例如，未出现缺陷或意外结果的测试。假定 T_s 是已执行的完全成功、没有缺陷的测试用例数，则成功的测试覆盖的计算公式如下所示。

$$成功的测试覆盖=T_s/R_{ft}$$

在实际计算中，很难确定 R_{ft} 的值，一般可以根据需求点、以往经验来估算。

10.2.3 基于代码的测试覆盖评估

基于代码的测试覆盖评估

基于代码的测试覆盖评估是对被测程序代码语句、路径或条件的覆盖率分析。若应用基于代码的覆盖，则应评估已执行测试的源代码量。这种测试覆盖策略类型对于安全至上的系统来说非常重要。

评估代码覆盖率，需要确定测试目标期望和总的测试代码行数、在测试中真正执行的代码行数及其百分比，并将此结果记录在测试评估报告中。

测试过程中已经执行的代码的数量，与之相对的是需要执行的剩余代码数量。代码覆盖可建立在控制流（语句、分支或路径）或数据流的基础上。控制流覆盖的目的是测试代码行、分支条件、代码中的路径或软件控制流的其他元素。数据流覆盖的目的是通过软件操作测试数据状态是否有效，例如，数据元素在使用之前是否已定义。

基于代码的测试覆盖计算公式如下。

$$已执行的测试覆盖=T_c/T_{nc}$$

其中 T_c 是基于代码语句、条件分支、代码路径、数据状态判定点或数据元素的已执行项目数，T_{nc} 是代码中的项目总数。

10.3 软件缺陷的分析方法

质量是反映软件与需求相符程度的指标，缺陷则被认为是软件与需求不一致的某种表现，因此通过对测试过程中所有已发现的缺陷进行评估，可以更加清楚地了解软件的质量状况，即软件缺陷评估是评估软件质量的重要途径之一。软件缺陷评估指标可以看作度量软件质量的重要指标，而且缺陷分析也可用来评估当前软件的可靠性，并预测软件产品的可靠性变化。缺陷分析在软件可靠性评估中有相当大的作用。

软件缺陷评估的方法比较多，从简单的缺陷计数到严格的统计建模，前面章节介绍的质量度量统计方法就是一个示例。通常软件缺陷评估模型假设缺陷的发现是泊松分布的，则有关缺陷率的实际数据适用于这一模型，但更严格的缺陷评估需要考查在测试过程中发现缺陷的实际间隔时间。

对缺陷进行分析，确定测试是否达到结束的标准，即判定测试是否已达到用户可接受状态。

在评估缺陷时应遵循缺陷分析策略中制定的分析标准。最常用的缺陷分析方法有 4 种，分别是缺陷分布报告、缺陷趋势报告、缺陷年龄报告、测试结果进度报告。

缺陷分布报告：允许将缺陷计数作为一个或多个缺陷参数的函数来显示，生成缺陷数量与缺陷属性的函数。例如，测试需求和缺陷状态、严重性的分布情况等。

缺陷趋势报告：按各种状态将缺陷计数作为时间的函数显示。趋势报告可以是累计的，也可以是非累计的，从中可以看出缺陷增长和减少的趋势。

缺陷年龄报告：一种特殊类型的缺陷分布报告，显示缺陷处于活动状态的时间，有助于了解处理这些缺陷的进度情况。

测试结果进度报告：展示测试过程在被测应用的几个版本中的执行结果及测试周期，显示应用程序经历若干次迭代和测试生命周期后的测试执行结果。

上述类型的分析为软件质量、可靠性的特性、变化趋势等提供了判断依据。例如，预期缺陷发现率将随着测试和修复的进度而最终减少，这样就可以设定一个阈值，在缺陷发现率低于该阈值时才能部署该软件。

对于缺陷分析，常用的主要缺陷参数包括缺陷状态、缺陷优先级、缺陷严重程度、缺陷根源。

10.3.1　缺陷分布报告

缺陷优先级（Priority）可进行设定，一般可设定为 4 种级别，每种级别代表不同的优先级：立即解决（P1），高优先级（P2），正常排队（P3），低优先级（P4）。

在报告中，主要分析前三种优先级在总体或功能上的分布情况。总体上各级别的缺陷数量应遵守 P1<P2<P3 的规则。有些项目代码质量不好，报告中给出的优先级分布情况不符合正常缺陷分布，需要进一步分析，找出其根本原因，类似情况如图 10.2 所示。

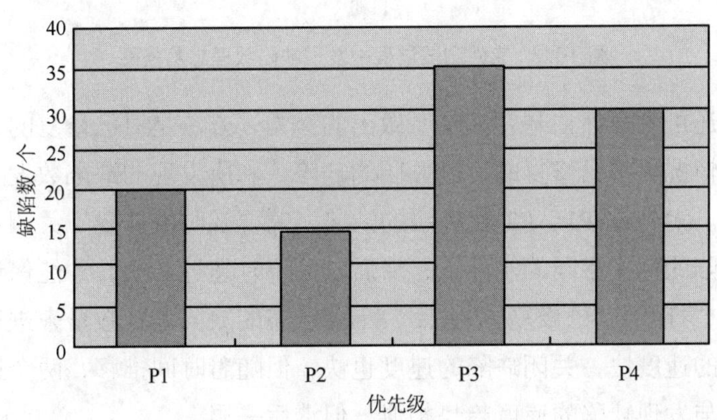

图 10.2　缺陷的优先级分布

对功能上的分布情况进行分析，可以了解处理起来较为困难的功能模块和程序质量较差的功能模块，这样更有利于软件质量的改进和提高。进一步分析可计算出 P1 优先级缺陷从报告到关闭所需要的平均时间，从而可得知开发人员是否按照要求去做。一般来说 P1 优先级缺陷规定必须在 8 小时之内解决。

缺陷根源分布报告显示缺陷在导致缺陷的根本原因上的分布情况，此种分析有助于程序代码质量的改进。

10.3.2 缺陷趋势报告

一般测试标准要求在测试结束前 P1、P2 两类优先级缺陷必须被全部处理完，因此需要生成 P1、P2 两类优先级缺陷在时间上的分布图，以决定整个产品开发是否按预期进度进行，测试是否可以结束。在测试报告中，主要分析前三种优先级的趋势变化。

在一个成熟的软件开发过程中，缺陷趋势会遵循着一种和预测比较接近的模式向前发展。在生命周期的初期，缺陷率增长很快；达到顶峰后，缺陷率会随时间的推移以较慢的速率下降，如图 10.3 所示。可根据这一趋势复审项目时间表，若在 4 个星期的测试周期中，缺陷率在第三个星期仍然增长，则项目明显有问题，需要重新审视代码质量、调整时间表。

实际测试过程中，可能出现一些波动现象，而且测试过程需要经过单元测试、集成测试、确认测试、系统测试、验收测试等不同的阶段，其波动会表现出周期性。

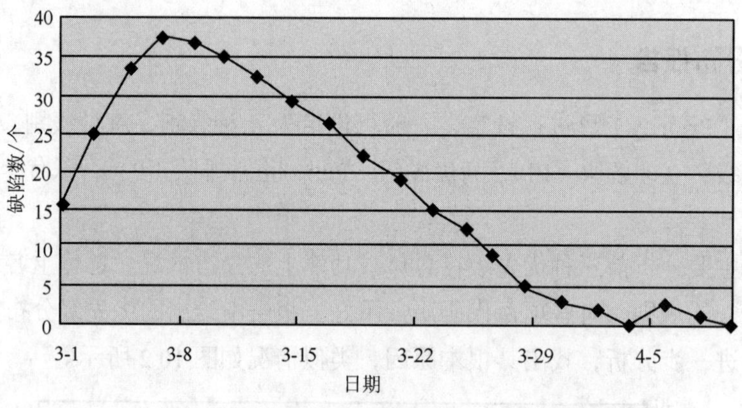

图 10.3 软件测试过程中发现缺陷数理想趋势图

上述趋势分析还可用来评估开发人员所做出的努力，方法是对已修复的、已关闭的软件缺陷进行跟踪。理想情况下，已修复的、已关闭的缺陷数和所发现的缺陷数发展趋势应相同或相近，只有滞后效应。尤其是 P1、P2 优先级的缺陷，需要及时被修复、关闭，关闭缺陷的速率应维持在与打开缺陷的速率相同的水准上，滞后时间不宜超过 3 天，才能保证项目顺利进行。这种趋势图建议以“打开”“已修复”“关闭”不同状态的缺陷累计数量来进行分析。在项目开始时，新发现缺陷的速度快，关闭缺陷的速度也快，但随着时间推移，两个速度不断降低，关闭缺陷的速度趋势与发现缺陷的速度趋势相似，但滞后一周。

理想趋势图如图 10.4 所示（从上到下依次是新发现的累计缺陷数、修复的累计缺陷数、关闭的累计缺陷数）。若现实情况并非如此，这些趋势之间差别显著，则表明存在问题，缺陷处理流程有问题或回归测试策略不对或修复缺陷所需的资源不足等。当与测试覆盖评测结合起来时，缺陷趋势分析可提供出色的评估，测试完成的标准也可建立在此评估的基础上。

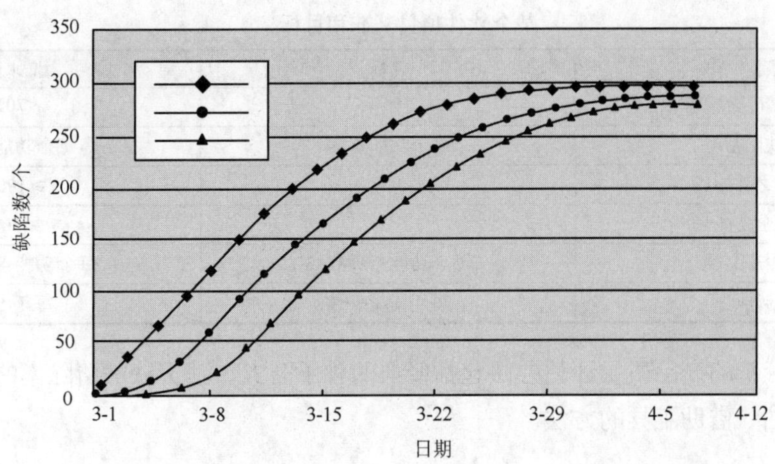

图 10.4　新发现的、修复的、关闭的累计缺陷数的理想趋势图

对缺陷龄期、缺陷发现率等进行分析，也可提供有关测试有效性和缺陷排除活动的良好反馈。例如，若大部分龄期较长的、未解决的缺陷处于有待确认的状态，则可能表明没有充足的资源应用于返测工作。

微软公司利用发现的缺陷数和关闭的缺陷数趋势图，找出缺陷的收敛点，来制订产品的下一阶段计划。出现没有激活状态缺陷的第一个时间点，被定义为零缺陷反弹点（Zero Bug Bounce，ZBB），从这一时刻开始，产品进入稳定期，如图 10.5 所示。

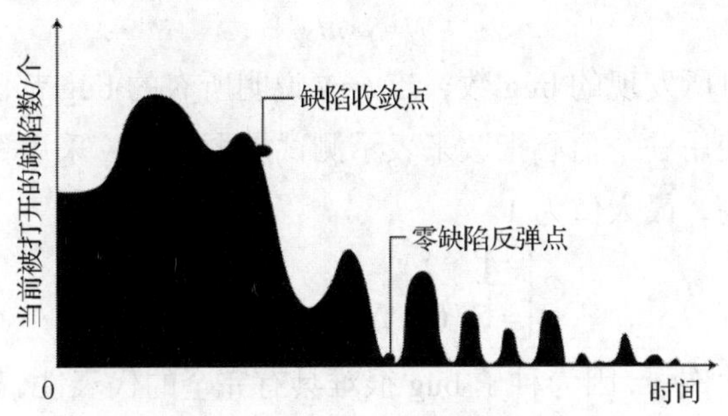

图 10.5　微软公司基于缺陷趋势图的里程碑定义

10.4　基于缺陷分析的产品质量评估

软件评估首先是建立基准，为软件产品的质量、软件测试评估设置起点，在这个基准上再设置测试的目标，作为系统评估是否通过的标准。

缺陷评测的基准是对某一类或某一组结果的一种度量，此结果可能是常见的或典型的，例如，千行源代码（KLOC）是程序规模的一个基准，每 1 000 行代码有 3 个错误是测试中错误发现率的基准。基准对期望值的管理有很大助益，目标就是相对基准而存在的，如表 10.3 所示。

表 10.3　　某个软件项目基准和目标

条目	目标	低水平
缺陷清除效率	>95%	<70%
原有缺陷密度	每个功能点<4	每个功能点>7
超出风险之外的成本	0%	≥100%
全部需求功能点	<1%	≥50%
全部程序文档	每个功能点页数<3	每个功能点页数>6
员工离职率	每年 1%～3%	每年>5%

基于缺陷分析的产品质量评估方法包括经典的种子公式、基于缺陷清除率的估算方法、软件产品性能评估、借助工具的方法。

10.4.1　经典的种子公式

经典的种子公式

米尔斯（Mills）研究出通过已知缺陷（称为种子 bug）来估计程序中潜在的、未知的缺陷数量。其基本前提是将测试队伍分为两个小组，一个小组事先将已知的共 S 个种子 bug 安插在程序里，然后，让另一个测试小组尽可能发现程序的 bug，若发现了 s 个种子 bug，则认为存在以下等式。

$$\frac{\text{已测试出的种子bug}(s)}{\text{所有的种子bug}(S)}=\frac{\text{已测试出的非种子bug}(n)}{\text{全部的非种子bug}(N)}$$

则可推出程序的总 bug 数为

$$N=S\times n/s$$

其中 n 是进行实际测试时所发现的 bug 数，若 $n=N$ 说明所有的 bug 都已被找出来，同时也说明测试做得足够充分。可使用一个信心指数来表示测试是否充分，采用百分比形式，值越大，说明对产品质量的信心越高，最大值为 1。

$$C\begin{cases}=1 & n\geqslant N\\ =S/(s-N+1) & n<N\end{cases}$$

上述方法的可操作性不强，因为种子 bug 很难具有完全的代表性，根据相似系统确定的 bug 其结果可能差别很大。另外，人为设置程序的 bug 比较困难，需要将正确的程序改为错误的程序，修改过程中会引发其他的问题，即插入 1 个缺陷可能会引发 2～3 个缺陷，而且缺陷相互之间可能存在影响或关联关系，虽然事先设定插入 20 个种子 bug，但结果可能是在程序中插入了 20 多个种子 bug。因此，按照上述公式进行计算会导致结果不准确。

10.4.2　基于缺陷清除率的估算方法

基于缺陷清除率的估算方法

在进行本节内容讲解之前先引入几个变量。F 是描述软件规模用的功能点数，D_1 是在软件开发过程中（发布之前）发现的所有缺陷数，D_2 是软件发布后发现的缺陷数，D 是发现的总缺陷数，由此可推出，$D=D_1+D_2$。

针对一个应用软件项目，有一些计算方程式（从不同的角度估算软件的质量），具体如下所示。

$$质量=D_2/F$$

$$缺陷注入率=D/F$$

$$整体缺陷清除率=D_1/D$$

假设有 100 个功能点，即 F=100；而在开发过程中发现了 20 个错误，即 D_1=20；提交后又发现了 3 个错误，即 D_2=3。因此 $D=D_1+D_2=23$。

$$质量（每功能点的缺陷数）=D_2/F=3/100=0.03（3\%）$$

$$缺陷注入率=D/F=20/100=0.20（20\%）$$

$$整体缺陷清除率=D_1/D=20/23=0.8696（86.96\%）$$

有统计资料显示，美国的平均整体缺陷清除率目前只达到大约 85%。一些具有良好的管理和流程的著名软件公司，如 IBM、惠普等，其主流软件产品的整体缺陷清除率可达到 98%以上。

由软件测试清除软件缺陷的经验可知，清除软件缺陷的难易程度在各个阶段是不同的。源自需求报告、规格说明、设计及错误修改的缺陷是最难清除的，如表 10.4 所示。

表 10.4　不同缺陷源的清除效率

缺陷源	潜在缺陷	清除效率（%）	被交付的缺陷
需求报告	1.00	77	0.23
设计	1.25	85	0.19
编码	1.75	95	0.09
文档	0.60	80	0.12
错误修改	0.40	70	0.12
合计	5.00	85	0.75

表 10.5 反映的是软件能力成熟度模型（Capability Maturity Model，CMM）5 个等级如何影响软件质量，其数据来源于美国空军 1994 年委托 SPR（美国一家著名的调查公司）进行的一项研究。从表中可以看出，CMM 级别越高，缺陷清除率也越高。

表 10.5　SEI CMM 级别潜在缺陷与清除

SEI CMM 级别	潜在缺陷	清除效率（%）	被交付的缺陷
1	5.00	85	0.75
2	4.00	89	0.44
3	3.00	91	0.27
4	2.00	93	0.14
5	1.00	95	0.05

10.4.3　软件产品性能评估

软件产品性能评估

软件产品性能评估技术性要求相对比较强，使用此方法的基础是获取与性能表现相关的数据，如响应时间、数据吞吐量、数据流速率、操作可靠性等。性能评估一般与测试同时进行，或是在执行测试时记录、保存各种数据，然后在评估活动中计算结果。

软件产品性能评估有以下几种途径。

动态监测：在测试执行过程中，实时获取并显示正在监测指标的状态数据，通常以柱状图或曲线图的形式提供实时显示，监测或评估性能测试执行情况。

响应时间/吞吐量：测试对象在特定条件下某个需要测量的特性的相关性能行为，用响应时间或吞吐量来进行量化评测。这些报告通常用曲线图、统计图来表示。

百分比报告：对已收集数据的百分比评测和计算。

比较报告：比较不同性能测试的结果，以评估测试执行过程中所做的变更对性能行为的影响，从而进一步分析不同测试执行情况的多个数据集之间的差异或趋势。

追踪报告：当性能行为可以接受时或性能监测表明存在可能的瓶颈时，追踪报告可能是最有价值的报告。追踪和配置文件报告显示低级信息，该信息包括主角与测试对象之间的消息、执行流、数据访问以及函数和系统调用等。

10.4.4 借助工具的方法

借助工具的方法

若软件测试评估人员不借助专门的软件工具进行数据输入任务和相应的评估活动，软件测试评估工作的进行将会非常困难，至少会导致这项工作变得繁重。许多自动化测试工具可根据测试运行时所经历的程序路径来计算测试的覆盖率，程序能识别被测试过的程序路径、逻辑路径或输入条件，而整个程序的相应值也能确定。例如，借助软件测试工具来获得测试的覆盖率，需要了解的覆盖率包括程序语句行的覆盖率，程序分支、条件的覆盖率，程序路径的覆盖率等。

使用 Rational PureCoverage 工具可自动查找出代码中未经测试的代码，保证代码测试覆盖率，还可针对每次测试生成全面的覆盖率报告，可归并程序多次运行所生成的覆盖数据，并自动比较测试结果，以评估测试进度。当然，还可以使用 Rational 的其他一些工具，列举如下。

（1）TestManager：复审和评估基于需求的测试覆盖。

（2）TestFactory：评估测试覆盖，包括评估脚本和基于代码的测试覆盖。

（3）LogViewer：评估测试的执行情况。

10.5 测试报告

测试报告

国家标准 GB/T 17544—1998 对测试报告有具体要求，即对测试对象（软件程序、系统、产品等）有一个清楚的描述，对测试记录、测试结果如实汇总分析，并报告出来。测试报告包括的内容如下：产品标识；用于测试的计算机系统；使用的文档及其标识；产品描述、用户文档、程序和数据的测试结果；与要求不符的清单；针对与建议的要求不符的清单，产品未作符合性测试的说明；测试结束日期。

主要内容集中在第四项，即产品描述、用户文档、程序和数据的测试结果。在产品描述中应提供关于用户文档、程序以及数据（有数据的情况下）的信息，其信息描述应正确、清楚、前后一致、容易理解、完整且易于浏览。更重要的是，在测试报告中，产品描述应与测试的内容互相对应，即产品描述还需要包含功能说明、可靠性说明、易用性说明和效率、可维护性、可移植性说明，尤其是在功能说明中，不仅需要概述产品的用户可调用的功能、需要的数据等，而且需要将系统相应的边界值、安全性要求描述清楚。易用性说明需要包括对用户界面、所要求的知识、适应用户的需要、防止侵权行为、使用效率和用户满意度等方面的要求。

对于用户文档，测试报告的标准较为清楚，就是完整性、正确性、一致性、易理解性和易浏览性。对于程序和数据，需要从功能、可靠性、易用性和效率、可维护性、可移植性等方面进行测试，并在报告中反映出来。对前三项测试结果要求更高些。

（1）功能：包括安装、功能表现，以及功能使用的正确性、一致性。

（2）可靠性：系统不应陷入用户无法控制的状态，既不应崩溃也不应丢失数据。即使在下列情况下也应满足可靠性要求。

① 使用容量到达规定的极限。

② 企图使用的容量超出规定的极限。

③ 产品描述中列出的其他程序或用户错误输入。

④ 收到用户文档中明确规定的非法指令。

（3）易用性：包括易理解性、易浏览性、可操作性三个方面。

测试分析报告模板见附录 3。

10.6 本章小结

本章主要讲解了软件产品的质量度量、评估系统测试的覆盖程度、软件缺陷的分析方法、基于缺陷分析的产品质量评估、测试报告等五部分内容。通过本章的学习，大家应掌握各种软件质量度量和评估的手段方法，从软件测试上升到软件质量管理的范畴，进一步度量软件的质量是否符合预期的设定，进而分析原因，发现问题。

10.7 习题

1. 填空题

（1）软件度量就是对软件包含的各种属性________。

（2）________是指软件产品满足规定、隐含的需求的能力和相关特征与特性的集合，即所有描述软件优秀程度的特性组合。

（3）基于代码的测试覆盖评估是对被测试的程序________、________的覆盖率分析。

（4）最常用的缺陷分析方法有 4 种，分别是________、缺陷趋势报告、________和测试结果进度报告。

（5）______是用来衡量软件过程质量和进行软件过程改进的重要手段。

2．选择题

（1）下列选项中，（　　）的概念是对产品过程的某个属性的范围、数量、维度、容量或大小提供一个定量的指示。

A．指标　　B．质量　　C．度量　　D．测量

（2）一个完整的度量活动涉及的角色包括度量工作小组、（　　）、IT 支持者。

A．市场推广员　　B．数据提供者　　C．界面设计者　　D．公司管理者

（3）对于缺陷分析来说，下列选项中，不属于常用的主要缺陷参数的是（　　）。

A．缺陷可用性　　B．缺陷优先级　　C．缺陷状态　　D．缺陷严重程度

（4）下列选项中，不属于基于缺陷分析的产品质量评估方法的是（　　）。

A．经典的种子公式　　B．软件产品性能评估

C．基于测试覆盖率的估算方法　　D．基于缺陷清除率的估算方法

（5）国际标准化组织于 1985 年建议软件质量模型（ISO 9126）由三层组成，其中低层是（　　）。

A．SQDC　　B．SQMC

C．SQRC　　D．SQNC

习题答案

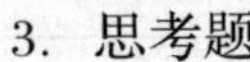
3．思考题

（1）请简述软件度量的根本目的。

（2）请简述软件测试评估的主要目的。

第11章　软件测试过程与改进

本章学习目标

- 了解软件测试过程
- 掌握软件测试过程模型
- 掌握测试过程管理理念

若要真正提高软件产品的质量，需要持续不断地改进软件测试过程。本章介绍软件测试过程的改进方法。

11.1　软件测试过程概述

软件测试过程概述

软件测试过程是一种抽象的模型，用于定义软件测试的流程和方法。软件开发过程至关重要，因为开发过程的质量将决定软件的整体质量；同样，测试过程也是十分重要的，因为测试过程的质量会直接影响测试结果的准确性和有效性。软件测试过程与软件开发过程都必须遵循软件工程原理和管理学原理。

随着测试过程管理的进步，许多优秀的测试过程模型被软件测试专家通过无数次的实践总结出来。这些优秀的模型将测试活动进行抽象，并与开发活动相结合，是测试过程管理的重要参考依据。

11.2　软件测试过程模型

在软件开发的历史长河中，开发人员及研究人员总结了很多种开发模型，比如瀑布模型、螺旋模型、增量模型、原型模型、迭代模型、快速原型模型以及 Rational 统一过程等，这些模型对软件开发过程都有良好的指导作用，但这些过程方法并未充分强调测试的价值，也并未对测试工作给予足够的重视，所以利用这些模型无法更好地指导测试实践。

软件测试与软件开发是密切相关的有计划的系统性活动，显而易见，软件测试也需要测试模型去指导实践。值得欣慰的是，软件测试专家也通过无数次测试实践总结出了许多优秀的测试模型。当然，由于测试与开发的结合非常密切，这些测试模型也都对开发过程进行了很好的总结，体现了测试与开发的融合。下面讲解几种主要的测试模型。

11.2.1 V 模型

V 模型是最具有代表性的测试模型，其最早由保罗・鲁克（Paul Rook）在 20 世纪 80 年代后期提出，于英国国家计算中心文献中发布，主要用于改进软件开发的效果和效率。

在传统的开发模型（如瀑布模型）中，通常把测试过程作为在需求分析、概要设计、详细设计和编码全部完成后的一个阶段，尽管测试工作可能会占用整个项目周期一半的时间，但仍有人认为测试只是一个收尾工作，而不是主要的工程。V 模型是软件开发瀑布模型的变种，它反映了测试活动与分析、分析与设计的关系。V 模型从左到右分别描述了开发的基本过程和测试行为，标明测试工程中存在的不同级别，清楚地描述了测试阶段和开发过程各阶段的对应关系。

V 模型如图 11.1 所示。模型图中箭头代表时间方向，左边的是开发过程的各阶段，与此相对应的是右边测试过程的各个阶段。

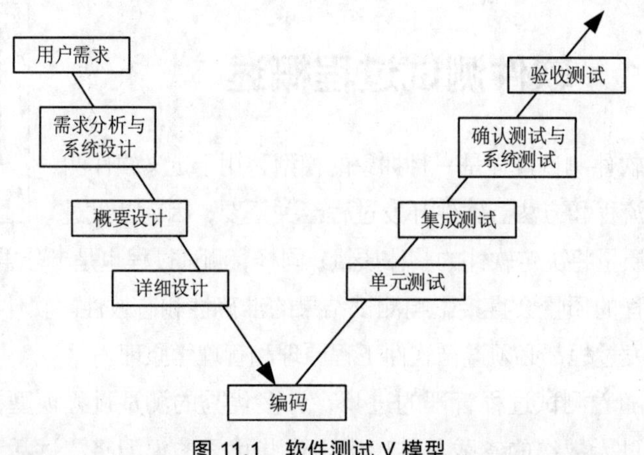

图 11.1　软件测试 V 模型

V 模型采用了包括低层测试和高层测试的软件测试策略，低层测试是为了保证源代码的正确性，高层测试是为了使整个系统可以满足用户需求。

V 模型存在一定的局限性，它把测试过程仅仅作为软件开发的最后一个阶段，这样会间接地让人认为测试可以放在最后来做，如此一来，需求分析等开发的前期工作中隐藏的问题只能到后期验收时发现，这不仅会影响整个开发工作，还可能造成严重的损失。

11.2.2 W 模型

W 模型

V 模型无法体现“尽早地和不断地进行软件测试”的原则。在 V 模型中增加对应软件各开发阶段应同步进行的测试，就演化为 W 模型。在模型中不难看出，开发是“V”，测试是与其并行的“V”。基于“尽早地和不断地进行软件测试”原则，在软件的需求和设计阶段的测试活动应遵循 IEEE 829-1998 标准。W 模型如图 11.2 所示。

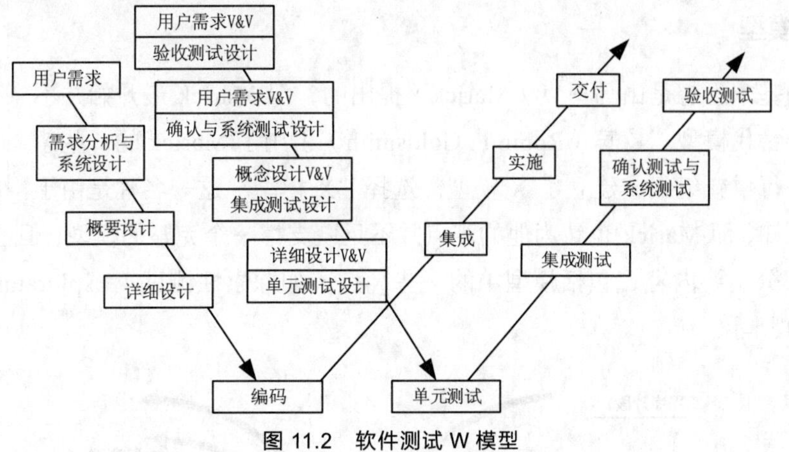

图 11.2 软件测试 W 模型

W 模型由 Evolutif 公司提出，相对于 V 模型，W 模型更科学。可以说 W 模型是 V 模型的升级版，其主要强调的是测试工作伴随着整个软件开发周期，并且测试的对象不只是程序，需求、功能和设计也需要测试。测试与开发同步进行，有利于尽早地发现问题。

W 模型也有局限性。W 模型和 V 模型二者都将软件的开发视为需求、设计、编码等一系列串行的活动，无法支持迭代、自发性以及变更调整。

11.2.3 H 模型

H 模型

前面的两个测试过程模型都不能较好地体现测试流程的完整性。H 模型的提出就是为了解决上述问题。H 模型将测试活动完全独立出来，形成一个独立的流程，并将测试准备活动和测试执行活动清晰地体现出来。H 模型如图 11.3 所示。

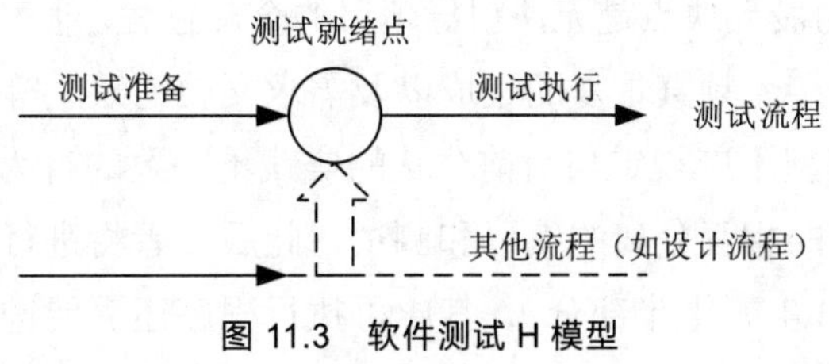

图 11.3 软件测试 H 模型

图 11.3 是在整个生产周期中某个层次上的一次测试“微循环”。其中的“其他流程”可以是任意开发流程，如设计流程、编码流程，也可以是其他非开发流程，如质量保证流程甚至测试流程本身。只要测试条件成熟，测试准备活动完成，测试执行活动便可进行。

H 模型具体揭示了以下内容。

（1）软件测试是一个独立的流程，其贯穿产品整个生命周期，与其他流程并行。

（2）软件测试要尽早准备，尽早执行。

（3）软件测试根据被测对象的不同而分层次进行。不同层次的测试活动可以按照某个次序先后进行，但也有可能会反复进行。

（4）软件测试不单单指测试的执行，还包括很多其他的活动。

11.2.4 X 模型

X 模型的基本思想是由马里克（Marick）提出的，但 Marick 最开始并不打算建立一个替代模型。罗宾（Robin F. Goldsmith）引用了 Marick 的一些想法，并对其进行重新组织，建立了 X 模型。选择“X 模型”这一名称是由于 X 一般代表未知，而 Marick 也认为他的观点并不足以支撑一个完整的模型，但已经含有一个模型所需要的部分主要内容，包括模型中的一些亮点，如探索性测试（Exploratory Testing）。X 模型如图 11.4 所示。

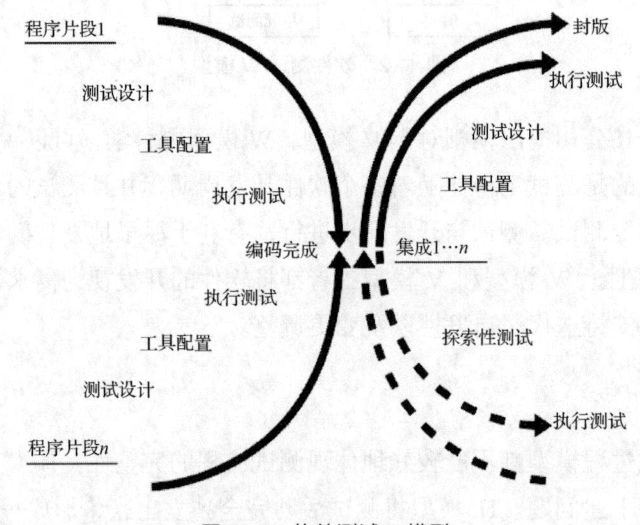

图 11.4 软件测试 X 模型

Marick 认为 V 模型的最大缺点是无法引导项目的全部过程。他还认为一个模型必须能处理开发的所有问题，包括交接、频繁重复的集成以及需求文档的缺乏等。

Marick 认为，一个模型不应规定与目前公认的实践不一致的行为。X 模型的左侧描述的是针对单独程序片段而进行的相互分离的编码和测试，此后二者将进行频繁的交接，通过集成最终合成可执行程序（图 11.4 右上半部分），其中可执行程序还需要进一步测试。已通过集成测试的成品可进行封版（图 11.4 右上的最后一个操作）并提交给用户，也可作为更大规模和范围内集成的一部分。多根并行的曲线表示变更可以发生在各个部分。

由图 11.4 可见，X 模型还定位了探索性测试（图 11.4 右下方）。探索性测试是不进行事先计划的特殊类型的测试。

X 模型包含的测试设计步骤与工具配置步骤一样多，而 V 模型中并没有。但从这层意义来看，X 模型也不够真实，实际上，应允许在任何时候采用测试设计步骤。

Marick 对 V 模型提出质疑，还因为 V 模型基于一套必须按照一定顺序严格排列的开发步骤，而这并不能很好地反应实际的开发过程。

尽管很多项目缺乏足够的需求分析，V 模型仍然从需求出发。V 模型提示测试人员需要对各开发阶段中已得到的内容进行测试，但未规定需要取得内容的数量。若没有任何需求资料，开发人员可能根本不清楚自己需要做什么。而 X 模型忽略了需求。一个有效的模型有利于很多良好的实践方法的采用，因此，V 模型的一个优点是它对需求角色的确认，而 X 模型并未如此做，这可能是 X 模型的一个不足之处。

X 模型填补了 V 模型和 W 模型的缺陷，可以为测试人员和开发人员带来非常明显的帮助。

11.2.5 模型应用

模型应用

前面介绍了 4 种典型的测试模型，上述模型对指导测试工作的进行具有很重要的意义。但任何一个模型都不是完美的，应尽可能地去应用模型中对项目有实用价值的部分，切不可为使用模型而使用模型，那没有任何实际意义。

在上述模型中，V 模型强调在整个软件项目开发过程中需要经历的若干个测试级别，而且每一个测试级别都对应一个开发级别。但它忽略了测试的对象不只是程序，或者说它并没有明确指出应对软件需求以及设计进行测试，而这些在 W 模型中都得到了补充。W 模型强调测试计划等工作先行和对系统需求、系统设计的测试，但 W 模型和 V 模型都没有专门针对软件测试的流程予以说明。事实上，随着软件质量越来越为大家所重视，软件测试也逐步发展成一个独立于软件开发的活动，每个软件测试的细节都有一个独立的操作流程。例如，现今最常见的第三方测试，就包含了从测试计划和编写测试用例，到测试实施以及测试报告编写的全过程，此过程在 H 模型中有相应的体现。在 H 模型中，测试是独立的部分，只要提前做好测试准备工作，就可以开始进行测试。当然，X 模型又在此基础上增加了许多不确定因素的处理措施，因为在真实项目中，经常会有突发情况出现，比如需求变更。

在实际工作中，若要灵活运用各模型的优点，则可在 W 模型的框架下，运用 H 模型的思想进行测试，同时将测试和开发密切结合，寻找恰当的就绪点开始测试并进行反复迭代测试，最终保证如期完成预定目标。

11.3 软件测试过程管理理念

软件测试过程模型提供了软件测试的流程和方法，为测试过程管理提供了依据。但实际的测试工作是非常复杂烦琐的，一般来说不会有百分百适用于某项测试工作的模型。因此我们需要从不同的模型中抽象出符合实际现状的测试过程管理理念，根据这些理念来策划测试过程，以不变应万变。当然，测试管理牵涉的范围非常广泛，包括过程定义、人力资源管理、风险管理等，本节仅介绍一些从过程模型中提炼出来的、对实际测试有指导意义的管理理念。

11.3.1 尽早测试理念

尽早测试理念

“尽早测试”这一理念是从 W 模型中抽象出来的，即测试并非是在代码编写完成后才开展的工作，而是与开发相互依存的并行过程，测试活动在开发活动的前期就应开展。

“尽早测试”理念有两方面含义：第一，测试人员应在软件项目的早期就参与进去，及时展开相关测试的准备工作，包括编写测试计划、制订测试方案以及编写测试用例；第二，尽早开展测试执行工作，一旦某一代码模块完成就及时开展单元测试，一旦代码模块被集成为相对独立的子系统就可开展集成测试，一旦有 Build 版提交便可开展系统测试工作。

由于在早期就开展了测试准备工作，测试人员可及时了解测试的难度、预测测试过程中存在的风险，从而有效提高测试效率，规避测试风险。由于在早期就开展了测试执行工作，所以测试人员可以尽早地发现软件缺陷，大大降低了软件缺陷修复成本。但需要注意，“尽早测试”并非盲目地提前进行测试活动，测试活动开展的前提是达到测试就绪点。

11.3.2 全面测试理念

全面测试理念

众所周知，软件就是程序、数据和文档的集合，因此测试人员对软件进行测试时，不仅需要对程序进行测试，还需要对软件的一些数据、文档进行全面测试，这也是 W 模型中一个重要的思想。虽然需求文档和设计文档是软件的阶段性产品，但它们却会直接影响软件的质量。软件最终的质量是软件在开发过程中产出的阶段性产品质量的叠加，若阶段性产品的质量就未达到要求，最终软件质量就很容易失控。

“全面测试”理念有两方面的含义：第一，对软件开发过程中的所有产出物都需要进行全面的测试，包括需求文档、设计文档、代码、用户文档等；第二，整个测试工作需要软件开发人员、测试人员（有时甚至需要用户）全面参与，例如，对需求的验证和确认需要开发人员、测试人员及用户全面参与，因为测试工作不仅需要保证最终软件运行成功或正确运行，还需要保证最终开发出的软件满足用户的需求。

“全面测试”有助于全方位把握软件质量，最大限度地排除造成软件质量问题的因素，从而保证最终软件满足质量需求。

11.3.3 全过程测试理念

全过程测试理念

“全过程测试”理念是 W 模型中充分体现的另一个理念。双 V 模型图形象地表明了软件开发与软件测试结合紧密，说明软件开发和软件测试过程会相互影响，因此需要测试人员对开发和测试的全过程进行充分的关注。

“全过程测试”理念有两个含义：第一，测试人员应充分关注软件开发的过程，对开发过程中发生的各种变化及时做出应对，例如，软件开发进度的调整可能会导致测试进度及测试策略的调整，而软件需求的变更可能会影响到测试执行等；第二，测试人员应对软件测试进行全程的跟踪，例如，建立完善的度量与分析机制，通过对自身过程的度量，及时了解全面的过程信息，进而及时调整测试策略。

“全过程测试”有助于及时应对项目变化，降低测试风险，同时也有助于把握测试过程，调整测试策略，便于测试过程的改进。

11.3.4 独立的、迭代的测试理念

软件开发的瀑布模型只是一种理想状况，由于需求不同，软件开发过程出现了多种模型，如螺旋模型、增量模型、迭代模型等。这些模型中的需求、设计、编码工作可能会重叠并反复进行，对应的测试工作也将迭代和反复。若无法将测试从开发中抽出，将会使测试管理陷入困境。

软件测试与软件开发是密切结合的，但并不代表软件测试是依附于软件开发的一个过程。软件测试工作是独立的，这也正是 H 模型所体现出的思想。“独立的、迭代的测试”理念着重强调测试的就绪点，只要测试条件成熟，测试的准备活动完成，测试的执行活动就可以开始。

因此在遵循尽早测试、全面测试、全过程测试理念的同时，还需要将测试过程从开发过程中适当抽出来，将其作为一个独立的过程进行管理。应时刻把握“独立的、迭代的测试”理念，减少繁杂的开发模型给测试管理工作带来的不便。对于软件开发过程中不同阶段的产品以及不同的测试类型，只要测试准备工作就绪，就可以立刻开展测试工作，把握产品质量。

11.4 软件测试过程管理实践

本节将以一个实际项目的系统测试过程（不分析单元测试和集成测试过程）的几个关键过程管理行为为例，来阐述上节中提出的测试理念。在一个协同办公系统项目中，前期需求不明确导致开发周期相对较长，为了对项目进行更好的跟踪和管理，项目采用增量和迭代两种过程模型进行开发。整个项目开发共分为三个阶段完成：第一阶段，实现企业资源计划（Enterprise Resource Planning，ERP）部分的简单功能和工作流；第二阶段，实现固定资产管理、财务管理，并完善第一阶段的 ERP 系统功能；第三阶段，增加办公自动化（Office Automation，OA）系统。该项目每一阶段工作都是对上一阶段成果的一次迭代完善，同时叠加新功能。

11.4.1 策划测试过程

依据传统的方法，将系统测试看作软件开发的一个阶段，系统测试执行工作将在三个阶段全部完成后开展。很明显，这样做不利于及时发现缺陷。有些缺陷可能会到项目后期才被发现，届时缺陷修复成本将大大提高。依据“独立的、迭代的测试”理念，在本系统中，应对测试过程进行独立的策划，并找出测试准备就绪点，在就绪点及时开展测试。故而，在该系统开发过程中，软件测试团队计划开展三个阶段的系统测试，每个阶段系统测试都有不同的侧重点，其目的在于更好地配合开发工作并尽早发现软件缺陷，降低软件成本。软件开发与系统测试过程的关系如图 11.5 所示。

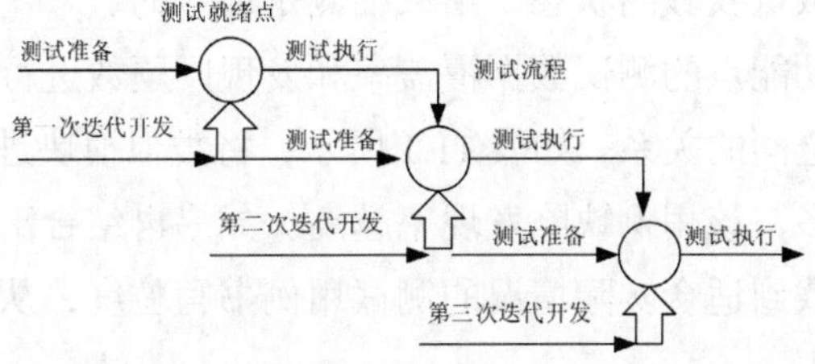

图 11.5　软件开发与系统测试过程关系图

实践证明，这种做法达到了预期的效果。与开发过程紧密结合而又相对独立的测试过程，有效地在早期发现了许多系统缺陷，从而降低了开发成本，同时也使基于复杂开发模型的测试管理工作变得更加清晰。

11.4.2 把握需求

在本系统开发过程中，需求的获取和完善贯穿于每个阶段。对需求的把握在很大程度上决定了软件测试工作是否能取得成功。系统测试不仅要确认软件是否正确实现功能，还要确认软件是否满足用户的需求。根据“尽早测试”和“全面测试”的原则，在需求的获取阶段，测试人员参与到了对需求的讨论之中。测试人员与开发人员及用户一起讨论需求的正确性与完善性，同时还从可测试性角度对需求文档提出建议性意见。这些意见对开发人员来说，是从一个全新的思维角度提出的约束。同时，测试团队基于前期对项目的了解，能够很轻松地制订出完善的测试计划和方案，对各阶段产品的测试方法及进度、人员安排进行策划，使整个项目的进展有条不紊。

大量实践证明，测试人员在早期就参与需求的获取和分析，有利于测试人员对需求的理解和掌握，同时也极大地提高了需求文档的质量。在把握需求的同时，测试人员在早期就将项目计划和方案制订完毕，测试活动也准备就绪，这将大大提高测试工作的效率。

11.4.3 变更控制

变更控制体现的是“全过程测试”理念。在软件开发过程中，需求的变更往往是不可避免的，也是造成软件风险的重要因素。在本系统的一系列测试中，仅第一阶段就发生了 9 次需求变更，进而调整了 2 次进度计划。根据“全过程测试”理念，测试团队密切关注开发过程，跟随进度计划的变更调整测试策略，依据需求的变更及时补充或修改测试用例。在测试执行过程中，测试用例达到了高效的复用与高质量的覆盖，测试的进度也并没有因为需求的变更而受到过多影响。

11.4.4 度量与分析

对测试过程的度量与分析同样体现了“全过程测试”理念。对测试过程的度量有利于及时把握项目情况；对过程数据进行详细分析有利于发现优劣势，进而找出需要改进的地方，及时调整测试策略。

在协同办公系统项目的测试过程中，测试人员对不同阶段的缺陷数量进行度量，并分析测试执行是否充分。如图 11.6 所示，若单位时间内发现的缺陷数量呈收敛状态，则测试是充分的。在缺陷数量收敛的状态下结束细测是恰当的。

测试过程中，对不同功能点的测试数据覆盖率和发现问题数进行度量，是为了分析测试用例的充分度与缺陷发现率之间的关系。如表 11.1 所示，将类似模块进行对比发现：每一功能点上被覆盖的测试数据组越多，该用例缺陷发现率越高。如果再结合工作量、用例执行时间等因素进行统计分析，便可以找到适合实际情况的测试用例书写粒度，从而帮助测试人员判断测试成本与收益间的最佳平衡点。

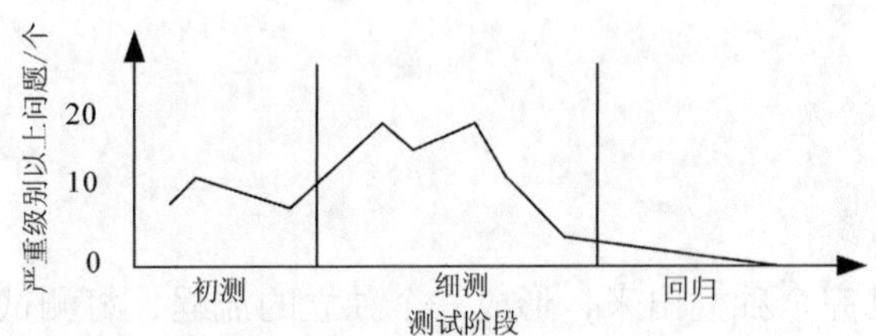

注：通过对每轮测试bug数的度量和分析，可以判断出各阶段的测试是充分的

图 11.6　不同测试阶段缺陷数量

表 11.1　　测试数据覆盖率与缺陷发现率对应表

模块名称	功能点数	测试数据数	测试数据覆盖率	缺陷的用例发现率
模块 AA	6 个	75 组	12.5 组/功能点	40%（6/15）
模块 BB	30 个	96 组	3.2 组/功能点	17%（7/42）
模块 CC	15 个	87 组	5.8 组/功能点	18%（5/28）
模块 DD	16 个	46 组	2.8 组/功能点	23%（5/22）
…	…	…	…	…

通过统计可以得出测试数据与缺陷发现率之间的关系，便于及时调整测试用例编写策略。

所有这些度量都是对测试全过程进行跟踪的结果，是及时调整测试策略的依据。对测试过程的度量与分析能有效提高测试效率，降低测试风险。同时，度量与分析也是软件测试过程可持续改进的基础。

11.5　软件测试过程可持续改进

随着软件测试行业的发展，可供参考的测试过程模型和管理理念越来越多，但如今是科技飞速发展时期，各类技术都不断地更新完善，新技术也不断涌现，因此软件测试过程也必须随着信息技术的发展而不断改进，这就需要基于度量和分析的软件测试过程可持续改进方法。在上述方法中，对现状的度量被制度化，并成为过程改进的基础。测试人员将可自定义、需要度量的过程数据收集起来，并对收集的数据加以分析，最终找出需要改进的因素。随着改进的不断推进，可将需要度量的过程数据进行同步，使度量与分析始终为了过程改进服务，而过程改进也包含对度量和分析的改进。

测试人员掌握了基于度量和分析的可持续过程改进方法，测试过程管理将不断完善，测试工作也将始终处于优化状态。

11.6　本章小结

本章主要讲解了软件测试过程概述、软件测试过程模型、软件测试过程管理理念、软件测试过程管理实践、软件测试过程可持续改进等五部分内容。通过本章的学习，大家应了解和掌握软件测试过程的各种模型，学会在实际工作场景中灵活选择适合的软件测试过程，进而优化原本效率相对低下的测试工作。

11.7 习题

1. 填空题

（1）可以将测试活动完全独立出来，形成一个独立的流程，将测试准备活动和测试执行活动清晰地体现出来的模型是________。

（2）________是一种抽象的模型，用于定义软件测试的流程和方法。

（3）V 模型的软件测试策略包括________和________，________是为了源代码的正确性，________是为了使整个系统满足用户的需求。

（4）测试过程的质量将直接影响测试结果的________和________。

（5）________强调的是测试伴随着整个软件开发周期，而且测试的对象不仅仅是程序，需求、功能和设计也需要测试。

2. 选择题

（1）下列选项中，W 模型的示意图是（　　）。

A.

C.

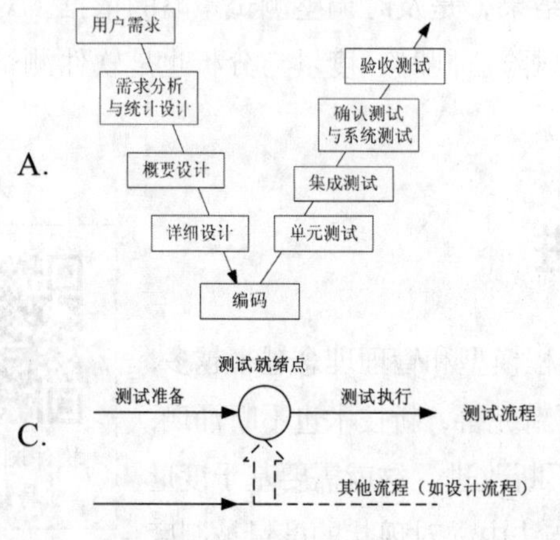

B.

D.

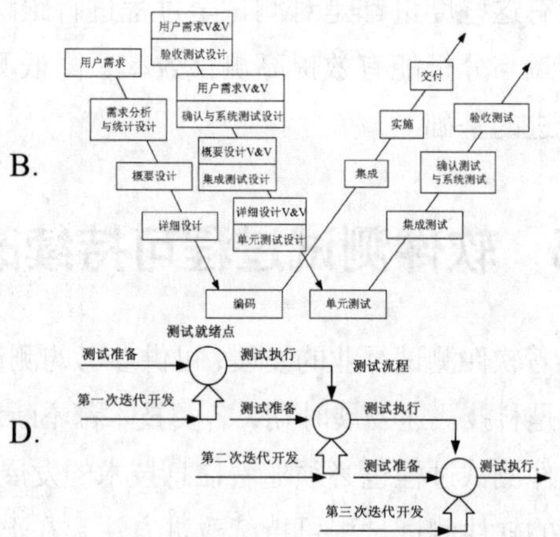

（2）下列软件测试过程模型中，将软件测试作为开发过程中最后一个阶段的是（　　）。

A. V 模型　　B. W 模型　　C. H 模型　　D. X 模型

（3）（　　）有助于及时应对项目变化，降低测试风险。

A. 尽早测试　　B. 独立的、迭代的测试

C. 全面测试　　D. 全过程测试

（4）在传统的开发模型中，（　　）通常把测试过程作为在需求分析、概要设计、详细设计和编码全部完成后的一个阶段。

A. 瀑布模型　　B. 原型模型

C. 增量模型　　D. 螺旋模型

3. 思考题

（1）请简述全面测试理念。

（2）请简述什么是 W 模型。

习题答案

12

第12章 软件测试项目管理

本章学习目标

- 了解软件测试项目管理
- 理解软件测试项目的组织
- 掌握软件测试项目的过程管理方法
- 掌握软件测试项目的进度管理方法
- 理解软件测试项目的风险管理
- 熟悉软件测试项目的质量和配置管理
- 熟悉软件测试项目的文档管理

项目管理协会（Project Management Institute，PMI）对项目管理有较为准确的定义，即项目管理是在项目活动中运用一系列的知识、技能、工具和技术以满足并超过相关利益者对项目的要求和期望，同时指出了项目管理涉及的范畴和需要达到的目标。

软件项目管理活动包含测度和度量、估算、风险分析、进度安排、跟踪和控制等，本章将分别介绍、讨论和阐述软件测试项目管理的各部分内容。其中估算和度量环节非常重要，它包括对工作范围、时间、资源、质量、成本等的估算和度量，而这些因素本身又相互制约，项目管理者需要对这些因素进行详细分析并做出权衡。相对精确的估算有助于制订较为可行的计划，避免项目在实际运行中因为估算不准确而频繁修改计划。希望大家通过本章的学习，掌握测试项目管理的思想、特点、方法和技巧。

12.1 软件测试项目管理概述

项目管理的基本目标是使项目顺利进行并达到预期的效果。在管理的过程中不断地提升目标，超越预定目标，则是更高层次的项目管理。

软件项目管理的目标是使软件项目能够按照预定的成本、进度、质量顺利完成，同时对成本、资源、进度、质量、风险等进行分析和控制。软件测试项目管理在概念上和软件项目管理没有区别，只是侧重点和主导思想不同。一般的软件项目管理对成本和进度控制比较严，而从软件测试的角度看，质量第一是基本点，所有项目管理工作都围绕提高产品质量而展开，最终保证在合理的成本、进度控制下，开发出满足用户要求和期望的、可维护的、高质量的软件产品。

软件测试项目管理的内容如下所述。

（1）软件项目的测试过程管理包括软件项目的测试计划、测试用例设计、测试执行、测试结果的审查和分析以及开发或使用测试过程管理工具。

（2）软件项目的测试工作和产品质量的风险评估和控制。

（3）软件项目的测试资源分配和进度控制。

（4）软件项目的版本定义、变化控制和配置管理。

（5）软件项目的软件构建、打包和发布等管理。

12.1.1 软件测试项目管理的共性

软件测试项目管理的共性

软件测试项目管理的基本内容是计划、组织和监控，具体包括以下 5 项：度量、预估或评估、风险分析、日程安排、跟踪和控制。将上述 5 项基本内容再进行细分，软件测试项目管理可分为 8 个工作领域：测试范围管理、时间管理、成本管理、质量管理、人力资源管理、沟通管理、风险管理、过程管理。

而作为一个成功的项目经理需要具备 4 个方面的能力和素质：解决问题和控制风险能力；沟通和协调能力，良好的亲和力；团队组织和激励能力，包括团队影响力；相应的专业技术能力。

1. 软件项目管理的 3P

有效的项目管理集中在 3P 上，3P 分别是 People（人员）、Problem（问题）和 Process（过程）。其中，人是决定性因素，对于软件开发，这一点更为明显，因为软件开发是人的智力密集型劳动。3P 是软件项目管理的重点，具体要求如下所述。

（1）将人员组织成有效率的小组，并激发他们进行高质量的测试工作。在此团队的人员之间建立有效的沟通途径和方法，最终实现小组之间、人员之间、管理者和被管理者之间有效的沟通。有效率的团队应建立合适的组织结构和工作文化，不断促进团队整体表现，通过一系列活动提高团队的凝聚力、工作态度、积极性，共享团队的目标和文化，并最终在组织、管理和文化上实现和谐、有机的结合。

（2）问题在测试项目管理中表现为流程不清楚或控制不严、应用领域知识不足、需求不断变化和不一致性、沟通不流畅等。问题的解决办法是确定问题所在，然后进行分解，逐个解决。在解决问题时需要良好的沟通、协调技巧。对测试过程中可能产生的问题，项目管理者必须有一个前瞻性的考虑，若管理者在测试早期对问题没有准备，不能实现整个团队的有效沟通，则不可能针对问题提出正确的解决方案。针对已发现的问题，管理者必须与用户和开发人员进行细致的交流讨论，尽可能地将任务分解为更小的组成部分或单元，使其更方便分配给对应的测试项目小组。

（3）过程必须适应人员的需求和问题的解决。人员的需求主要体现在能力、沟通、协调等方面，问题应该能在整个软件项目开发的过程中得到跟踪和控制，总而言之，一套规范且有效的流程是保证项目运行过程平稳的基础。

对 3P 的考虑要在计划中充分体现出来。计划是用来建立总体方向的，是用来开启项目的工作，保证项目是朝一个目标前进的。但计划又需要围绕人员、问题和过程来展开，虽然所有的行动都是围绕项目的目标进行的。

软件项目中最关键的因素是人员。人员可按照不同的结构来组织，从传统的控制层到“开放式范型”的小组。可采用多种协调方式和通信技术来支持项目组的工作。优秀的测试工程师按照良好的流程进行项目测试，才能最大限度地保证项目的成功。一个优秀的流程可保证专业水准较差的人员做出的产品不至于有太大偏差（但不能确保做出精品）。通过流程可实现规范化、工业化、专业化的软件测试，流程是基础。

2. 软件项目度量在管理上的作用

软件项目管理者应该重视项目度量，其具体作用如下。

（1）评估正在进行的项目的状态以及正在开发的软件产品的质量。

（2）跟踪潜在风险，辅助软件项目的计划、跟踪及控制。

（3）在问题造成不良影响之前发现问题。

（4）调整工作流程或任务，改善软件过程。

（5）评估项目组控制软件工程工作产品质量的能力。

（6）分析这些度量可产生指导管理及技术行为的指标。

项目组收集到的项目度量数据，也可传送给负责软件过程改进的人员。因此，多数度量既用于过程领域又用于项目领域。过程度量使一个组织能够从战略角度洞悉一个软件过程的功效；而项目度量是战术的，使项目管理者能够以实时的方式改进项目的工作流程及技术方法。

3. 软件项目监控的过程步骤

软件项目监控的目的是通过建立软件项目过程的可视性，使项目管理者在软件项目性能与软件计划出现偏差时采取有效的纠正措施，以确保软件过程的质量满足要求。一般软件项目的监控以获得真实、实时的项目一手数据为基础，按照“获取项目过程信息、分析判断、采取纠偏措施、验证”的步骤建立过程的可视性，通过过程可视性实现项目目标管理与过程管理的统一。

在组织实施软件项目的过程中，对项目的监控可从 4 个方面着手。

（1）建立满足软件工程和软件项目管理流程要求的、实用的软件项目运行环境，包括明确的过程流程、项目策划、组织支撑环境。

（2）采用软件项目管理监控平台，使项目目标管理和过程管理相结合，提高项目的透明度，建立过程可视性。

（3）项目经理和质量保证经理是项目的主要责任人，采用双过程经理制有利于项目经理和质量保证经理发挥作用。

（4）项目沟通、项目计划、项目进度和项目范围必须能够被项目组成员方便地获取，以确保大家是在统一的交流平台上朝着共同目标前进。采用适当的图表和模板增强项目组内沟通效果和沟通的一致性；采用良好的邮件系统、日历系统、即时消息系统等构成一个完整的、协同的内部统一信息平台。

4. 软件项目管理的三角关系

软件项目的管理最终会变为产品、时间和成本这三者之间的权衡，如图 12.1 所示。

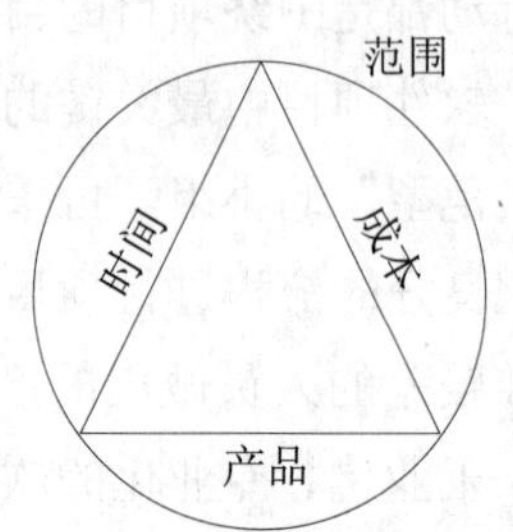

图 12.1 软件项目管理三角关系——产品、时间和成本

在一个项目中，如果某项是确定的，其他两项是可变的，应控制不变项，对可变项采取措施，保证项目达到预期效果。例如，产品质量是不变的，要有足够的时间和成本投入去保证产品质量，但同时市场决定产品，时间受到严格限制，此时若想保证产品的功能得到完整的实现，则必须投入足够的成本（人力资源、硬件资源等）；若成本也受到限制，则不得不减少产品功能，只实现产品的主要功能。

12.1.2 软件测试项目管理的特点

软件测试项目管理的特点

软件测试项目管理是软件工程的保护性活动，它开始于任何测试活动之前，且贯穿于整个测试项目的定义、计划和测试之中。

软件测试项目管理一方面继承了一般软件项目管理的共性，另一方面也具有软件测试自身的管理特点。下面分析讲解软件测试项目管理的特点。

（1）软件质量标准定义不准确、任务边界模糊，软件测试项目管理需要确定何时软件测试可以结束，找不到严重缺陷并不代表软件不存在严重缺陷。软件测试项目的各个里程碑标准和度量的定义、管理要求更高。

（2）软件测试项目的变化控制和预警分析要求高。随着系统分析、设计和实施的进展，客户的需求不断地被激发，需求不断变化，导致项目进度、系统设计、程序代码和相关文档的变化和修改，而且在修改过程中又可能产生新的问题。此时受影响最大的是软件测试，因为程序设计和实现被拖延，通常最后的时间期限又很严格，结果由于测试执行阶段靠后，很容易造成测试时间被严重挤压。上述情况下，只有两种解决方案：一是与项目经理沟通、谈判，以争取更多的时间；二是要求测试人员加班加点完成，如此，保证产品的质量将会是一个更大的挑战。

（3）软件测试项目具有智力密集、劳动密集的特点，受人力资源影响最大，项目组成员的组织结构、责任心、能力和稳定性对测试执行、产品质量有很大影响。程序设计、编码等需要由测试人员把关，但若测试人员的责任心不强，遗漏了严重缺陷，最终问题将会遗留给客户，后果不堪设想。因此软件测试项目的管理需要更加细致，风险更大，流程跟踪要求更高。

（4）测试任务的分配难。例如，单元测试和集成测试、系统测试和验收测试等关联紧密，但要求的技术不同，不容易进行分离；若将其强行分离，则边界条件的负责人难以确定。

（5）测试要求人力资源十分稳定。软件测试不仅是一项技术工作，还要求对产品的功能、特性了解透彻。测试的对象——软件系统是一个不可见的逻辑实体，若参与测试的人员发生流动，未深入了解产品的功能、特性又缺乏软件测试实践经验的人很难在短时间里做到无缝承接项目的测试工作。

（6）软件测试人员的待遇、地位可能并不高，但同时又要求测试人员具备丰富的工作经验、良好的心理素质和责任心。因此，在软件测试项目管理中，应对人才激励和团队管理问题给予高度的重视。

由此可见，软件测试项目管理的好坏对产品质量影响更直接，软件测试项目管理更富有挑战性，尤其强调质量管理、人力资源管理、沟通管理、风险管理等，包括软件系统的配置管理，主要是版本管理。

软件测试项目的过程管理能否成功，通常受到三个核心层面的影响，即项目组内环境、项目所处的组织环境、整个开发流程所控制的全局环境。这三个环境要素直接关系到软件项目的可控性。项目组管理模型与项目过程模型、组织支撑环境和项目管理接口是上述三个环境中各自的核心要素。此外，优秀的软件过程管理平台是实现整个项目生命周期项目过程监控的工具保证。

12.2　软件测试项目的组织

软件测试项目的组织

软件测试是软件质量保证的一个重要环节，也是软件开发最基本的组成部分。软件测试项目可以是一个独立的项目，可为这个项目建立一个相对独立的测试小组，也可让测试小组与产品开发、产品设计、客户培训和项目管理等组成一个完整的软件开发项目组，此时测试小组是软件开发项目组的一部分，但也保证相对的独立性。

软件测试项目的组织主要包括确定软件测试项目的人员结构、制定规范的测试流程、建立客观的评价标准和畅通的交流渠道、设计完善的奖惩体系等。

1. 软件测试项目的人员组织模式

本书前面章节已详细介绍了软件测试部门或团队的构成和组织模式，因此，此处只针对测试小组这一层次讲解人员组织模式和实践方法。

测试小组基本构成如下。

（1）测试组长：负责整个测试项目，包括测试计划的制订、和其他小组的沟通和协调。

（2）内审员：审查测试流程、结果和报告，负责文档管理。

（3）资深测试工程师：负责搭建测试环境、设计测试用例，也兼做测试的具体工作。

（4）测试工程师：负责测试的执行。

2. 软件测试项目的管理者

一个优秀的软件测试项目管理者（测试组长、项目经理或测试经理）要做到以下几点。

（1）始终把质量放在第一位。测试工作的根本在于保证产品的质量，应该在测试小组中建立起只有质量得到保证才能生存的观念，要把与测试有关的各项工作和组员的积极性结合起来，建立一套适当的质量责任制度，形成一个严密的质量体系。

（2）制定好测试策略，有计划地安排工作，系统地解决问题。

（3）注意合理分配任务，明确规定每一个人在测试工作中的具体任务、职责和权限，使每个组员都明确自己的工作内容、如何着手做、应当承担的责任以及完成的标准。项目小组的人员需做到人人心中有数，为提高产品质量（或服务质量）提供基本的保证。

（4）遇到问题，能准确地判断出是技术问题还是流程问题，更重视流程问题的解决。

（5）对关心组员有良好的意识，时刻关注项目组员的情绪，以鼓励为主，不断激励员工、鼓舞士气，发挥每一位组员的潜力，注重团队的工作效率。

（6）将项目中已有的成功经验灵活地应用到新的项目中，做好测试项目的风险管理和质量管理。

（7）具有良好的沟通能力，不仅能与其他部门进行有效沟通，而且可以施加自己的影响（说服别人），以促进项目的整体合作、理解和流程改进。

3. 软件测试项目的管理原则

软件测试项目的管理原则如下。

（1）可靠的需求。应当提供各方一致同意的、完整清晰的、详细的、整体的、可实现的、可测试的需求，并将其文档化。

（2）合理的时间表。此时间表应为计划、设计、测试、修复、再测试、变更、编制文档留出足够的时间，不应使用突击的办法来完成项目。

（3）充分测试。尽早开始测试，每次修复或变更后，都应进行复测。

（4）尽可能坚持最初的需求。一旦开发工作开始，要尽可能防止修改需求和新增功能，要说明这样做的后果，若必须进行变更，必须在时间表上有相应的反映。若可能，在设计阶段使用快速的模型，以便使客户了解将会得到的东西，使他们对他们的需求有较高的信心，减少开发后期需求的变更。

（5）沟通。尽早使用模型，使客户的预想得以表达清楚；在适当时机进行预排和检查，充分利用团队通信手段，如电话会议、电子邮件、即时消息、变更管理工具等。

（6）确保文件是可用的并且是最新的。优选电子版文档，避免使用纸介质文档进行远距离联合作业及协作。

4. 测试计划先行

软件项目管理过程从项目计划活动开始，软件测试项目管理同样也是从测试计划开始。在测试计划活动中，首先需要确认测试策略，并对工作范围、时间、资源、质量、成本等进行估算。无论何时进行估算都是在预测未来，需要接受某种程度的不确定性。

软件项目计划的目标是提供一个框架，不断收集信息，对不确定性进行分析，将不确定的内容慢慢转换为确定的内容。该过程最终使管理者能够对资源、成本及进度进行合理的估算。这些估算是软件项目开始时在一个限定的时间框架内所做的，并且随着项目的进展不断更新。

计划不仅要反映测试的“真实”工作，还应反映下列辅助活动。

（1）休假和法定节假日。

（2）培训和教育。

（3）项目管理活动，如规划和人员管理。

（4）系统死机等待、会议和回复电子邮件。

（5）体系结构定义。

（6）测试之后的系统返工或系统交付。

5. 建立优先级

在项目的管理过程中，经常会碰到等待的任务较多，但人力资源和时间受到限制，要在规定时间内完成所有的任务几乎不可能的情况。此时需要做的是为各项任务建立优先级，如此即可根据优先级来处理各项任务，将任务从繁重的软件开发活动中分离出来。

优秀的领导清楚自己的首要任务是为其他组员提供应有的服务，包括训练和指导、解决问题和冲突、提供资源、建立项目目标和优先级、提供适当的技术指引。若想使每个组员都及时获得信息，需要管理者不断地提供帮助。在实际的工作中并非所有人都能如愿地被安排在一个良好的工作环境里，但每个人都应当尽自己最大的努力将分配给自己的任务完成，集中精力有效地、快乐地工作，并在完成本职工作后尽可能地去帮助其他组员。

项目开始之前的估算只是给出一个大致的框架，在实际操作中还必须灵活调整，不能被规定束缚住手脚，从而耽搁项目的进程，甚至导致项目的失败。我们需要规则，但不能被规则束缚，当规则不适用于具体情况时，要有打破规则的勇气和魄力。

6. 建立客观的评价标准

为了建立客观的评价标准，首先必须将所有活动产生的有用数据记录下来，要记录的内容包括会议纪要、审核记录、缺陷报告、测试报告，并保证所做的记录及时、充分、准确、客观。对所有的活动都要有一个跟踪落实的过程，例如，所有的审核记录和更改请求都需要保存，并设置一个状态标识，标示其当前状态，通过跟踪其状态来监督其落实，如此使整个项目过程具有良好的可测性、可跟踪性，强调以数据说话。还要善于利用各种工具，如 Microsoft Project。通过工具比较容易做好记录，使记录的数据更直观，便于评估。

12.3　软件测试项目的过程管理

从软件工程的角度来说，软件开发主要分为需求分析、概要设计、详细设计、编码、测试、安装及维护 6 个阶段。软件测试项目的过程管理绝不仅限于测试阶段，因为软件测试不能在代码全部完成后才开始，而应在项目需求分析阶段就开始审查需求分析文档、产品规格说明书，在设计阶段需要审查系统设计文档、程序设计流程图、数据流图等，在代码测试阶段需要审查代码，查看是否遵守代码的变量定义规则、是否有足够的注释内容等。从软件开发生命周期的角度来说，软件测试项目的过程管理在各个阶段的具体内容是不同的；但在每个阶段，测试任务的最终完成都需要经过从计划、设计、执行到结果分析、总结等一系列步骤，这构成软件测试的一个基本过程。

软件测试项目的过程管理主要集中在软件测试项目的启动、测试计划、测试用例设计、测试执行、测试结果的审查和分析，以及如何开发或使用测试过程管理工具上。但本节主要是从管理的角度去讨论如何组织、跟踪和控制这些过程，而不是从测试技术的角度去讨论如何设计和实现。测试过程管理的基本内容如下所述。

（1）测试项目启动阶段：首先需要确定项目负责人，即项目小组组长，项目组长确定以后，才可以组建整个测试小组，配合开发等部门开展工作；其次要参加有关项目计划、分析和设计的会议，获得必要的需求分析、系统设计文档，以及相关产品/技术知识的培训和转移。

（2）测试计划阶段：确定测试范围、测试策略和方法，对风险、日程表、资源等进行分析和估计。

（3）测试设计阶段：制订测试的技术方案，设计测试用例，选择测试工具，编写测试脚本等。测试用例设计需要做好各项准备再开始进行，最后还需要其他部门帮忙评审测试用例。

（4）测试执行阶段：搭建相关的测试环境，准备测试数据，执行测试用例，对发现的软件缺陷进行报告、分析、跟踪等。测试执行不涉及较高的技术性，但它是测试的基础，直接关系到测试的可靠性、客观性和准确性。

（5）测试结果的审查和分析阶段：测试执行结束后，需要对测试结果进行整体或综合的分析，以确定软件产品质量的当前状态，为产品的改进或发布提供数据和依据。从管理上讲，需要组织好测试结果的评审和分析会议，做好测试报告或质量报告的编写和评审。

12.3.1 软件测试的计划阶段

软件测试的计划阶段

本节将从测试项目实施和管理的角度，进一步讨论软件测试项目计划的实施目标和标准、计划阶段的细分、测试项目计划的要点和编制测试计划的一些技巧等。

1. 软件测试项目计划的目标

测试项目计划的整体目标是确定测试任务、确定所需的各种资源和投入、预见可能出现的问题和风险，以指导测试的执行，最终实现测试目标，保证软件产品质量。制订测试计划需要达到的目标如下。

（1）为各项测试活动制订切实可行的、综合的计划，包括每项测试活动的对象、范围、方法、进度和预期结果。

（2）为项目实施建立一个组织模型，并定义测试项目中每个角色的责任和工作内容。

（3）开发有效的测试模型，可正确地验证正在开发的软件系统。

（4）确定测试所需要的时间和资源，以保证其可获得性、有效性。

（5）确立每个测试阶段测试完成及测试成功的标准、需要实现的目标。

（6）识别出测试活动中各种风险，并消除可能消除的风险，降低那些不可能消除的风险所带来的损失。

2. 软件测试项目的标准

为保证测试可按计划执行，必须确认满足何种外部条件测试才能开始，即需要在测试计划中定义软件测试项目的输入标准，然后定义测试项目的输出标准。

（1）测试的输入标准如下。

① 整体项目计划框架：需要在框架清晰的情况下制订测试计划。

② 需求规格说明书：只有将用户具体的、实际的需求了解透彻，才能制定准确的测试需求和测试范围。

③ 技术知识或业务知识：技术的变化或新技术的引入需要事先准备，包括人员的培训。

④ 标准环境：符合用户使用环境或业务运行环境的需求。

⑤ 设计文档：设计文档是设计软件测试用例的重要参考资料，帮助测试人员了解系统的薄弱环节、关键点等。

⑥ 足够的资源：包括人力资源、时间资源，硬件资源、软件资源和其他环境资源。

⑦ 人员组织结构：项目经理、测试组长、小组成员等的责任及相互关系已确定。

（2）测试的输出标准如下。

① 测试执行标准。

② 缺陷描述和处理标准。

③ 文档标准和模板。

④ 测试分析、质量评估标准等。

3. 测试实施策略的制定

测试策略描述当前测试项目的目标和所采用的测试方法。此目标不是上述测试计划的目标，而是针对某个应用软件系统或程序等具体的测试项目要达到的预期结果，包括在规定的时间内需要完成的测试内容、软件产品的特性或质量得到确认的方面。

测试策略还需要描述测试不同阶段（单元测试、集成测试、系统测试等）的测试对象、范围和方法以及每个阶段内所需要进行的测试类型（功能测试、性能测试、压力测试等）。在制定测试策略前，需要确定测试策略项。测试策略制定需要考虑的内容如下。

（1）需要使用的测试技术和工具。例如，60%用 Rational Robot 自动测试，40%采用手工测试。

（2）测试完成标准，用于计划和实施测试及通报测试结果。例如，95%以上的测试用例通过并且 P1、P2 级别的缺陷全部解决。

（3）影响资源分配的特殊考虑。例如，有些测试必须在极冷或极热的环境下进行，有些测试必须在周末进行，有些测试必须通过远程环境执行。

在确认测试方法时，需要根据实际情况，结合测试方法的特点来选择合适的方法。下面讲解两种常用的划分方法。

根据是否需要执行被测软件来划分，分为静态测试和动态测试。静态测试包括产品规格说明书、程序代码的审查等，在工作中容易被忽视，在测试策略上应说明如何加强这些环节。

根据是否针对系统的内部结构和具体实现算法来划分，分为白盒测试和黑盒测试。如何将白盒测试和黑盒测试有机地结合起来，也是编写测试策略时需要处理的问题之一。尽管用户更倾向于基于产品规格说明的功能测试，但白盒测试可以发现潜在的逻辑错误，而这种错误往往是功能测试无法发现的。

综上所述，可能需要在“基于测试技术的测试策略”和“基于测试方案的综合测试策略”之间进行选择。

4. 测试项目计划阶段的细分

测试项目的计划需要经过计划初期、起草、讨论、评审等不同阶段，才能制订完成，并不能一气呵成。并且不同的测试阶段（单元测试、集成测试、系统测试、验收测试等）或不同的测试类型（安全性测试、性能测试、可靠性测试等）都可能需要有具体的测试计划。

（1）计划初期要收集整体项目计划、需求分析、功能设计、系统原型、用户用例（User Case）等文档或信息，理解用户的真正需求，了解技术难点和弱点或新的技术，与其他项目相关人员进行交流，确保在各个主要方面理解一致。

（2）测试计划最关键的步骤是确定测试需求、测试层次。要将软件分解成一个个的单元，对各个单元编写测试需求。测试需求也是测试设计和开发测试用例的基础，并且是用来衡量测试覆盖率的重要指标。

（3）计划起草是根据计划初期掌握的各种信息、知识，确定测试策略，设计测试方法，完成测试计划的框架。

（4）在将测试计划提供给其他部门讨论之前，要预先在测试小组/部门内部进行审查。

（5）召开有需求分析、设计、开发人员参加的计划讨论会议，测试组长对测试计划的思想、策略做较为详细的介绍，并听取在场人员对测试计划中各个部分的意见，进行讨论交流。

（6）项目中的每个人都应当参与测试计划的评审，包括市场、开发、支持、技术写作及测试人员。计划的审查是必不可少的，出自于一个测试工程师的定义不一定是完整或准确的。此外，测试工程师很难评估自己的测试计划，就像开发者很难测试自己的代码一样。每一个计划审查者都可能根据其经验及专长提出修改建议，有时还能提供测试工程师在组织产品定义时没有掌握的信息。

（7）在计划讨论、评审的基础上，综合各方面的意见，即可完成测试计划书，然后上报给测试经理或项目经理。得到批准，方可执行。

测试计划不仅服务于软件产品当前版本，而且还是下个版本的测试设计的主要信息来源。在进行新版本测试时，可以在原有的软件测试计划书上做修改，但需要经过严格审查。

5. 测试项目计划的要点

软件测试计划内容主要包括产品基本情况、测试需求说明、测试策略和记录、测试资源配置、计划表、问题跟踪报告、测试计划的评审结果等。除了产品基本情况、测试需求说明、测试策略等，测试计划的焦点主要集中在以下几个方面。

（1）目标和范围：产品特性、质量目标，各阶段的测试对象、目标、范围和限制。

（2）项目估算：根据历史数据，采用恰当的评估技术，对测试工作量、所需资源（人力、时间、软硬件环境）做出合理估算。

（3）风险计划：测试可能存在的风险分析、识别，以及风险的回避、监控和管理。

（4）日程：获取项目工作分解结构，并采用时限图、甘特图等制定时间/资源表。

（5）项目资源：人员、时间、硬件和软件等资源的组织和分配，人力资源是重点，且与日程安排联系密切。

（6）跟踪和控制机制：质量保证和控制，变化管理和控制等。

测试计划书的内容也可按单元测试、集成测试、系统测试、验收测试等阶段去组织，为每个阶段制订一个计划书，也可为每个测试类型（安全性测试、性能测试、可靠性测试等）制订特殊的计划书。

同时，可为上述测试计划书的每项内容制订一个具体实施的计划。例如，对每个阶段的测试重点、范围、所采用的方法、测试用例设计的思想、提交的内容等进行细化，供测试项目组的内部成员使用。一些重要的项目中会形成一系列的计划书，如测试范围/风险分析报告、测试标准工作计划、资源和培训计划、风险管理计划、测试实施计划、质量保证计划等。

6. 编制测试项目计划的技巧

在计划书中，有些内容仅作为项目参考，如测试项目的背景、所采用的技术方法等；但有些内容则可看作一种结论或承诺，必须要实施或必须达到目标，如测试小组结构和组成、测试项目的里程碑、面向解决方案的交付内容、项目标准、质量标准、相关分析报告等。

若要做好测试计划，测试设计人员需要仔细阅读相关资料，包括用户需求规格说明书、设计文档、使用说明书等，全面熟悉系统，并对软件测试方法和项目管理技术有深刻的理解。此外还有一些技巧，具体如下所述。

（1）确定测试项目的任务，清楚测试范围和测试目标，例如，提交什么样的测试结果。

（2）让所有合适的相关人员参与测试项目的计划制订，尤其是在测试计划早期。

（3）对测试的各阶段所需要的时间、人力及其他资源进行预估，尽量做到客观、准确、留有余地。

（4）制定测试项目的输入、输出和质量标准，并和有关方面达成一致。

（5）建立变化处理的流程规则，识别出整个测试阶段中内在的、不可避免的变化因素，并思考如何进行控制。

软件测试的设计和开发阶段

12.3.2 软件测试的设计和开发阶段

测试计划完成后，测试过程即将进入软件测试设计和开发阶段。软件测试设计建立在测试计划书的基础上，应认真理解测试计划中的测试大纲、测试内容及测试的通过准则，以及通过测试用例来完成测试内容的典型的逻辑转换，将其作为测试的实施依据，最终实现所确定的测试目标。软件设计是将软件需求转换成软件表示的过程，主要描绘出系统结构、详细的处理过程和数据库模式；软件测试设计则是将测试需求转换成测试用例，描述测试环境、测试执行的范围和层次、用户的使用场景。因此软件测试设计和开发是软件测试过程中技术深、要求高的一个关键阶段。

1. 软件测试设计和开发的主要内容

（1）制订测试的技术方案。确认各个测试阶段需要采用的测试技术、测试环境和平台以及选择测试工具。有关系统测试中的安全性、可靠性、稳定性、有效性等的技术方案是这部分工作内容的重点。

（2）设计测试用例。根据产品需求分析、系统技术设计等规格文档，在测试的技术方案基础上设计具体的测试用例。

（3）设计特定的测试用例集合，满足特定的一些测试目的和任务。即根据测试目标、测试用例的特性和属性（优先级、层次、模块等），选择不同的测试用例，构成执行某个特定测试任务的测试用例集合（组），如基本测试用例组、例外测试用例组、性能测试用例组、完全测试用例组等。

（4）测试开发。根据所选择的测试工具，将所有可进行自动化测试的测试用例转换为自动化测试脚本的过程。

（5）测试环境的设计。根据所选择的测试平台及测试用例所要求的特定环境，进行服务器、网络等测试环境的设计。

软件测试设计中还需要考虑：所设计的测试技术方案是否可行、是否有效、是否能达到预期的测试目标；所设计的测试用例是否完整，边界条件是否考虑，其覆盖率能达到多高；所设计的测试环境是否和用户的实际使用环境比较接近。

关键是做好测试设计前的知识传递，将设计/开发人员已掌握的技术、产品、设计等知识传递给测试人员；同时，需要做好测试用例的审查工作，不仅需要通过测试人员的审查，还需要通过设计/开发人员的审查。

2. 测试用例设计的方法和管理

（1）测试用例设计方法

软件测试用例设计有白盒测试和黑盒测试相对应的设计方法。黑盒测试的用例设计采用等价类划分、因果图、边界值分析、用户界面测试、配置测试、安装选项验证等方法，适用于功能测试和验收测试。而白盒测试的用例设计有多种方法，具体如下所述。

① 采用逻辑覆盖（包括程序代码的语句覆盖、条件覆盖、分支覆盖）的结构测试用例的设计方法。

② 基于程序结构的域测试用例设计方法，其中“域”是指程序的输入空间。域测试是在分析输入空间的基础上，完成域的分类、定义和验证，从而对各种不同的域选择适当的测试点（测试用例）进行测试。

③ 数据流测试用例设计方法是通过程序的控制流，从建立的数据目标状态的序列中发现异

常结构的测试方法。

④ 根据对象状态或等待状态变化来设计测试用例，也是比较常见的方法。

⑤ 基于程序错误的变异来设计测试用例，可有效地发现程序中某些特定的错误。

⑥ 基于代数运算符号的测试用例设计方法。受分支问题、二义性问题和大程序问题的困扰，此方法使用较少。

（2）测试用例的属性

测试用例需要经过创建、修改和不断改善的过程，一个测试用例应具备的属性如下。

① 测试用例的优先次序。优先级越高，被执行的时间越早，执行的次数越多。由优先级最高的测试用例组构成基本验证测试（Basic Verification Test，BVT），每次构建软件包时，都会被执行一遍。

② 测试用例的目标性。有的测试用例为主要功能而设计，有的测试用例为次要功能而设计，有的测试用例为系统的负载而设计，有的测试用例则为一些特殊场合而设计。

③ 测试用例所属的范围及其所属的组件或模块。这种属性被用来管理测试用例。

④ 测试用例的关联性。测试用例一般和软件产品特性相联系，多数情况下用于验证产品的某个功能。这种属性可被用于验证被修改的软件缺陷，或对软件产品紧急补丁包的测试。

⑤ 测试用例的阶段性。测试用例属于单元测试、集成测试、系统测试、验收测试中的某一个阶段。对每个阶段构造一个测试用例的集合并执行，容易计算出该阶段的测试覆盖率。

⑥ 测试用例的状态性。若测试用例当前无效，则被置于非激活状态，不会被运行，只有被激活的测试用例才被运行。

⑦ 测试用例的时效性。针对同样功能，可能所用的测试用例不同，因为不同的产品版本在产品功能、特性等方面的要求不同。

⑧ 所有者、日期等属性。测试用例的属性还包括创建人、创建时间、修改人、修改时间。

根据上述属性，再结合测试用例的编号、标题、描述（前置条件、操作步骤、期望结果）等，即可对测试用例进行基于数据库方式的良好管理。

（3）测试用例的审查

测试用例设计完成后，需要经过非正式和正式的审查，两种审查方式具体如下所述。

① 非正式的审查：一般在测试小组内部进行，同测试组人员互相检查或让资深人员、测试组长帮助审查。

② 正式的审查：一般通过正式 E-mail 将已设计好的测试用例发送给相应的系统分析、设计人员和程序员，让其先通读一遍，将发现的问题记录下来。然后由测试组长或项目经理召开一个测试用例评审会，由测试设计人员先对测试用例的设计思想、方法、思路等进行说明，然后系统分析、设计人员和程序员提出问题，测试人员做出回答，必要时进行讨论。

评审完的测试用例经修改后，即可直接用于手工测试或用于测试脚本的开发。

3. 测试开发

使用所选择的测试工具脚本语言（如 Rational SQABasic）编写测试脚本，将所有可进行自动化测试的测试用例转化为测试脚本。其输入是基于测试需求的测试用例，输出是测试脚本和与之相对应的期望结果，这种期望结果一般存储在数据库中或特定格式的文件中。

（1）测试开发的步骤：首先要搭建测试脚本开发环境，安装测试工具软件，设置管理服务器和具有代理的客户端池，建立项目的共享路径、目录，并能连接到脚本存储库和被测软件等；然后执行录制测试脚本初始化过程、独立模块过程、导航过程和其他操作过程，结合已经建立的测试用例，对录制的测试脚本进行组织、调试和修改，构成一个有效的测试脚本体系，并建立外部数据集合。

（2）由于被测系统处在不完善阶段，在运行测试脚本的过程中容易中断，因此在测试脚本开发时，需要将此类错误处理好，并及时记录当时的状态，而且要求可以继续执行下去。解决上述问题的办法有很多，例如，跳转到别的测试过程、调用一个能够清除错误的过程等。

（3）测试开发常见的问题：测试开发很乱，与测试需求或测试策略没有对应性；测试过程不可重用；测试过程被作为一个编程任务来执行，导致脚本可移植性差。应在脚本的结构、模块化、参数传递、基础函数（库）等方面做好设计，从而避免上述问题。

12.3.3 软件测试的执行阶段

软件测试的执行阶段

1. 软件测试执行阶段的管理难点

测试用例的设计和测试脚本的开发完成后，即开始执行测试。测试执行阶段分为手工测试和自动化测试。

手工测试：在合适的测试环境下，按照测试用例的条件、步骤要求，准备测试数据，对系统进行操作，比较实际结果和测试用例所描述的预期结果，以确定系统是否真正实现了所需功能。

自动化测试：通过自动化测试工具，运行测试脚本，得到测试结果。

自动化测试的管理相对比较容易，测试工具会百分之百地执行测试脚本，并自动记录测试结果。而对手工测试的管理相对要复杂得多，在整个测试执行阶段中，管理上会碰到一系列问题。

（1）如何确保测试环境满足测试用例所描述的要求？

（2）如何保证每个测试人员清楚自己的测试任务？

（3）如何保证每个测试用例得到百分之百的执行？

（4）如何保证所报告的缺陷正确、描述清楚、没有漏掉信息？

（5）如何在验证缺陷和对新功能的测试之间寻找平衡？

（6）如何跟踪缺陷处理的进度，使严重的缺陷及时得到解决？

（7）如何确保正确的测试环境？需要专人（OA 实验室管理人员、测试组长等）进行检查。

2. 测试阶段目标的检查

测试阶段目标的检查需要对每个测试阶段（单元测试、集成测试、确认测试、系统测试和验收测试等）的结果进行分析，保证每个阶段的测试任务得到执行，达到阶段性的目标。

（1）单元测试：目的在于检查每个程序单元是否正确实现详细设计说明中的模块功能、性能、接口和设计约束等，发现各模块内部可能存在的各种错误。

（2）集成测试：主要目标是发现与接口有关的问题。不管是外部接口还是内部参数的传递，都需要抓住关键模块，关键模块应尽早测试，并将自顶向下、自底向上两种测试策略相结合，对各个模块严格执行。由于涉及系统不同的模块、不同的层次或不同的部门，容易造成一些漏洞、疏忽，需要根据设计文档多提问题、集体审查。

（3）确认测试：主要目的是表明软件是可以正常工作的，并且确保软件的所有功能和性能以及其他特性与用户的要求一致。只有通过了确认测试的软件才具备进入系统测试阶段的资格。

（4）系统测试：目标是保证系统在实际的环境中能够稳定、可靠地运行。包括恢复性测试、安全性测试、强度测试和性能测试等。系统测试技术要求高，占用资源比较多，因此应设计完备，并准备充分。

（5）验收测试：验收测试既可是非正式的测试，也可是正式的、有计划的测试。一个软件产品可能拥有众多用户，不可能由每个用户验收，此时应多采用称为 α、β 测试的过程。α 测试是指软件开发公司组织内部人员模拟各类用户对即将发布的软件产品（称为 α 版本）进行测试，尝试发现错误并修正。α 测试的关键在于尽可能逼真地模拟实际运行环境和用户可能的操作方式。经过 α 测试调整的软件产品，称为 β 版本。紧随其后的 β 测试是指组织公司外部的典型用户试用 β 版本，并要求用户报告异常情况、提出批评意见，然后再对 β 版本进行修改和完善。

3. 测试用例执行的跟踪

测试用例执行直接关系到测试的效率、结果，不仅需要做到测试效率高，而且需要保证结果正确、准确、完整等。其管理关键是提高测试人员素质和责任心，树立良好的质量文化意识，其次需要通过一定的跟踪手段从某些方面保证测试执行的质量。

（1）测试效率的跟踪比较容易，按照测试任务和测试周期，可得到期望的曲线，然后每天检查测试结果，了解是否按预期进度进行。

（2）测试结果的跟踪比较困难，应将每个人的执行测试情况记录好，即清楚每个测试用例的执行人员，一旦某个缺陷被遗漏，可以追溯到具体责任人。

4. 缺陷的跟踪和管理

缺陷的跟踪和管理一般由数据库系统来执行，但数据库系统也是依赖于一定的规则和流程工作的。管理思路如下所述。

（1）设计好每个缺陷应包含的信息条目、状态分类等。

（2）通过系统自动发送邮件给相应的开发人员和测试人员，使任何缺陷都不被遗漏，并能得到及时处理。

（3）通过日报、周报等各类项目报告来跟踪目前缺陷状态。

（4）在各个大小里程碑之前，召开相关人员的会议，对缺陷进行会审。

（5）通过历史曲线、统计曲线等进行分析，预测未来情况。

5. 和项目组外部人员的沟通

为了使测试进展顺利，与项目组外部人员保持良好沟通是非常有必要的，这样，测试碰到的问题比较容易解决，测试中发现的缺陷处理效率也会提高。

（1）下面列举一些有利于沟通的技巧。

① 通过一种合适的、可接受的方式指出对方的问题，尽量做到对事不对人。

② 每周召开一次不同部门一起参加的会议。

③ 建立大项目的邮件组，包含各部门主要人员的邮件地址。

④ 在同一个大项目组的开发、测试人员的日报、周报等需要互相抄送。

⑤ 适当开展一些类似于聚餐的活动，改善组员关系，增进各方面人员的相互了解。

（2）人员间的基本通信方式主要有以下 5 种。

① 正式非个人方式。例如，正式审查会议。

② 正式个人之间交流。例如，成员之间的正式讨论，有电子邮件跟踪或文字记载，并包含所做出的结论，方便后期跟踪、审查。

③ 非正式个人之间交流。例如，个人之间通过电话、即时消息系统的自由交流。

④ 内部公共论坛。大家就某个主题发表自已看法，提相关问题或回答相关问题。

⑤ 成员网络。例如，成员与小组之外或公司之外有经验的相关人员进行交流。

6. 测试执行结束

测试执行全部完成，并不意味着测试项目的结束。测试项目结束的阶段性标志是将测试报告或质量报告发送出去，并得到测试经理或项目经理的认可。除了测试报告或质量报告的写作之外，还要对测试计划、设计和执行等进行检查、分析，完成项目的总结。

关于测试报告或质量报告的写作，主要简单介绍对测试执行结束前后的管理。

（1）审查测试全过程：在原来跟踪的基础上，需要对测试项目进行全过程、全方位的审视，检查测试计划、测试用例是否得到执行，检查测试是否有漏洞。

（2）对当前状态的审查：包括产品缺陷和过程中未解决的各类问题。对产品目前存在的缺陷进行逐个分析，了解对产品质量的影响程度，从而决定产品的测试能否告一段落。

（3）结束标志：根据上述两项的审查进行评估，若所有测试内容完成、测试的覆盖率达到要求以及产品质量达到已定义的标准，即可定稿测试报告，并发送出去。

（4）项目总结：通过对项目中的问题进行分析，找出流程、技术或管理中所存在的问题根源，避免重蹈覆辙，并获得项目成功经验。

12.4 软件测试项目的资源管理

软件测试项目的资源管理

软件测试项目的资源管理是整个项目的基础。项目的完成依赖于必要的、充分的资源，“巧妇难为无米之炊”，没有资源就无法去做事情；有资源，若不够充分，虽然项目能进行下去，但不能及时完成任务。资源管理不仅要保证测试项目拥有足够的资源，还应该充分、有效地利用现有资源，进行资源的优化组合，避免任何的资源浪费。

测试项目的资源主要分为人力资源、系统资源（硬件和软件资源）、时间资源和环境资源。

每一类资源都应从 4 个方面进行说明：资源描述、可用性说明、需要该资源的时间以及该资源被使用的持续时间。后两个特征可看成时间窗口，就一个特定的时间窗口而言，资源的可用性必须在开发的初期就建立起来。

1. 资源的估计

资源的估算技术主要分为两大类：分解和经验建模。

（1）分解技术需要划分出主要的软件功能，紧接着估算测试每一个功能所需的程序规模或人员数量。

（2）经验建模技术使用根据经验导出的公式来预测工作量和时间，可使用自动工具建立某一特定的经验模型。

通过比较和调和使用不同技术导出的估算值，计划者更有可能做出精确的估计。软件项目估算永远不会是一门精确的科学，但将良好的历史数据与系统化的技术结合起来能够提高估算的精确度。

2. 工作量的估计

工作量的估计是比较复杂的，针对不同的应用领域、程序设计技术、编程语言等，其估算方法是不同的。工作量的估算可能需要基于一些假设或定义，具体如下所述。

（1）效率假设：测试队伍的工作效率。对于功能测试，这主要依赖于应用的复杂度、窗口的个数、每个窗口中的动作数目。对于容量测试，这主要依赖于建立测试所需数据的工作量大小。

（2）测试假设：一个测试需求所需测试动作数目，包括每个测试用例的估计用时。

（3）所处测试周期的阶段：有些阶段主要工作量在设计，有些阶段主要工作量在执行。

（4）测试需求的维数：应用的复杂度指标和需求变化的影响程度，决定了测试需求的维数。测试需求的维数越多，工作量就越大。

工作量的估算也主要是通过分解技术、经验建模技术来实现。

3. 人力资源管理

一个软件测试项目所需的人员数目在完成了测试工作量的估算之后就能够基本确定，一般在测试计划中做了描述。但是软件测试项目所需的人员和要求在各个阶段是不同的，具体如下所述。

（1）初期需要项目经理或测试组长参与，为测试项目提供总体方向，决定测试策略，制订测试计划，申请系统资源。

（2）在测试前期，需要较为资深的测试设计和开发人员，负责对被测软件的详细了解、测试评估、测试需求的分解，设计测试用例，开发测试脚本。

（3）在测试中期，主要是执行测试，需要观察测试自动化实现的程度。若测试自动化程度高，人力的投入不会明显增加；若测试自动化程度低，测试执行人员需求量大，需要提前计划，保证足够的资源。

（4）在测试后期，资深的测试人员可以抽出部分时间去做新项目的准备工作。

根据经验，人力资源的管理难度在于以下 3 个方面：人力资源需求的估计依赖于工作量的估计和每个工程师的能力评估；需要有 10%的资源余量作为人力储备以应对紧急情况；需要注重阶段或项目间的资源平衡。

4. 环境资源管理

建立必要测试环境所需的计算机软件资源和硬件资源统称为测试环境资源。硬件提供了支持操作系统、应用系统和测试工具等运行的基本平台。软件资源包括操作系统、第三方软件产品、测试工具软件等。

（1）硬件：测试存储库、网络/子网、客户测试机、测试开发所需的 PC 机。

（2）软件：Rational Robot、Microsoft Office、数据库系统、配置需求列表等。

（3）网络环境搭建和协议配置。

12.5 软件测试项目的进度管理

项目的进度管理是一门艺术，是一个动态的过程，需要不断调度、协调，保证项目的均衡发展，实现项目整体的动态平衡。在项目进度的管理过程中，项目的实施与项目的计划是互动的。

项目开始前的计划对软件的测试需求有一个大体的认识，但深度不够，进度表可能只是一个时间上的框架，一定程度上是靠计划制订者的经验来把握的。随着时间的推移、测试的不断深入，相关人员对软件会有进一步的认识，对很多问题都不再停留在比较粗的估算上，项目进度表会变得越来越详细，越来越准确。

项目的进度管理主要通过里程碑、关键路径的控制并借助工具来实现，同时需要把握好进度与质量、成本的关系，以及充分了解进度的数量和质量双重特性。

12.5.1 软件测试项目的里程碑和关键路径

软件测试项目的里程碑和关键路径

软件测试项目的计划书中都会有一个与软件测试项目明确相关的日程进度表。关于如何对项目进行阶段划分、如何控制进度、如何控制风险等，目前存在一系列方法，其中最成熟的技术是里程碑管理和关键路径的控制。

1. 里程碑的定义和控制

一般来说，里程碑是项目中完成阶段性工作的标志，即对一个过程性的任务用一个结论性的标志来描述明确的任务起止点，一系列的起止点就构成引导整个项目进展的里程碑。一个里程碑标志着上一阶段的结束以及下一阶段的开始，即定义当前阶段完成的标准和下个新阶段启动的条件或前提。里程碑的特征表述如下。

（1）里程碑有一定层次，即可在父里程碑下定义子里程碑。

（2）不同类型的项目，里程碑可能不同。

（3）在不同规模的项目中，里程碑的数量是不一致的。里程碑可以合并或分解。

在软件测试周期中，建议定义六个父里程碑、十多个子里程碑，具体如下所示。

M1：需求分析和设计的审查

M11：市场/产品需求审查

M12：产品规格说明书审查

M13：产品和技术知识传递

M14：系统/程序设计审查

M2：测试计划和设计

M21：测试计划的制订

M22：测试计划的审查

M23：测试用例的设计

M24：测试用例的审查

M25：测试工具的设计和选择

M26：测试脚本的开发

M3：代码（包括单元测试）完成

M4：测试执行

M41：集成测试完成

M42：功能测试完成

M43：系统测试完成

M44：验收测试完成

M45：安装测试完成

M5：代码冻结

M6：测试结束

M61：为产品发布进行最后一轮测试

M62：编写测试和质量报告

你也可以调整子里程碑，并在子里程碑下定义更小的里程碑，即孙里程碑，如表 12.1 所示。

表 12.1　软件测试进度表示例

任务	天数	任务	天数	任务	天数	任务	天数	任务	天数
M21：测试计划制订	11	M23：测试设计	12	M26：测试开发	15	M42：功能测试	9	M62：测试评估	3
确定项目	1	测试用例的设计	7	建立测试开发环境	1	设置测试系统	1	评估测试需求的覆盖率	1
定义测试策略	2	测试用例的审查	2	录制和回放原型过程	2	执行测试	4	评估缺陷	0.5
分析测试需求	3	测试工具的选择	1	开发测试过程	5	验证测试结果	2	决定是否达到测试完成的标准	0.5
估算测试工作量	1	测试环境的设计	2	测试和调试测试过程	2	调查突发结果	1	测试报告	1
确定测试资源	1			修改测试过程	2	生成缺陷日记	1		
建立测试结构组织	1			建立外部数据集	1				
生成测试计划文档	2			重新测试，并调试测试过程	2				

在一个里程碑到来之前，需要进行检查，了解测试状态以确定是否能在预期时间内达到里程碑阶段标准，若存在较大差距，则需要采取相应措施，争取在预期时间内达到里程碑的标准，即使不能，也需要尽量减小差距。每到一个里程碑，对实际完成情况必须严格检查，查看是否符合已定义的标准，并且应及时对前一阶段的测试工作进行总结；若有需要，则可对后续测试工作计划进行调整，例如，增加资源，延长时间，以实现下一个里程碑的目标。

在项目管理进度跟踪的过程中，给予里程碑事件足够的重视，往往可以起到事半功倍的作用。保证里程碑事件的按时完成，整个项目的进度就有了初步保障。根据里程碑可较为容易地确定软件测试进度表。

2. **项目的关键路径**

每个项目可根据各项任务的工作量估计、资源条件限制和日程安排，事先确定一条关键路径。关键路径是一系列能确定计算出完成日期的任务构成的日程安排线索。当关键路径上的最后一个任务完成时，整个项目也随之完成；关键路径上的任何一项任务延迟，整个项目就会延期。为了确保项目如期完成，应密切关注关键路径上的任务和为其分配的资源，上述要素将决定项目能否准时完成。

关键路径法（Critical Path Method，CPM）是国际公认的项目进度管理办法，其计算方法简单，许多项目管理工具（如 Microsoft Project）可自动计算关键路径。随着项目的实施，关键路径可能由于当前关键路径上的某些任务发生变化（延迟）而变化，从而产生新的关键路径，因此，关键路径也是动态可变的，但这种动态性需要控制在最小范围内。关键路径的这种变化可能导致原来不在关键路径上的任务成为关键路径的必经节点，因此，测试组长或项目经理需要随时关注项目进展，跟踪项目的最新计划，确保关键路径上的任务及时完成。

12.5.2 软件测试项目进度的特性及外在关系

软件测试项目进度的特性及外在关系

任何一项工作，在最开始的时候较为容易看到工作推进的进度，例如，建造房子，从无到有变化非常明显，但随着时间的推移，房子框架搭建起来之后，所能观察到的进度就越来越不明显。软件测试也是如此，在测试之初，缺陷较为容易发现，但测试的进展并不是按照缺陷数量来计算的，测试越进行到后期，缺陷就越难发现。因此，若要提高测试质量，需要将严重的、关键的问题尽可能地在第一时间发现，如此才不至于在最后阶段使开发人员对代码进行大规模的修改。若大规模修改代码，则无法保证测试的时间，最终会影响软件的质量。上述内容就是测试项目进度的数量和质量双重特性，在关注进度的同时需要把握好这两个特性，在注重速度的同时，还需要观察前期的质量。如图 12.2 所示。

图 12.2 表示一个为期 10 天的测试项目，在项目中测试工程师实际发现了 60 个缺陷，其缺陷数量的日期（横坐标）分布呈渐渐回落之势，即一开始发现的缺陷最多，随着时间的推移，发现的缺陷越来越少，最后 2～3 天不再报告新的缺陷，而只是验证已被修正的缺陷。在理想情况下，问题的难度也应呈降序排列，前期发现最不易解决的问题，因为在解决这些问题时，往往会产生新的缺陷，及早报告，有利于更好地解决问题。当然，在做具体项目时，不容易保证完全做到理想状态，这与测试工程师本身的技能和经验有很大关系。

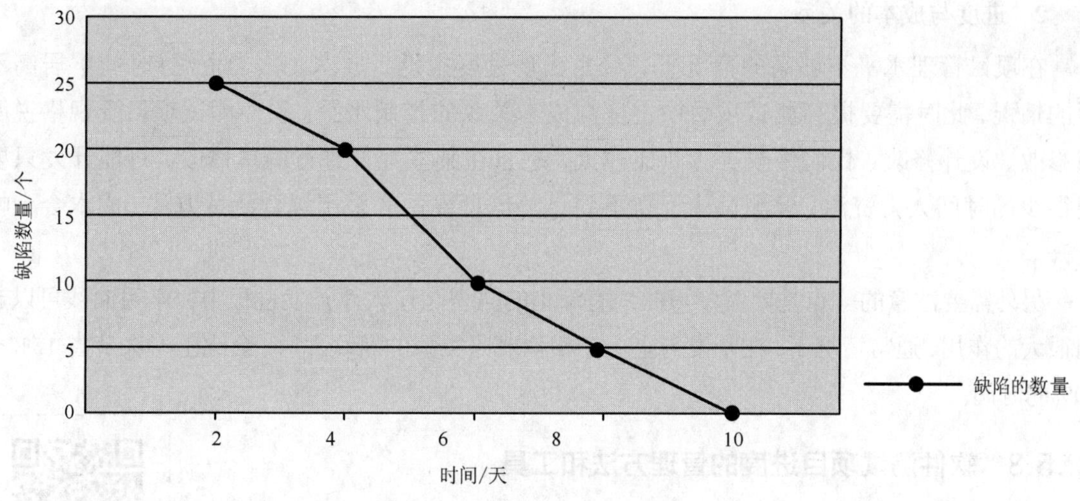

图 12.2 测试项目进度的特性图

1. 进度与质量的关系

测试项目管理的基本原则是保证在不超预算并满足软件质量的前提下，按进度完成项目。因此，进度与质量存在一定程度上的矛盾关系：有时要想保证质量，进度就必须放慢，使测试时间充足；有时要想保证进度，质量就受到一定影响或存在比较大的风险。质量与进度的关系应该是保证质量为前提，然后考虑资源的调度和进度的调整。

首先，尽量利用历史数据，参考以前完成过的项目来进行类比分析，以确定质量和进度之间的制约关系，进而控制进度和管理质量。

其次，可采用对进度管理计划添加质量参数的方法，即通过调整参数来调整进度和质量的关系（此方法需要有一定量的历史数据）。例如，从历史数据中得知，若完成子项目的时间是 5 天，测试后遗留 15 个问题；若完成同样子项目的时间是 7 天，测试后遗留 12 个问题；若完成该子项目的时间是 8 天，测试后遗留 5 个问题；……。

随着数据的不断增多，采用二维坐标图，即可得到一些离散的点（不考虑资源的差异），并形成一条曲线，如图 12.3 所示。管理者可考虑项目允许的质量范围，对照图中的数据，找出相应的参数；根据得到的参数，确定一个合适的进度计划。

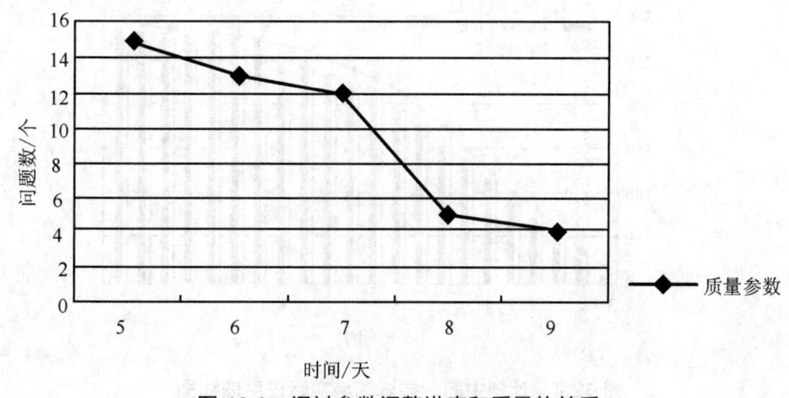

图 12.3 通过参数调整进度和质量的关系

2. 进度与成本的关系

在项目管理水平不够高的情况下，经常出现进度拖延，成本（人力资源×时间）居高不下的情况，此时需要提高测试项目中进度与成本关系的控制水平。软件测试项目受规格说明书修改、设计修改、代码修改等影响比较大，一旦在某些地方进行简单修改，可能开发只要花很少的时间人力资源，但测试由于得不到足够信息或过多采用黑盒测试方法，成本会大幅上升。

另外需要注意的一点是要对学习曲线有深刻的认识。在软件开发过程中，学习曲线可以起到很大的作用，通常情况下，在开发与上一个相似或同类型的新软件时，会比上一次节省15%～20%的时间。

12.5.3 软件测试项目进度的管理方法和工具

软件测试项目进度的管理方法和工具

软件测试管理中最重要、最基本的是测试进度跟踪。众所周知，在进度压力之下，通常被压缩的是测试时间，这导致随着时间的推移，实际的进度与最初制订的计划相差越来越远。而若有了正式的度量方法，上述情况就不容易出现，因为在其出现之前相关人员就有可能采取行动解决问题。下面介绍两种测试项目进度的管理方法，分别是测试进度S曲线法和缺陷跟踪曲线法。缺陷跟踪又可分为新发现缺陷跟踪法和累计缺陷跟踪法，其中累计缺陷跟踪法更好。常用的缺陷跟踪曲线法是NOB（Number of Open Bug，打开的缺陷数）曲线法。

1. 测试进度S曲线法

测试进度S曲线法通过将计划中的进度、尝试的进度与实际的进度三者进行对比来实现，其采用的基本数据主要是测试用例或测试点的数量，这些数据需要按周统计，每周统计一次，并将统计数据反映在图表中。"S"代表随着时间的推移，积累的数据形成的曲线越来越像S形。一般的测试过程包含三个阶段，初始阶段、紧张阶段和成熟阶段，第一和第三个阶段所执行的测试数量（强度）远小于中间的第二个阶段，由此导致曲线的形状像一个扁扁的S。

x 轴代表时间，y 轴代表当前累计的测试用例或测试点数量，如图12.4所示。

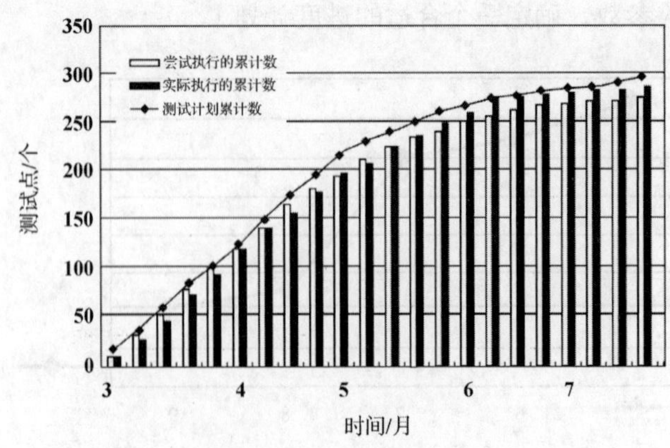

图12.4 计划中的、尝试的与实际进度曲线图

图 12.4 包含了如下信息。

（1）趋势曲线（上方实线）代表计划中的测试用例数量，该曲线是在形成测试计划后，在实际测试执行之前绘制的。

（2）测试开始时，图上只有计划曲线。此后，每周添加两条柱状数据，浅色柱状数据代表当前周累计尝试执行的测试用例数，深色柱状数据为当前周累计实际执行的测试用例数。

（3）在测试快速增长期（紧张阶段），尝试执行的测试用例数略低于计划用例数，实际执行的用例数略高于尝试执行的用例数，此情况是经常出现的。

由于测试用例的重要程度不同，因此，在实际测试中经常会给测试用例加上权重。加权归一化使 S 曲线更加准确地反映测试进度（如此 y 轴数据就是测试用例的加权数量），加权后的测试用例通常被称为测试点。

一旦有一个严格的计划曲线放在项目组面前，它将成为奋斗的动力，整个小组都将关注计划、尝试与实际之间的偏差。因此，严格的评估是 S 曲线成功的基本保证，例如，人力是否足够，测试用例之间是否存在相关性。一般而言，计划或者尝试数与实际执行数之间存在 15%～20%的偏差就需要启动应急行动进行弥补。

一旦计划曲线被设定，任何对计划的变更都必须经过审查。一般而言，最初的计划应作为基准，即使计划有变更，基准也留作参考。该曲线与后来的计划曲线对比显现的不同之处需要有详尽的理由作为说明，同时这也是今后制订计划的经验来源之一。

2. 测试进度 NOB 曲线法

测试所发现的软件缺陷数量，会在一定程度上代表软件的质量，通过对它的跟踪来控制进度也是一种比较现实的方法，受到测试过程管理人员的高度重视。NOB 曲线法主要收集当前所有打开的（激活的）缺陷数，也可将严重级别高的缺陷分离出来进行控制，从而形成 NOB 曲线。NOB 曲线在一定程度上反映了软件的质量和测试的进度。

在 NOB 曲线法中，最重要的是确定基线数据或典型数据，即为测试进度设计一套计划曲线或理想曲线。至少在跟踪开始时，需将项目进度关键点（里程碑）预期的 NOB 限制等级设置好，以及确定 NOB 达到高峰的时间、NOB 在测试产品发布前能否降到足够低。较为理想的模式是，相对于先前发布的版本或基线，NOB 曲线的高峰出现得更早，且在发布前降到足够低并稳定下来。需要提醒的是，在这种度量方法中仅注意数量是不够的，为了尽早达到系统的稳定，缺陷的类型和优先级都是必须关注的。

尽管 NOB 应该一直都被控制在合理的范围内，但当功能测试的进展是最主要的开发事件时，应关注测试的有效性和测试的执行，并在最大程度上鼓励缺陷的发现。过早地关注 NOB 减少，将导致目标冲突，导致潜在的缺陷遗漏或缺陷发现的延迟。因此，在测试紧张阶段，主要应关注阻碍测试进展的那些关键缺陷的修复。当然，在测试接近完成时，就应强烈关注 NOB 的减少，因为 NOB 曲线的后半部分尤为重要，与质量问题密切相关。如图 12.5 所示。

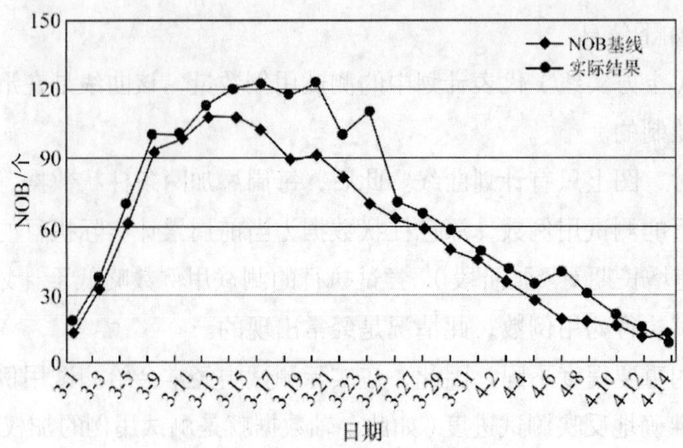

图 12.5　NOB 进度曲线示意图

Myers 有一个著名的关于软件测试的反直觉原则：在测试中发现缺陷多的地方，还将发现更多的缺陷。此现象产生的原因是，若测试效率没有被显著改善，则在修复缺陷时，将引入更多的缺陷。对这种度量方法的诠释如下。

（1）若缺陷发生率与先前发布的版本（或模板）相同或更低，应考虑当前版本的测试是否低效或根本未起到任何作用。若不是，则质量的前景还是较为乐观的；若是，则需要进行额外的测试。除了需要对当前的项目采取措施，还需要对开发和测试的过程进行改善。

（2）若缺陷发生率比先前发布的版本（或模板）更高，则应考虑是否为提高测试效率做了计划，并实际已做到显著提高测试效率。若没有，则质量将得不到保证；若有，质量将得到保证或可以说质量的前景是很乐观的。

上述度量法经常用于特定测试中缺陷的度量，如功能测试、产品级测试、系统集成测试。

3．测试进度管理工具

“工欲善其事，必先利其器”。要做好项目管理，首先需要一个可规划、跟踪、控制和改进项目管理的工具。微软公司推出的 Microsoft Project 就是一个常用的、专业的项目管理工具，提供了项目管理所需的基本功能，可细致地反映项目进行的整个过程，便于跟踪项目的进展、项目的分工等。它把一个任务划分为比较基准计划（原始计划）、当前计划、实际计划和待执行计划（剩余计划或未完成计划）4 个阶段进行管理。

（1）比较基准计划（原始计划）：此处的计划数据记录了最初制订项目计划时项目的状态。由于项目一旦开始运作执行，项目计划总是处于动态变化中，因此为了评价计划的实施情况或计划本身设计的问题，需要随时可获得原始计划数据。Microsoft Project 把最初编制的计划作为“比较基准”存储起来，在项目调整过程中始终保持不变。

（2）当前计划（正在进行）：项目启动后，由于主观或客观的原因，计划总是处在变化中，因此，需要反映项目实际执行情况的计划。由于当前计划是根据实际已经发生的计划和任务间的制约关系计算的，因此对于项目计划的管理和预测都具有现实指导意义。

（3）实际计划（已完成的）：指那些未完成但已开始实施，或已全部完成的任务计划。已实际执行的计划在项目管理中的重要性有两点：一，它是计算项目产值的依据；二，它也是规划和预测当前和未来计划的基本信息。

（4）待执行计划（未完成的）：项目组不仅需要考虑已完成的任务量，还必须知道剩余的需要完成的工作量，即待执行计划。若一个任务已经开始但还未做完，系统将根据任务完成情况自动计算剩余工作量，并重新测算工期和成本。

对于时刻处在变化之中的项目计划来说，人工统计资源在整个项目中的分布是一件非常烦琐的事情，Microsoft Project 提供的"资源使用状态"视图，逐个列出资源承担的任务和在每个任务上工作的日期、人数、工作量、费用，以及累计工作量和累计费用等，从多角度以丰富的图表来描述测试进度。

（1）网络图：以描述任务关系为重点，可选择任意 5 种任务信息进行显示。通过选择不同类别的信息，可建立基本信息网络图、基线网络图、跟踪网络图、费用网络图等。

（2）横道图：以表述任务时间关系为重点，显示出工序的关系线，即每个任务的开始、结束时间，而且能够显示任务的紧前和紧后工序。横道图可将每个任务的基线计划、当前计划、实际计划、完成百分比、时差同时显示出来，便于进行综合分析。

（3）资源图：以反映资源使用状况为重点，为资源分析和跟踪提供了 8 种图形，即资源需求曲线图、资源工作量图、资源累计工作量图、超分配工作量图、资源已经分配的百分数图、资源当前可用工作量图、成本图、累计费用图等。

（4）Microsoft Project 内置了多种筛选器，帮助建立各种文字报告，内容覆盖面广，可直接使用。

（5）项目摘要报告：项目汇总报告。

（6）任务报告：未开始的、正在进行的、已经完成的、推迟开始的、马上开始的、进度拖后的等各种任务报告，还包括关键任务的、使用某种资源的、超出预算的、本周/月/季的等各种任务报告及任务基本信息报告。

（7）资源报告：预算报告；超强度分配、超出预算等资源报告；资源工作安排报告；工作量报告；周/月/季/年现金流报告；资源基本信息报告。

12.6　软件测试项目的风险管理

软件测试项目的风险管理

众所周知，软件测试项目有风险，但若在项目管理中预先重视风险的评估，并对可能出现的风险进行对应防范，就可以最大限度地减少风险的发生或降低风险所带来的损失。

1. 分险的分类

根据风险出现情况可将风险分为可避免的风险和不可避免的风险两种，前者可采取措施预防其发生，后者采取任何措施都不可避免，只能降低此类风险带来的损失。或者也可分为已知风险（例如，有一两个员工不稳定）、可预测风险（根据以往经验预测可能出现的风险）和不可预测风险。

根据风险内容可将风险划分为 5 类，具体如下所述。

（1）项目风险：用户需求变化，成本提高，时间延长等风险。

（2）技术风险：技术不成熟、技术更新、技术培训不专业等造成的风险。

（3）商业风险：市场不清晰、不稳定等造成的风险。

（4）战略风险：公司的经营战略需要调整时所产生的风险。

（5）管理风险：管理人员的能力和素质、组织机构与新的流程适应性等带来的风险。

2. 风险管理的内容

风险管理的基本内容有两项：风险评估和风险控制。

（1）风险评估步骤如下。

① 识别风险。

② 对已识别的风险进行分析。

③ 确定风险的特点或可能带来的危害。

（2）风险控制方法如下。

① 降低风险。

② 制订风险管理计划。

③ 确定风险应急处理方案。

3. 风险评估

对风险的评估主要依据风险描述、风险概率和风险影响 3 个因素，从成本、进度及性能 3 个方面进行考量。风险的评估建立在风险识别和分析的基础上。

在风险管理中，首先需要将风险识别出来，特别是识别可避免的风险和不可避免的风险，对可避免的风险要尽量采取措施去避免。因此风险识别是第一步，也是非常重要的一步。风险识别的有效方法是建立风险项目检查表，按风险内容逐项检查。然后，对识别出的风险进行分析，主要从 4 个方面进行分析，具体如下所述。

（1）发生的可能性（风险概率）分析。建立一个尺度表示风险可能性（例如，极罕见、罕见、普通、可能、极可能）。

（2）分析和描述风险带来的后果。估计风险发生后对产品和测试结果的影响或造成的损失等。

（3）确定风险评估的正确性。需要对每个风险的表现、范围、时间、影响做出尽量准确的判断。

（4）根据损失（影响）和风险概率的乘积，来判定风险的优先队列。可采用 FMEA（Failure Mode and Effects Analysis，失效模型和效果分析）法进行判定。

4. 风险控制

风险的控制建立在上述风险评估的结果上，其主要工作如下。

（1）采取措施避免那些可避免的风险，例如，测试环境不正确，可事先列出需要检查的所有条目，在测试环境设置好后，由其他人员按已列出条目逐条检查。

（2）有些风险可能带来的后果非常严重，可通过一些方法将其转换为其他不会引起严重后果的风险。例如，产品发布前夕发现某个不是很重要的新功能给原有的功能带来一个严重缺陷，此时处理这个缺陷所带来的风险就很大，对策是去掉那个新功能，转移这种风险。

（3）有些风险不可避免，就设法降低风险，例如，“程序中未发现的缺陷”这种风险总是存在，就要通过提高测试用例的覆盖率（例如，达到 99.9%）来降低这种风险。

（4）为了避免、转移或降低风险，事先需要做好风险管理计划，包括单个风险的处理和所有风险综合处理的管理计划。

（5）还需要制订一些应急的、有效的风险处理方案。

风险管理的完整内容和对策如图 12.6 所示。

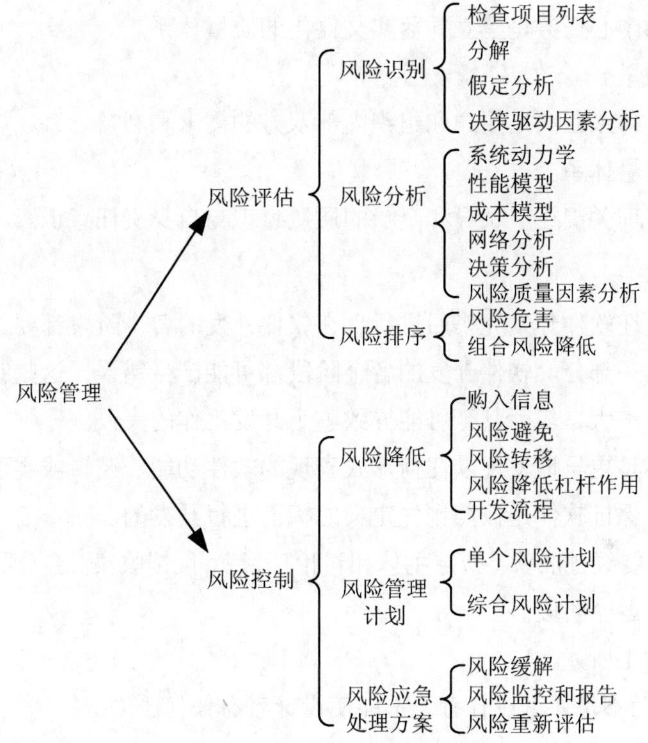

图 12.6 风险管理的内容和对策

控制风险还有一些其他策略，具体如下所述。

（1）在制订计划时，对资源、时间、预算等的估算需要留有余地，不要使用到 100%。

（2）在项目开始前，将一些环节或边界上的有变化、难以控制的因素列入风险管理计划。

（3）为每个关键性技术岗位培养后备人员，做好人员流动的准备，采取一些措施确保人员一旦离开公司，项目将不会受到严重影响，依然可继续执行。

（4）制定文档标准，并建立一种机制，保证文档及时产生。

（5）对所有工作多进行互相审查，及时发现问题。

（6）对所有过程进行日常跟踪，及时发现风险出现的征兆，避免或降低风险。

12.7 软件测试项目的质量和配置管理

随着软件开发的规模越来越大，软件的质量问题显得越来越突出。软件质量的控制不仅是软件测试阶段的问题，在软件开发的所有阶段都应该引入软件质量管理和配置管理。

1. 质量管理的基本原则

（1）控制所有过程的质量。

（2）过程控制的出发点是预防不合格。

（3）质量管理的中心任务是建立并落实文件化的质量体系。

（4）持续改进质量。

（5）有效的质量体系应满足用户和组织内部双方的需求和利益。

（6）定期评价质量体系。

（7）搞好质量管理关键在于领导和全员的质量意识与自身责任意识。

2. 软件评审

软件评审并不是在软件开发完毕后进行，在软件开发的各个阶段都要进行评审。评审工作也可看作软件测试的一部分。软件开发的各个阶段都可能产生错误，这些错误若得不到及时发现和纠正，将不断地扩大，最后甚至可能导致整个开发工作的失败。

（1）评审的目标是更早地发现以任何形式表现的软件功能、逻辑或实现方面的错误，审核并验证软件的需求，保证软件是按照预先定义的标准进行开发的。

（2）评审过程需要经过准备（拟定主体和讨论项目）、反馈收集、会议讨论并达成一致的结论、结论执行跟踪等各个阶段。

（3）评审准则如下所述。

① 评审产品，而不是评审设计者，不能使设计者有任何压力。

② 保持良好的会场氛围。

③ 建立议事日程并遵照执行，会议不能脱离讨论主题。

④ 限制争论与反驳，评审会是为了发现问题。

⑤ 指明问题范围，而不是解决提到的问题。

⑥ 展示记录（最好将问题随时写到白板上）。

⑦ 限制会议人数和坚持会前准备工作。

⑧ 对每个被评审的产品整理评审清单。

⑨ 对每个正式技术评审分配资源和时间进度表。

⑩ 对全部评审人员进行必要的培训。

⑪ 对自己的评审及早地做评审（对评审准则的评审）。

3. 配置管理

软件配置管理（Software Configuration Management，SCM）是在团队开发中标识、控制和管理软件变更，因此，配置管理对软件测试和质量保证影响比较大，其影响程度取决于项目规模及其复杂性、人员素质、流程、管理水平等。

软件配置管理分为版本管理、问题跟踪和建立管理3个部分，其中版本管理是软件配置管理的基础。版本管理应完成的主要任务如下。

（1）建立项目。

（2）重构任何修订版的某一项或某一文件。

（3）利用加锁技术防止覆盖。

（4）每当增加一个修订版时要求输入变更的详细描述。

（5）提供比较任意两个修订版的工具。

（6）采用增量存储方式。

（7）提供对修订版历史和锁定状态的报告功能。

（8）提供归并功能。

（9）允许在任何时候重构任何"版本"。

（10）权限的设置。

（11）晋升模型的建立。

（12）提供各种报告。

12.8 软件测试项目的文档管理

软件测试项目的文档管理

软件测试项目整体来说其实是一个交互的过程，它涉及客户提供的需求文档、开发人员提供的设计文档。这些文档都是测试工程师进行测试的指导性文件，测试工程师应就上述文档与客户以及开发工程师进行深入、广泛的交流，争取就某些有争议的问题达成共识。同时应将上述交流内容以某种形式记录下来，在后期解决某些不明确的问题时，这是有效的证明资料。测试工程师的测试报告、缺陷报告，开发工程师对相关缺陷所给出的解释以及双方就某些情况所做的交流都是很宝贵的信息，应尽可能地保存下来，以便给后面的测试工作提供借鉴。在特定项目过程中，解决问题的成功模式和方法可以系统地保留下来。

每个测试项目在执行的过程中都会产生大量文档，从项目启动前的计划书到项目结束后的测试总结报告，其间还会有产品需求、测试计划、测试用例和各种重要会议的会议记录等。软件测试文档是将上述内容、测试要求、测试过程及测试结果以正式文件的形式写出，因此，编写测试文档是测试工作规范化的一个重要组成部分，将文档管理融入项目管理是非常有必要的，应将其设置为项目管理中很重要的一个环节。文档管理所包含的主要内容有4个方面：文档的分类管理；文档的格式和模板管理；文档的一致性管理；文档的存储管理。

1. 测试文档的分类管理

测试文档可简单地分为两类，分别是测试文档模板和测试过程中生成的文档。测试文档模板是对生成的文档的格式、内容做严格要求的示范文档。基本的测试文档模板有以下几种。

（1）测试计划文档模板。

（2）测试需求分析模板。

（3）测试用例模板。

（4）测试评审模板。

（5）测试报告模板。

同时，可按照输入媒介将测试文档分为电子文档、纸质文档和其他一些特殊文档。电子文档和纸质文档存储和管理的办法是不一样的，应区别对待。多数情况下，文档按照用途来划分，可以分为5类，具体如下所示。

（1）测试日常工作文档（流程定义、工作手册等）。

（2）测试培训文档和相关技术文档。

（3）测试计划、设计文档。

（4）测试跟踪、审查资料。

（5）测试结果分析报告或产品发布质量报告。

实际上，不论是作为测试小组还是作为测试部门，除了管理测试本身的文档，还应管理外部输入的文档和软件产品文档。外部输入的文档主要包括系统需求分析报告、设计规格说明书、项目计划书等；软件产品文档包括发布说明、用户手册、技术手册、安装说明、帮助文档等。

2. 测试文档的存储和共享

众所周知，需要管理的测试文档有很多，我们一方面需要可靠地存储这些文档，另一方面又需要有效地、充分地利用这些文档，这两方面相辅相成，需要统一考虑。

若要做好测试文档的存储，事先应进行各种准备，从文档的分类、文件名的格式、文件的模板等方面严格要求测试文件的编制。文件名虽然是一个小问题，但文件名编写得不合理也会引起大量麻烦，因此，需要有明确的规定，要求文件名必须用英文，并包含测试组名、项目名、文件类型、日期等，具体示例如下，其中首字母T代表测试类文档。

```
T-Team Name-Project Name-Weekly Report-2004-3-08. doc
```

接下来应按照完整的模板逐条编写所需要的计划书、报告等。

文档存储方式要与如何使用此文档相结合，即根据测试文档的使用目的来进行文档存储的规划和设计。测试文档的使用可以分为个人使用、项目组内部使用和所有测试人员都需要使用，其存储也服务于上述对象，另外还要考虑具体的使用方法。对上述内容进行概括，文档存储的规划、设计需要考虑的因素如下。

（1）共享方式：共享目录、FTP方式、HTTP方式。

（2）手段：自己开发文档管理系统或借助第三方的商品化软件，如Microsoft Share Point。

（3）安全性：测试文档一般都会涉及公司内部的机密信息，需要保证其安全性，严格设置相关用户的权限体系。

（4）目录结构：目录可按照团队、项目、文件类型的多层次关系进行设置。

（5）操作要灵活，包括存取、修改、阅读等各项操作。

3. 文档模板

在项目进行软件测试时，有些文档是每个项目必备的，如测试计划书、测试用例、测试项目报告、质量分析报告等。对于上述经常使用的文档类型，可以把格式和内容统一起来，为每种类型的文档建立相对固定的模板。建立模板便于文档的管理和分类，也让测试工程师比较容易编制、编写所需要的测试文档。整个开发团队的其他成员也对文档的格式非常熟悉，可直接查找自己最关心的部分，一目了然。

对于特定的项目，文档可酌情对模板中的条目进行增删。制定模板的初衷是方便整体工作，而不是禁锢思维，在完成具体工作时，一定要把原则性和灵活性掌握好。

12.9　本章小结

通过本章的学习，大家应了解和掌握软件测试项目管理的进行方式。如未来有志于向管理方向发展，可通过研读本章内容了解测试项目管理的方法，然后结合实际项目情况，梳理出一套行之有效的管理模式。

12.10　习题

1. 填空题

（1）软件开发主要分为________、概要设计阶段、________、编码阶段、________、安装及维护 6 个阶段。

（2）______是在项目活动中运用一系列的知识、技能、工具和技术以满足并超过相关利益者对项目的要求和期望。

（3）资源的估算技术主要分为两大类，分别是________和________。

（4）软件项目管理活动包含________、估算、风险分析、________、跟踪和控制等。

（5）测试文档可简单地分为两类，分别是________和________。

2. 选择题

（1）下列选项中，不属于项目管理的三角关系的是（　　）。

A. 时间　　B. 产品　　C. 成本　　D. 范围

（2）软件测试项目管理共有 5 项基本内容，分别是度量或标准、（　　）、风险分析、日程安排、跟踪和控制。

A. 质量管理　　B. 时间管理　　C. 预估或评估　　D. 成本管理

（3）软件测试项目过程管理中，在（　　）阶段，需要确定测试范围、测试策略和方法，以及对风险、日程表、资源等进行分析和估计。

A. 测试项目启动 B. 测试计划 C. 测试设计 D. 测试执行

（4）通过测试工具，运行测试脚本，得到测试结果的测试方法是（ ）。

A. 手工测试 B. 白盒测试 C. 自动化测试 D. 黑盒测试

（5）由市场不清晰、不稳定所导致的风险属于（ ）。

A. 项目风险 B. 商业风险

C. 战略风险 D. 管理风险

习题答案

3. 思考题

（1）请简述软件测试项目管理的特点。

（2）请简述软件测试过程管理的基本内容。

附录1　软件测试计划模板

1. 简介

（1）目的

<项目名称>这一“测试计划”文档有助于实现以下目标。

- 确定现有项目的信息和应测试的软件构件。
- 列出推荐的测试需求（高级需求）。
- 推荐可采用的测试策略，并对这些策略加以说明。
- 确定所需的资源，并对测试的工作量进行估计。
- 列出测试项目的可交付元素。

（2）背景

对测试对象（构件、应用程序、系统等）及其目标进行简要说明。需要包括的信息有：主要的功能和性能、测试对象的构架以及项目的简史。本节应该只有 3 至 5 个段落。

（3）范围

描述测试的各个阶段（例如，单元测试、集成测试和系统测试），并说明本计划所针对的测试类型（如功能测试或性能测试）。

简要地列出测试对象中将接受测试或将不接受测试的那些性能和功能。

如果在编写此文档的过程中做出的某些假设可能会影响测试设计、开发或实施，则列出所有这些假设。

列出可能会影响测试设计、开发或实施的所有风险或意外事件。

列出可能会影响测试设计、开发或实施的所有约束。

（4）项目核实

附表 1.1 列出了制订测试计划时所使用的文档，并标明了各文档的可用性。

可适当地删除或添加文档项。

附表 1.1　　制订测试计划时所使用的文档

文档（版本/日期）	已创建或可用	已被接收或已经过复审	作者或来源	备注
需求规约	是　否	是　否		
功能性规约	是　否	是　否		
用例报告	是　否	是　否		
项目计划	是　否	是　否		
设计规约	是　否	是　否		
原型	是　否	是　否		
用户手册	是　否	是　否		
业务模型或业务流程	是　否	是　否		
数据模型或数据流	是　否	是　否		
业务功能和业务规则	是　否	是　否		
项目或业务风险评估	是　否	是　否		

2. 测试需求

下表用于确定被当作测试对象的各项需求（如用例、功能性需求和非功能性需求）。表中列出了将要测试的对象。

<在此处输入一个主要测试需求的高级列表>

3. 测试策略

测试策略提供了对测试对象进行测试的推荐方法。上一节“测试需求”中说明的是测试对象，而本节则要说明如何对测试对象进行测试。

对于每种测试，都应提供测试说明，并解释其实施和执行的原因。

如果将不实施和执行某种测试，则应该用一句话加以说明，并陈述这样做的理由。例如，“将不实施和执行该测试。该测试不合适。”

制定测试策略时所考虑的主要事项有将要使用的技术以及判断测试何时完成的标准。下面列出了在进行每项测试时需考虑的事项，除此之外，测试还应在安全的环境中使用已知的、有控制的数据库来执行。

（1）测试类型

① 数据和数据库完整性测试。

在<项目名称>中，数据库和数据库进程应作为一个子系统来进行测试。在测试这些子系统时，不应将测试对象的用户界面用作数据的接口。对数据库管理系统（Database Management System，DBMS）还需要进行深入的研究，以确定可以支持以下测试的工具和技术，如附表 1.2 所示。

附表 1.2　　数据和数据库完整性测试表

测试目标	确保数据库访问方法和进程正常运行，数据不会遭到损坏
技术	调用各个数据库访问方法和进程，并在其中填充有效的和无效的数据（或对数据的请求）。 检查数据库，确保数据已按预期的方式填充，并且所有的数据库事件都已正常发生；或者检查所返回的数据，确保为正当的理由检索到了正确的数据
完成标准	所有的数据库访问方法和进程都按照设计的方式运行，数据没有遭到损坏
需考虑的特殊事项	测试可能需要 DBMS 开发环境或驱动程序在数据库中直接输入或修改数据。 进程应该以手工方式调用。 应使用小型或最小的数据库（记录的数量有限）来使所有无法接受的事件具有更大的可视度

② 功能测试。

对测试对象的功能测试应侧重于所有可直接追踪到用例或业务功能和业务规则的测试需求。这种测试的目标是核实数据的接受、处理和检索是否正确以及业务规则的实施是否恰当。此类测试基于黑盒技术，该技术通过图形用户界面与应用程序进行交互，并对交互的输出或结果进行分析，以此来核实应用程序及其内部进程。以下为各种应用程序列出了推荐使用的测试概要，如附表 1.3 所示。

附表 1.3　　功能测试表

测试目标	确保测试对象的功能正常，包括导航、数据输入、处理和检索等功能
技术	利用有效的和无效的数据来执行各个用例、用例流或功能，以核实以下内容： 在使用有效数据时得到预期的结果； 在使用无效数据时显示相应的错误消息或警告消息； 各业务规则都得到了正确的应用
完成标准	所计划的测试已全部执行，所发现的缺陷已全部解决
需考虑的特殊事项	确定或说明那些将对功能测试的实施和执行造成影响的事项或因素（内部的或外部的）

③ 业务周期测试。

业务周期测试应模拟在一段时间内对 <项目名称> 执行的活动。应先确定一个时间段（如 1 年），然后执行将在该时间段发生的事务和活动。这种测试包括所有的日、周和月周期，以及所有与日期相关的事件（如备忘录），如附表 1.4 所示。

附表 1.4　　业务周期测试表

测试目标	确保测试对象及背景的进程都按照所要求的业务模型和时间表正确运行
技术	通过执行以下活动，测试将模拟若干个业务周期： 将修改或改进对测试对象进行的功能测试，以增加每项功能的执行次数，从而在指定的时间段内模拟若干个不同的用户； 将使用有效的和无效的数据或时间段来执行所有与时间或数据相关的功能； 将在适当的时间执行或启用所有周期性出现的功能。 在测试中还将使用有效的和无效的数据，以核实以下内容： 在使用有效数据时得到预期的结果； 在使用无效数据时显示相应的错误消息或警告消息； 各业务规则都得到了正确的应用
完成标准	所计划的测试已全部执行，所发现的缺陷已全部解决
需考虑的特殊事项	系统日期和事件可能需要特殊的支持活动，需要通过业务模型来确定相应的测试需求和测试过程

④ 用户界面测试。

用户界面（User Interface，UI）测试用于核实用户与软件之间的交互。UI 测试的目标是确保用户界面会通过测试对象的功能来为用户提供相应的访问或浏览功能。另外，UI 测试还可确保 UI 中的对象按照预期的方式运行，并符合公司或行业的标准。如附表 1.5 所示。

附表 1.5　　用户界面测试表

测试目标	核实以下内容： 通过测试对象进行的浏览可正确反映业务的功能和需求，这种浏览包括窗口与窗口之间、字段与字段之间的浏览，以及各种访问方法（Tab 键、鼠标移动、快捷键）的使用； 窗口的对象和特征（如菜单、大小、位置、状态和中心）都符合标准
技术	为每个窗口创建或修改测试，以核实各个应用程序窗口和对象都可正确地进行浏览，并处于正常的对象状态
完成标准	成功地核实出各个窗口都与基准版本保持一致，或符合可接受标准
需考虑的特殊事项	并不是所有定制或第三方对象的特征都可访问

⑤ 性能评测。

性能评测是一种性能测试，它对响应时间、事务处理速率和其他与时间相关的需求进行评测和评估。性能评测的目标是核实性能需求是否都已满足。实施和执行性能评测的目的是将测试对象的性能行为当作条件（如工作量或硬件配置）的一种函数来进行评测和微调，如附表 1.6 所示。

附表 1.6　　性能评测表

测试目标	核实所指定的事务或业务功能在以下情况下的性能行为： 正常的预期工作量； 预期的最繁重工作量
技术	使用为功能或业务周期测试制定的测试过程。 通过修改数据文件来增加事务数量，或通过修改脚本来增加每项事务的迭代数量。 脚本应该在一台计算机上运行（最好是以单个用户、单个事务为基准），并在多个客户机（虚拟的或实际的客户机，参见下面的“需考虑的特殊事项”）上重复
完成标准	单个事务或单个用户：在每个事务所预期或要求的时间范围内成功地完成测试脚本，没有发生任何故障。 多个事务或多个用户：在可接受的时间范围内成功地完成测试脚本，没有发生任何故障
需考虑的特殊事项	综合的性能测试还包括在服务器上添加后台工作量。 可采用多种方法来执行此操作，包括： 直接“将事务强行分配到”服务器上，这通常以“结构化查询语言”调用的形式来实现； 通过创建“虚拟的”用户负载来模拟许多个（通常为数百个）客户机，此负载可通过“远程终端仿真”工具来实现，此技术还可用于在网络中加载“流量”； 使用多台实际客户机（每台客户机都运行测试脚本）在系统上添加负载。 性能测试应该在专用的计算机上或在专用的机时内执行，以便实现完全的控制和精确的评测。 性能测试所用的数据库应该是实际大小或相同缩放比例的数据库

注意　以下所说的事务是指“逻辑业务事务”。这种事务被定义为将由系统的某个最终用户通过使用测试对象来执行的特定功能，例如，添加或修改给定的合同。

⑥ 负载测试。

负载测试是一种性能测试。在这种测试中，将使测试对象承担不同的工作量，以评测和评估测试对象在不同工作量条件下的性能行为以及持续正常运行的能力。负载测试的目标是确定并确保系统在超出最大预期工作量的情况下仍能正常运行。此外，负载测试还要评估性能特征，如响应时间、事务处理速率和其他与时间相关的方面，如附表 1.7 所示。

附表 1.7　　负载测试表

测试目标	核实所指定的事务在不同的工作量条件下的性能行为时间
技术	使用为功能或业务周期测试制定的测试。 通过修改数据文件来增加事务数量，或通过修改测试来增加每项事务发生的次数
完成标准	多个事务或多个用户：在可接受的时间范围内成功地完成测试，没有发生任何故障
需考虑的特殊事项	负载测试应该在专用的计算机上或在专用的机时内执行，以便实现完全的控制和精确的评测。 负载测试所用的数据库应该是实际大小或相同缩放比例的数据库

⑦ 强度测试。

强度测试是一种性能测试，实施和执行此类测试的目的是找出因资源不足或资源争用而导致的错误。如果内存或磁盘空间不足，测试对象就可能会表现出一些在正常条件下并不明显的缺陷。而其他缺陷则可能由争用共享资源（如数据库锁或网络带宽）造成。强度测试还可用于确定测试对象能够处理的最大工作量，如附表 1.8 所示。

附表 1.8　　强度测试表

测试目标	核实测试对象能够在以下强度条件下正常运行，不会出现任何错误： 服务器上几乎没有或根本没有可用的内存（RAM 和 DASD）； 连接或模拟了最大（实际或实际允许）数量的客户机； 多个用户对相同的数据或账户执行相同的事务； 最繁重的事务量或最差的事务组合（参见上面的“性能评测”）。 注：强度测试的目标可表述为确定和记录那些使系统无法继续正常运行的情况或条件
技术	使用为性能评测或负载测试制定的测试。 要对有限的资源进行测试，就应该在一台计算机上运行测试，而且应该减少或限制服务器上的 RAM 和 DASD。 对于其他强度测试，应该使用多台客户机来运行相同的测试或互补的测试，以产生最繁重的事务量或最差的事务组合
完成标准	所计划的测试已全部执行，并且在达到或超出指定的系统限制时没有出现任何软件故障，或者导致系统出现故障的条件并不在指定的条件范围之内
需考虑的特殊事项	如果要增加网络工作强度，可能会需要使用网络工具来给网络加载消息或信息包。 应该暂时减少用于系统的 DASD，以限制数据库可用空间的增长。 使多个客户机对相同的记录或数据账户同时进行的访问达到同步

⑧ 容量测试。

容量测试使测试对象处理大量的数据，以确定是否达到了将使软件发生故障的极限。容量测试还将确定测试对象在给定时间内能够持续处理的最大负载或工作量。例如，如果测试对象正在为生成一份报表而处理一组数据库记录，则容量测试会使用一个大型的测试数据库，检验该软件是否正常运行并生成了正确的报表，如附表 1.9 所示。

附表 1.9　　容量测试表

测试目标	核实测试对象在以下高容量条件下能否正常运行： 连接或模拟了最大（实际或实际允许）数量的客户机，所有客户机在长时间内执行相同的、且情况（性能）最坏的业务功能； 已达到最大的数据库大小（实际的或按比例缩放的），而且同时执行了多个查询或报表事务
技术	使用为性能评测或负载测试制定的测试。 应该使用多台客户机来运行相同的测试或互补的测试，以便在长时间内产生最繁重的事务量或最差的事务组合（参见上面的“强度测试”）。 创建最大的数据库大小（实际的、按比例缩放的或填充了代表性数据的数据库），并使用多台客户机在长时间内同时运行查询和报表事务
完成标准	所计划的测试已全部执行，而且在达到或超出指定的系统限制时没有出现任何软件故障
需考虑的特殊事项	对于上述的高容量条件，哪个时间段是可以接受的时间

⑨ 安全性和访问控制测试。

安全性和访问控制测试侧重于安全性的两个关键方面：应用程序级别的安全性，包括对数据或业务功能的访问；系统级别的安全性，包括对系统的登录或远程访问。应用程序级别的安全性可确保在预期的安全性情况下，主角只能访问特定的功能或用例，或者只能访问有限的数据。例如，可能会允许所有人输入数据，创建新账户，但只有管理员才能删除这些数据或账户。如果具有数据级别的安全性，测试就可确保“用户类型一”能够看到所有客户消息（包括财务数据），而“用户类型二”只能看见同一客户的统计数据。系统级别的安全性可确保只有具备系统访问权限的用户才能访问应用程序，而且只能通过相应的网关来访问，如附表 1.10 所示。

附表 1.10　　安全性和访问控制测试表

测试目标	应用程序级别的安全性：核实主角只能访问其所属用户类型已被授权访问的那些功能或数据。 系统级别的安全性：核实只有具备系统和应用程序访问权限的主角才能访问系统和应用程序
技术	应用程序级别的安全性：确定并列出各用户类型及其被授权访问的功能或数据；为各用户类型创建测试，并通过创建各用户类型所特有的事务来核实其权限；修改用户类型并为相同的用户重新运行测试；对于每种用户类型，确保正确地提供或拒绝了这些附加的功能或数据。 系统级别的安全性：参见“需考虑的特殊事项”
完成标准	各种已知的主角类型都可访问相应的功能或数据，而且所有事务都按照预期的方式运行，并在先前的功能测试中运行了所有的事务
需考虑的特殊事项	必须与相应的网络或系统管理员一起对系统访问权进行检查和讨论。由于此测试可能属于网络管理或系统管理范畴，可能会不需要执行此测试

⑩ 故障转移和恢复测试。

故障转移和恢复测试可确保测试对象能成功完成故障转移，并能从导致意外数据损失或数据完整性破坏的各种硬件、软件或网络故障中恢复。

对于必须持续运行的系统，故障转移测试可确保一旦发生故障，备用系统能不失时机地“顶替”发生故障的系统，以避免丢失任何数据或事务。

恢复测试是一种对抗性的测试。在这种测试中，将把应用程序或系统置于极端条件下（或者是模拟的极端条件下），以产生故障，例如，设备输入/输出（I/O）故障或无效的数据库指针和关键字，然后调用恢复进程并监测和检查应用程序或系统，核实应用程序或系统和数据已得到了正确的恢复，如附表 1.11 所示。

附表 1.11　　故障转移和恢复测试表

测试目标	确保恢复进程（手工或自动）将数据库、应用程序和系统正确地恢复到了预期的已知状态。测试中将包括以下各种情况： 客户机断电； 服务器断电； 通过网络服务器产生的通信中断； DASD 和/或 DASD 控制器被中断、断电或与 DASD 和/或 DASD 控制器的通信中断； 周期未完成（数据过滤进程被中断，数据同步进程被中断）； 数据库指针或关键字无效； 数据库中的数据元素无效或遭到破坏
技术	应该使用为功能和业务周期测试创建的测试来创建一系列的事务。一旦达到预期的测试起点，就应该分别执行或模拟以下操作： 客户机断电——关闭 PC 机的电源； 服务器断电——模拟或启动服务器的断电过程； 通过网络服务器产生的中断——模拟或启动网络的通信中断（实际断开通信线路的连接或关闭网络服务器或路由器的电源）； DASD 和 DASD 控制器被中断、断电或与 DASD 和 DASD 控制器的通信中断——模拟与一个或多个 DASD 控制器或设备的通信，或实际取消这种通信； 一旦实现了上述情况（或模拟情况），就应该执行其他事务。而且一旦达到第二个测试点状态，就应调用恢复过程。 在测试不完整的周期时，所使用的技术与上述技术相同，只不过应异常终止或提前终止数据库进程本身。 对以下情况的测试需要达到一个已知的数据库状态：当破坏若干个数据库字段、指针和关键字时，应该以手工方式在数据库中（通过数据库工具）直接进行。其他事务应该通过使用功能测试和业务周期测试中的测试来执行，并且应执行完整的周期
完成标准	在所有上述情况中，应用程序、数据库和系统应该在恢复过程完成时立即返回到一个已知的预期状态。此状态包括仅限于已知损坏的字段、指针或关键字范围内的数据损坏，以及表明进程或事务因中断而未被完成的报表
需考虑的特殊事项	恢复测试会给其他操作带来许多的麻烦。断开缆线连接的方法（模拟断电或通信中断）可能并不可取或不可行。因此，可能会需要采用其他方法，如诊断性软件工具。 需要系统（或计算机）、数据库和网络组中的资源。 这些测试应该在工作时间之外或在一台独立的计算机上运行

⑪ 配置测试。

配置测试核实测试对象在不同的软件和硬件配置中的运行情况。在大多数生产环境中，客户机工作站、网络连接和数据库服务器的具体硬件规格会有所不同。客户机工作站可能会安装不同的软件，如应用程序、驱动程序等，而且在任何时候都可能运行许多不同的软件组合，从而占用不同的资源，如附表 1.12 所示。

附表 1.12　　配置测试表

测试目标	核实测试对象可在所需的硬件和软件配置中正常运行
技术	使用功能测试脚本。 在测试过程中或在测试开始之前，打开各种与非测试对象相关的软件（如 Microsoft 应用程序 Excel 和 Word），然后将其关闭。 执行所选的事务，以模拟主角与测试对象软件和非测试对象软件之间的交互。 重复上述步骤，尽量减少客户机工作站上的常规可用内存
完成标准	对于测试对象软件和非测试对象软件的各种组合，所有事务都成功完成，没有出现任何故障
需考虑的特殊事项	需要、可以使用并可以通过桌面访问哪种非测试对象软件？ 通常使用的是哪些应用程序？ 应用程序正在运行什么数据？例如，在 Excel 中打开的大型电子表格，或在 Word 中打开的 100 页文档。 应将整个系统、Netware、网络服务器、数据库等作为此测试的一部分记录下来

⑫ 安装测试。

安装测试有两个目的。第一个目的是确保该软件在正常情况和异常情况的不同条件下，进行首次安装、升级，完整的或自定义的安装都能顺利完成。异常情况包括磁盘空间不足、缺少目录创建权限等；第二个目的是核实软件在安装后可立即正常运行，这通常是指运行大量为功能测试制定的测试，如附表 1.13 所示。

附表 1.13　　安装测试表

测试目标	核实在以下情况下，测试对象可正确地安装到各种所需的硬件配置中： 首次安装（以前从未安装过<项目名称>的新计算机）； 更新（以前安装过相同版本的<项目名称>的计算机）； 更新（以前安装过<项目名称>的较早版本的计算机）
技术	手工开发脚本或开发自动脚本，以验证目标计算机的状况（<项目名称>从未安装过，<项目名称>安装过相同或较早的版本）。 启动或执行安装。 使用预先确定的功能测试脚本子集来运行事务
完成标准	<项目名称>事务成功执行，没有出现任何故障
需考虑的特殊事项	应该选择<项目名称>的哪些事务才能准确地测试出<项目名称>应用程序已经成功安装，而且没有遗漏主要的软件构件

（2）工具

此项目将使用的工具如附表 1.14 所示。

附表 1.14　　软件测试工具表

	工具	厂商/自产	版本
测试管理			
缺陷跟踪			
用于功能性测试的 ASQ 工具			
用于性能测试的 ASQ 工具			
测试覆盖监测器或评测器			
项目管理			
DBMS 工具			

可适当地删除或添加工具项。

4. 资源

本节列出推荐 <项目名称> 项目使用的资源及其主要职责、知识或技能。

（1）角色

附表 1.15 列出了在此项目的人员配备方面所做的各种假定。

附表 1.15　　人力资源

人力资源		
角色	所推荐的最少资源（所分配的专职角色数量）	具体职责或注释
测试经理， 测试项目经理		进行管理监督 职责： • 提供技术指导 • 获取适当的资源 • 提供管理报告
测试设计员		确定测试用例、确定测试用例的优先级并实施测试用例 职责： • 生成测试计划 • 生成测试模型 • 评估测试工作的有效性
测试员		执行测试 职责： • 执行测试 • 记录结果 • 从错误中恢复 • 记录变更请求
测试系统 管理员		确保测试环境和资产得到管理和维护 职责： • 管理测试系统 • 分配和管理角色对测试系统的访问权

续表

人力资源		
角色	所推荐的最少资源（所分配的专职角色数量）	具体职责或注释
数据库管理员		确保测试数据（数据库）环境和资产得到管理和维护 职责： • 管理测试数据（数据库）
设计员		确定并定义测试类的操作、属性和关联关系 职责： • 确定并定义测试类 • 确定并定义测试包
实施员		创建测试类和测试包，并对它们进行单元测试 职责： • 创建在测试模型中实施的测试类和测试包

可适当地删除或添加角色项。

（2）系统

附表 1.16 列出了测试项目所需的系统资源。

附表 1.16　　系统资源

系统资源	
资源	名称/类型
数据库服务器	
网络或子网	
资源	
服务器名称	
数据库名称	
客户端测试 PC	
特殊的配置需求	
测试存储库	
网络或子网	
服务器名称	
测试开发 PC	

此时并不完全了解测试系统的具体元素。建议使用系统模拟生产环境，并在适当的情况下减小访问量和数据库大小。

可适当地删除或添加系统资源项。

5. 项目里程碑

对<项目名称>的测试应包括上面各节所述的各项测试的测试活动。应该为这些测试确定单独的项目里程碑，以通知项目的状态和成果，如附表 1.17 所示。

附表 1.17　　工作任务

里程碑任务	工作	开始日期	结束日期
制订测试计划			
设计测试			
实施测试			
执行测试			
对测试进行评估			

6. 可交付工件

本节列出了将要创建的各种文档、工具和报告，及其创建人员、交付对象和交付时间。

（1）测试模型

本节确定将要通过测试模型创建并分发的报告。测试模型中的这些工件应该用 ASQ 工具来创建或引用。

（2）测试记录

说明用来记录和报告测试结果及测试状态的方法和工具。

（3）缺陷报告

本节确定用来记录、跟踪和报告测试中发生的意外情况及其状态的方法和工具。

7. 项目任务

以下是一些与测试有关的任务。

制定测试计划

- 确定测试需求
- 评估风险
- 制定测试策略
- 确定测试资源
- 创建时间表
- 生成测试计划

设计测试

- 准备工作量分析文档
- 确定并说明测试用例
- 确定测试过程，并建立测试过程的结构
- 复审和评估测试覆盖

实施测试

- 记录或通过编程创建测试脚本
- 确定设计与实施模型中的测试专用功能

- 建立外部数据集

执行测试

- 执行测试过程
- 评估测试的执行情况
- 恢复暂停的测试
- 核实结果
- 调查意外结果
- 记录缺陷

对测试进行评估

- 评估测试用例覆盖
- 评估代码覆盖
- 分析缺陷

附录2　测试总结模板

1. 引言

（1）编写目的

本测试报告的具体编写目的，指出预期的读者范围。

实例：本测试报告为×××项目的测试报告，目的在于总结测试阶段的测试以及分析测试结果，描述系统是否符合需求（或达到×××功能目标）。预期参考人员包括用户、测试人员、开发人员、项目管理者、其他质量管理人员和需要阅读本报告的高层经理。

提示：通常，用户对测试结论部分感兴趣；开发人员希望从缺陷结果和分析中得到有关产品开发质量的信息；项目管理者对测试执行的成本、资源和时间较为重视；而高层经理希望能够阅读到简单的图表并且能够与其他项目进行同向比较。此部分可以具体描述为何种类型的人可参考本报告×××页×××节。编写者所编写的报告读者越多，工作越容易被人重视，前提是必须让阅读者感到编写者的报告是值得花费一点时间去关注的。

（2）项目背景

对项目目标和目的进行简要说明，必要时包括简史。这部分不需要脑力劳动，直接从需求或者招标文件中复制即可。

（3）系统简介

如果设计说明书有此部分，照抄。注意：必要的框架图和网络拓扑图能吸引眼球。

（4）术语和缩写词

列出设计本系统/项目的专用术语和缩写语约定。对技术相关的名词和多义词一定要注明，以免阅读时产生歧义。

（5）参考资料

① 需求、设计、测试用例、手册以及其他项目文档都是范围内可参

考的文档。

② 测试使用的国家标准、行业指标、公司规范和质量手册等。

2. 测试概要

测试的概要介绍包括测试的一些声明、测试范围、测试目的等，主要是测试情况简介（其他测试经理和质量人员关注部分）。

（1）测试用例设计

简要介绍测试用例的设计方法。例如，等价类划分、边界值、因果图。

提示：如果能够具体对设计进行说明，其他开发人员、测试经理阅读时就容易对用例设计有个整体概念。顺便说一句，在这里写上一些非常规的设计方法也是有利的，使阅读者在看到测试结论之前就可以了解测试经理的设计技术。重点测试部分一定要保证有两种以上不同的用例设计方法。

（2）测试环境与配置

简要介绍测试环境及其配置。

提示：清单如下，如果系统/项目比较大，则用表格方式列出。

数据库服务器配置：

CPU：

内存：

硬盘（可用空间大小）：

操作系统：

应用软件：

机器网络名：

局域网地址：

应用服务器配置：

客户端配置：

列出网络设备和要求也可以使用相应的表格，对于三层架构的，可以根据网络拓扑图列出相关配置。

（3）测试方法（和工具）

简要介绍测试中采用的方法（和工具）。

提示：主要是黑盒测试，测试方法可以写上测试的重点和采用的测试模式，这样能一目了然地知道是否遗漏了重要的测试点和关键块。工具为可选项，当使用到测试工具和相关工具时，要说明。注意：要注明是自产还是厂商、版本号，不可忽略版权问题。

3. 测试结果及缺陷分析

整个测试报告中这是最激动人心的部分，这部分主要汇总各种数据并进行度量，度量包括对测试过程的度量和能力评估、对软件产品的质量度量和产品评估。对于不需要过程度量或者相对较小的项目，如用于验收时提交用户的测试报告、小型项目的测试报告，可省略过程方面的度量部分；而采用了 CMM/ISO 或者其他工程标准的、需要提供过程改进建议和参考的测试报告——主要用于公司内部测试改进和缺陷预防机制——则需要列出过程度量。

4. **测试执行情况与记录**

（1）描述测试资源消耗情况，记录实际数据（测试组长、项目经理关注部分）。

① 测试组织

可列出简单的测试组架构图，包括：

- 测试组架构（例如，存在分组、用户参与等情况）；
- 测试经理（领导人员）；
- 主要测试人员；
- 参与测试人员。

② 测试时间

测试时间记录一般需要统计时间跨度与相应的工作量，测试时间统计需要考虑：

- 实际开始时间、实际结束时间、总工时/总工作日、任务、开始时间、结束时间；
- 用例/编写时间、用例/执行时间、平均时间、合计时间。

③ 测试版本

给出测试的版本，如果是最终报告，可能要报告测试次数和回归测试次数。列出表格清单以便知道每个子系统/子模块的测试频度。多次回归测试的子系统/子模块将引起开发者关注。

（2）覆盖分析

① 需求覆盖

需求覆盖率是指经过测试的需求/功能和需求规格说明书中所有需求/功能的比值，通常情况下要达到 100%的目标。

根据测试结果，按编号给出每一测试需求的通过与否结论。Y 表示通过，P 表示部分通过，N/A 表示不可测试或者用例不适用。实际上，需求跟踪矩阵列出了一一对应的用例情况以避免遗漏，其作用为传达需求的测试信息以供检查和审核。

需求覆盖率=Y 项/需求总数×100%

② 测试覆盖

测试覆盖总结包括需求/功能（或编号）、用例个数、执行总数、未执行和未/漏测分析和原因。

实际上，测试用例已经记载了预期结果数据，测试缺陷总结说明了实测结果数据和预期结果数据的偏差，因此没有必要在这里针对每个编号详细说明缺陷记录与偏差，列表的目的仅在于更方便查看测试结果。

测试覆盖率=执行数/用例总数×100%

（3）缺陷的统计与分析

缺陷统计主要涉及被测系统的质量，因此，这是开发人员、质量管理人员重点关注的部分。

① 缺陷汇总

缺陷汇总包括被测系统、系统测试、回归测试、总计和合计。

按严重程度区分：致命、严重、一般、较小。

按缺陷类型区分：功能、用户界面、文档、模块接口等。

按功能分布区分：功能一、功能二、功能三、功能四、功能五、功能六、功能七。

缺陷的饼状图和柱状图如附图 2.1 和附图 2.2 所示。图表能够使阅读者迅速获得信息，各层面管理人员没有时间去逐项阅读文章，图表是他们查阅的重点。

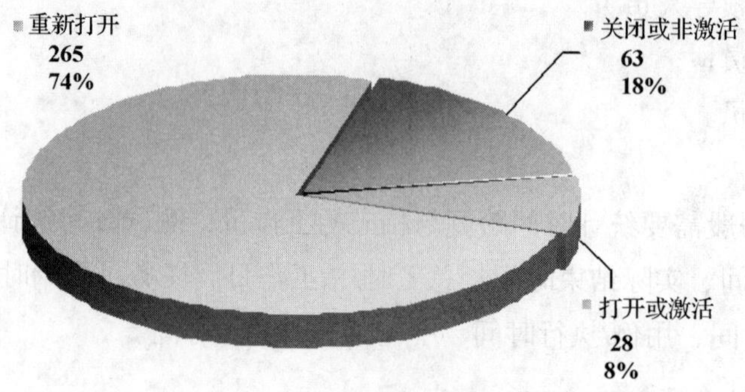

附图 2.1 缺陷状态饼状图

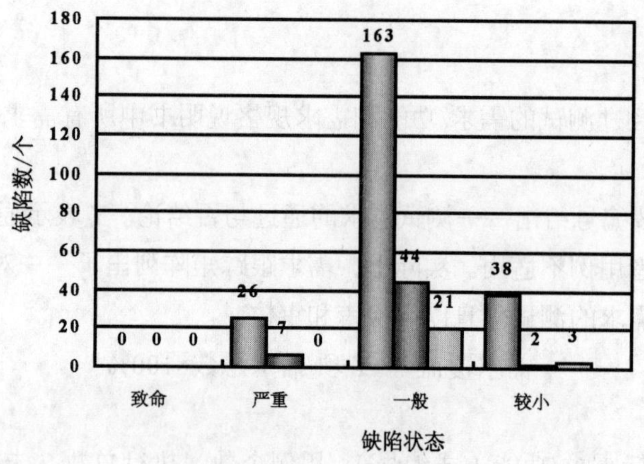

附图 2.2 缺陷严重程度柱状图

② 缺陷分析

本部分对上述缺陷和收集的其他数据进行综合分析。

缺陷综合分析：

- 缺陷发现效率=缺陷总数/执行测试用例数
- 用例质量=缺陷总数/测试用例总数×100%
- 缺陷密度=缺陷总数/功能点总数

缺陷密度显示系统各功能或各需求的缺陷分布情况，开发人员可以在此分析基础上得出需求缺陷最多的功能，从而在今后开发时注意避免和在实施时予以关注。测试经验表明，测试缺陷越多的部分，其隐藏的缺陷也越多。缺陷分析报告柱状图如附图 2.3 所示。

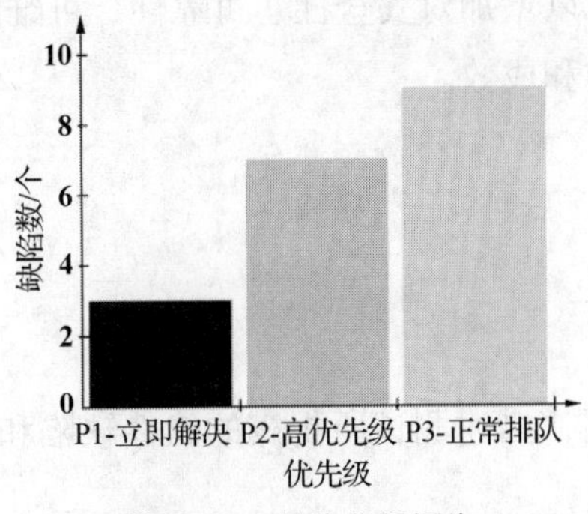

附图 2.3 缺陷分析报告

测试曲线图描绘被测系统每工作日/周缺陷数情况，得出缺陷趋势，如附图 2.4 所示。

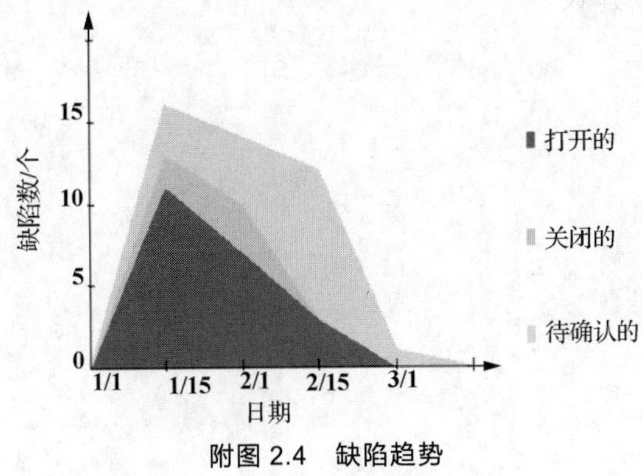

附图 2.4 缺陷趋势

重要缺陷摘要包括缺陷编号、简要描述和分析结果备注。

③ 残留缺陷与未解决问题

- 残留缺陷

编号：缺陷号。

缺陷概要：描述事实。

原因分析：如何引起缺陷，缺陷的后果，描述造成软件局限性和其他限制性的原因。

预防和改进措施：弥补手段和长期策略。

- 未解决问题

功能/测试类型：具体类型。

测试结果：与预期结果的偏差。

缺陷：具体描述。

评价：对这些问题的看法，也就是这些问题如果不解决会造成什么样的影响。

（4）测试结论与建议

报告到了这个部分需要一个总结，对上述过程、缺陷分析之后下个结论。此部分为项目经理、部门经理以及高层经理关注的重点，请清晰扼要地下定论。

① 测试结论

- 测试执行是否充分（可以增加对安全性、可靠性、可维护性和功能性的描述）。
- 对测试风险的控制措施和成效。
- 测试目标是否完成。
- 测试是否通过。
- 是否可以进入下一阶段。

② 建议

- 对系统存在问题的说明，描述测试所揭露的软件缺陷和不足，以及可能给软件实施和运行带来的影响。
- 可能存在的潜在缺陷和后续工作。
- 对缺陷修改和产品设计的建议。
- 对过程改进方面的建议。

附录3　测试分析报告模板

1　**引言（概述）**

1.1　编写目的

说明这份测试分析报告的具体编写目的，指出预期的阅读范围。举例如下。

（1）通过对测试结果的分析得到对软件的评价。

（2）为纠正软件缺陷提供依据。

（3）使用户对系统运行建立信心。

1.2　背景

对被测试对象进行简单介绍、说明。举例如下。

（1）被测试软件系统的名称。

（2）该软件的任务提出者、开发者、用户。指出测试环境与实际运行环境之间可能存在的差异以及这些差异对测试结果的影响。

1.3　定义

列出本文件中用到的或涉及的专业术语、缩写词的定义。

1.4　参考资料

说明软件测试所需的资料（需求分析、设计规范等），列出要用到的参考资料。举例如下。

（1）本项目经核准的测试计划书、测试需求分析报告。

（2）属于本项目的其他已批准的文件，如需求文档规格说明、系统设计等文档。

（3）本文件中各处引用的文件、资料，包括所要用到的软件开发、测试标准。

2　**测试对象和概要**

包括测试项目、测试类型、测试阶段、测试方法、测试时间等。

用表格的形式列出每一项测试的标识符及其测试内容，并指明实际进行的测试工作内容与测试计划中预先设计的内容之间的差别，说明做出这种改变的原因。

3 测试结果及发现

3.1 测试 1（标识符）

把本项测试中实际得到的动态输出（包括内部生成数据输出）结果同对动态输出的要求进行比较，陈述其中的各项发现。

3.2 测试 2（标识符）

用类似 3.1 的方式给出此项及以后各项测试内容的测试结果和发现。

4 对软件功能的结论

4.1 功能 1（标识符）

4.1.1 能力

简述该项功能,说明为满足此项功能而设计的软件能力以及经过一系列测试已证实的能力。

4.1.2 限制

说明测试数据值的范围（包括动态数据和静态数据），列出就这项功能而言，测试期间在该软件中查出的缺陷、局限性。

4.2 功能 2（标识符）

用类似 4.1 的方式给出此项及以后各项功能的测试结论。

5 分析摘要

5.1 测试结果分析

列出测试结果分析记录，并按所定义的模板产生缺陷分布表和缺陷分布图。从软件测试中发现的并最终确认的错误点等级、数量来分析测试结果。

5.1.1 对比分析

若非首次测试，将本次测试结果与首次测试、前一次测试的结果进行对比分析。

5.1.2 测试评估

通过对测试结果的分析提出一个对软件能力的全面评估，需标明遗留缺陷、局限性和软件的约束限制等，并提出改进建议。

5.2 能力

陈述经测试证实了的本软件能力。如果所进行的测试是为了验证一项或几项特定性能要求的实现，应提供这方面的测试结果与要求之间的比较，并确定测试环境与实际运行环境之间可能存在的差异对能力的测试所带来的影响。

5.3 缺陷和限制

陈述经测试证实的软件缺陷和限制，说明每项缺陷和限制对软件性能的影响，并说明测得的全部性能缺陷的累积影响和总影响。

5.4 建议

对每项缺陷提出改进建议。举例如下。

（1）各项修改可采用的修改方法。

（2）各项修改的紧迫程度。

（3）各项修改预计的工作量。

（4）各项修改的负责人。

5.5　评价

说明该软件的开发是否已达到预定目标，能否交付使用。

6　测试资源消耗

总结测试工作的资源消耗数据，如工作人员的水平级别、数量、机时消耗等。